Technologiemanagement –
Wettbewerbsfähige Technologieentwicklung
und Arbeitsgestaltung

H.-J. Bullinger / J. Warschat (Hrsg.)
Forschungs- und Entwicklungsmanagement

Technologiemanagement – Wettbewerbsfähige Technologie-entwicklung und Arbeitsgestaltung

Herausgegeben von
Univ.-Prof. Dr.-Ing. habil. Prof. e.h. Dr. h.c. Hans-Jörg Bullinger, Stuttgart

Erfolgreiche Wettbewerbspositionen aufbauen und halten zu können, wird immer mehr eine Frage des adäquaten Technologieeinsatzes und der Gestaltung anthropozentrischer Arbeitsorganisation. Bei schrumpfenden Marktlebenszyklen und steigendem globalen Wettbewerb können nur Unternehmen gewinnen, die kundenorientiert Technologien schneller entwickeln, erschließen, einsetzen und rechtzeitig wieder verlassen können.

Um den technologischen Wandel mitgestalten zu können, muß Technologiekompetenz durch Managementkompetenz ergänzt werden. Aufgabengebiete wie Strategische Planung, Organisationsentwicklung, Arbeitssystemgestaltung, Aufbau- und Ablaufstruktur, Produktgestaltung, Prozeßgestaltung, Mitarbeiterführung und Arbeitsplatzgestaltung sind im Rahmen eines Integrierten Technologiemanagements ganzheitlich zu lösen.

In der Buchreihe *Technologiemanagement – Wettbewerbsfähige Technologieentwicklung und Arbeitsgestaltung* soll der internationale Stand der Modelle, Verfahren, Methoden und Hilfsmittel dieser Gebiete festgehalten und mit Blick auf die Aus- und Weiterbildung von Ingenieuren zugänglich gemacht werden. Die einzelnen Bände behandeln außer relevanten arbeitswissenschaftlichen Erkenntnissen, Technologien und Organisationsformen vor allem das Management der Entwicklung, des Einsatzes und des Transfers von Technologien.

Forschungs- und Entwicklungsmanagement

Simultaneous Engineering
Projektmanagement
Produktplanung
Rapid Product Development

Von Univ.-Prof. Dr.-Ing. habil. Prof. e. h. Dr. h. c. Hans-Jörg Bullinger
und Dr.-Ing. Joachim Warschat
Institut für Arbeitswissenschaft und Technologiemanagement (IAT)
der Universität Stuttgart und Fraunhofer-Institut für Arbeitswirtschaft und Organisation (IAO)

Mit Beiträgen von
Dipl.-Kffr. Alexandra Bading, Dipl.-Ing. Stefan Berndes,
Dipl.-Ing. Reinhold Bopp MSc., Dr.-Ing. Dietmar Fischer,
Dipl.-Ing. Joachim Frech, Dipl.-Ing. Steffen Lörcher,
Dipl.-Ing. Peter Ohlhausen, Dipl.-Kfm. t.o. Marc Rüger,
Dipl.-Ing. Alexander Stanke, Dipl.-Kfm. t.o. Bernd Ulbricht,
Dr.-Ing. Joachim Warschat und Dipl.-Ing. Kai Wörner MSc.
Institut für Arbeitswissenschaft und Technologiemanagement (IAT)
der Universität Stuttgart und Fraunhofer-Institut für Arbeitswirtschaft und Organisation (IAO)

B. G. Teubner Stuttgart 1997

Die Wiedergabe von Gebrauchsnamen, Handelsnamen, Warenbezeichnungen usw. in diesem Werk berechtigt auch ohne besondere Kennzeichnung nicht zu der Annahme, daß solche Namen im Sinne der Warenzeichen- und Markenschutz-Gesetzgebung als frei zu betrachten wären und daher von jedermann benutzt werden dürfen.

Sollte in diesem Werk direkt oder indirekt auf Gesetze, Vorschriften oder Richtlinien (z. B. DIN, VDI) Bezug genommen oder aus ihnen zitiert worden sein, so können weder der Verlag noch die Verfasser eine Gewähr für die Richtigkeit, Vollständigkeit oder Aktualität dafür übernehmen. Es empfiehlt sich, gegebenenfalls für die eigenen Arbeiten die vollständigen Vorschriften oder Richtlinien in der jeweils gültigen Fassung hinzuzuziehen.

Die Deutsche Bibliothek – CIP-Einheitsaufnahme

Forschungs- und Entwicklungsmanagement : simultaneous engineering, Projektmanagement, Produktplanung, rapid product development / von Hans-Jörg Bullinger und Joachim Warschat. Mit Beitr. von Alexandra Bading ... – Stuttgart : Teubner, 1997
(Technologiemanagement)
ISBN 3-519-06370-0

Printed in Germany
Druck und Bindung: Druckhaus Beltz, Hemsbach
Einband: nach einem Entwurf von Heike und Kerstin Simsen, Stuttgart

Vorwort

Qualität, Flexibilität, Schnelligkeit und Innovation sind Herausforderungen, denen Unternehmen heute mehr denn je gerecht werden müssen. Konzepte wie Lean Production, Business Reengineering, Total Quality Management und Rapid Prototyping kennzeichnen die Aktivitäten, die wandelnden Marktbedingungen Rechnung tragen.

Für die Unternehmen bedeutet dies auf der einen Seite, Produktionsbedingungen zu schaffen, die der hohen Entwicklungsdynamik ihres Produktprogramms entsprechen und sie befähigen, bedarfsgerecht und termingerecht die Kundenanforderungen zu erfüllen. Auf der anderen Seite gilt es, Arbeitsstrukturen zu schaffen, die die Einbeziehung der Mitarbeiter ermöglichen und deren Kreativität fördern. Dies hat Auswirkungen auf die Technik, die Organisation und die Qualifikationsstruktur der Unternehmen und erfordert entsprechende Maßnahmen im Bereich Forschung und Entwicklung.

Gerade dem Bereich Forschung und Entwicklung kommt eine der unternehmerischen Schlüsselstellungen zu, wenn es gilt die Anforderungen des Marktes in Produkte umzusetzen. Diese Produkte müssen den Anspruch der Kundenorientierung erfüllen.

Die bewährten und tradierten Vorgehensweisen und Methoden haben bei dem heutigen Umfeld, in dem sich die Unternehmen befinden, nicht immer zu zufriedenstellenden Lösungen geführt. Zukunftsorientiertes Management des FuE-Bereiches muß sich diesem Umfeld anpassen. So sind teilweise Aufgaben nur noch in Zusammenarbeit mit ehemaligen Konkurrenten in einer kooperativen Zusammenarbeit zu bewältigen.

Mit Hilfe von in der Praxis erfolgreich angewandten Konzepten und Methoden sollen in diesem Buch interdisziplinäre und integrative Vorgehensweisen vermittelt werden, die in der Forschung und Entwicklung zu erfolgreichen Lösungen führen. Hierzu werden »Grundlinien« wie Simultaneous Engineering oder Veränderungsmanagement dargestellt. Darauf aufbauend werden Methoden und Hilfsmittel wie z.B. Projektmanagement und Target Costing beschrieben.
Das vorliegende Buch soll eine Übersicht über aktuelle Felder geben, und dem Studenten als Einführung und dem Praktiker als Handlungsanleitung dienen.

Unser Dank ergeht an alle beteiligten Autoren für die Erarbeitung von Materialien und die Unterstützung bei der Erstellung des Manuskripts. Ebenso danken wir Frau Heike Simsen und Frau Kerstin Simsen für die Erstellung der Grafiken sowie Herrn Axel Popp, der die Layout- und Umbrucharbeiten durchführte und die Druckvorlage erstellte.

Ein besonderer Dank geht auch an Herrn Dipl.-Ing. Peter Ohlhausen für die maßgebliche Mitarbeit an diesem Buch sowie Herrn Dr. Jens Schlembach vom Teubner-Verlag für seine aufgeschlossene und bewährte Zusammenarbeit.

Stuttgart, im August 1997

Hans-Jörg Bullinger
Joachim Warschat

Inhaltsverzeichnis

1 Einführung

1.1 Rahmenbedingungen der Unternehmung

Immer stärker fragmentierte und härter umkämpfte Märkte, immer kürzer werdende Produktlebenszyklen, steigende Anforderungen an Serviceleistungen sowie zunehmend besser informierte und selbstbewußtere Kunden kennzeichnen das Umfeld, in dem sich Organisationen heute bewegen. Das erfolgreiche Bestehen in einem derart dynamischen und komplexen Umfeld ist im wesentlichen davon abhängig, inwieweit es den Unternehmen gelingt, sich den veränderten Umweltbedingungen anzupassen.

Langfristig erfolgreichen Unternehmen gelingt es in besonderer Weise, die Veränderungen ihrer Wettbewerbsumwelt zu erkennen und als Chance zu nutzen. Dabei sind sie auch bereit, in der Praxis zur Problemlösung eingesetzte Vorgehensweisen und Denkweisen dahingehend zu hinterfragen, inwieweit sie unter veränderten Rahmenbedingungen ein situationsgerechtes Problemverständnis ermöglichen oder sich als Hindernisse für zukunftsweisende Neuorientierungen erweisen. Gerade im Bereich der industriellen Produktentwicklung – FuE-Management – steht man heute vor einem Wandel der bisher geltenden Handlungsgrundsätze und Paradigmen.

Vielfach wird auch von »neuen Regeln« im FuE-Management und ganz allgemein für das Management gesprochen. Induziert werden diese Regeln aus dem Umfeld der Unternehmen. Diese Regeln lassen sich zusammengefaßt wie folgt darstellen:

- ❑ Informationstechnologie als Plattform für den durchgreifenden Wandel
- ❑ Änderung des Anforderungsprofils der Mitarbeiter durch die zunehmende Verbreitung und Durchdringung der Umwelt durch Informationstechnologie;
- ❑ Strategische Bedeutung des Wettbewerbs und der Ausweitung des Aktionsfeldes auch von kleineren Unternehmen;
- ❑ Aufbau eines netzwerkbasierten Unternehmensverbundes zur Bearbeitung komplexer bzw. umfassender Aufgaben;

Die zunehmende Marktsättigung sowie der verstärkte internationale Wettbewerb werden die Tendenzen zu weiteren Produktdifferenzierungen, zur Fertigung noch kleinerer Losgrößen bei noch größerer Typenvielfalt verstärken. Konsequenzen dieser Entwicklung sind zum einen kürzere Produktlebenszyklen, zum anderen müssen sich Investitionen in immer kürzeren Zeiten amortisieren. Den Unternehmen verbleibt immer weniger Zeit, ihre Produkte mit Gewinn abzusetzen. Der Innovationsprozeß wird immer schneller vonstatten gehen müssen. Die Auswirkungen in Entwicklungsbereichen sind deutlich zu erkennen; alle Kräfte werden auf die Entwicklung neuer Produkte konzentriert mit der Folge, daß:

- die Vorentwicklung und Produktpflege vernachlässigt wird,
- eine mittel- bis langfristige Produktplanung nicht mehr betrieben wird,
- am Markt reagiert statt agiert wird,
- zur Erreichung der angestrebten Produktqualität der Entwicklungsaufwand nach Anlauf der Serie ständig steigt und
- das Entwicklungsrisiko zunimmt.

Will man die Herausforderungen annehmen, so ist es nicht damit getan Optimierungsprozesse einzuleiten, die partielle und marginale Veränderungen bewirken, sondern es ist vielmehr notwendig einen »Quantensprung« in der Entwicklung neuer Produkte und in der Organisation der Entwicklung zu erreichen.

Konzentriert man sich beim Entwicklungsablauf auf die Steigerung der Effizienz »Die Dinge richtig tun«, so steht bei der Produktplanung der Effektivitätsgedanke »Die richtigen Dinge tun« im Vordergrund. Vor diesem Hintergrund ist es notwendig sich mit folgenden Punkten näher zu befassen:

- Marktorientierte Ausrichtung der Produktentwicklung
    - Einbeziehung der Kunden in die Produktentwicklung
    - Spiegelung der »neuen« Produkte an den bisherigen eigenen Produkten bzw. an den Produkten der Wettbewerber
    - Stärkere Orientierung an das marktwirtschaftliche Denken
    - Berücksichtigung und Stärkung der eigenen und unternehmensrelevanten Kernkompetenzen
    - Fähigkeit im Umgang mit externen Entwicklungs-Zulieferern

- Optimierung der Ressourcen Zeit und Kosten durch Integration
    - Reduktion der Schnittstellen zwischen der tayloristischen Arbeitsteilung
    - Klare Definition der Begrifflichkeiten
    - Gestaltung und Optimierung integrierter Abläufe versus Suboptima
    - Stärkere Ergebnis- bzw. Zielorientierung der Aufgaben

- Zielgerichtete Einbeziehung der Mitarbeiter
    - Schaffung geeigneter Arbeitsstrukturen für die Mitarbeiter
    - Ersatz der starren Tätigkeitsplanung durch eigenverantwortliche Ergebnisplanung
    - Gestaltung eines kreativen Umfeldes
    - Schaffung monetärer und immaterieller Anreizsysteme

- Durchgängiger Einsatz entwicklungsunterstützender Informationssysteme
    - Entlastung routinemäßiger Tätigkeiten durch entsprechende Module
    - Einsatz von integrierten PDM-Systemen
    - Einsatz und Anwendung einer CSCW-Umgebung zur Gestaltung von Kommunikationsstrukturen bei verteilter Produktentwicklung

Zur Verdeutlichung der vorgestellten Ausführungen sollen einige Zahlen aus internen Studien des Fraunhofer-Instituts für Arbeitswirtschaft und Organisation angeführt werden.

- ❑ 30 % des gesamten Entwicklungsaufwandes stellen Änderungen dar.
- ❑ 70–80 % der Möglichkeiten zur Beeinflussung des Produkterfolgs liegen im Entwicklungsbereich.
- ❑ Verkürzung der durchschnittlichen Produktentwicklungszeit um 40 % innerhalb des Zeitraum 1983–1993, parallel dazu steigene Pay-off-Periode.
- ❑ Mangelnde Markttransparenz bzw. interne Kommunikation zwischen den Bereichen.

Als vielleicht die wichtigste Randbedingung muß hier auf die Kundenorientierung und Marktorientierung explizit hingewiesen werden. Dies gilt insbesondere für die Produktentwicklung. Obwohl heute jeder von Kundenorientierung spricht, gibt es in der betrieblichen Realität noch erhebliche Defizite. Untersuchungen haben ergeben, daß 80 % der befragten Führungskräfte ihr Unternehmen als kundenorientiert einstufen. Die Kunden sind anderer Meinung: Sie würden nur 38 % als kundenorientiert einstufen.

1.2 FuE-Management

Brockhoff (Brockhoff, 1989) definiert Forschung und Entwicklung wie folgt: »Forschung und Entwicklung sind Akvitäten, die in einen umfassenderen Innovationsprozeß eingebettet sind. Sie können in mehreren Institutionen ablaufen. Ihr Erfolg ist eine notwendige, aber keine hinreichende Bedingung für den Markterfolg der daraus erwachsenden Neuerungen. Sie werden von Bedürfnissen oder Bedürfnisvermutungen stark angeregt.«

Eine einheitliche und allgemeingültige Definition des Begriffes »FuE-Management« gibt es nicht. Darüber hinaus wird vielfach in der Praxis unter dem Begriff eine Vielzahl von Aufgaben subsummiert die – je nach Unternehmen – stark variieren kann. Als gemeinsame Komponenten lassen sich folgende identifizieren:

- ❑ Forschung als Aufgabe, die nicht sofort in vermarktbare Produkte mündet
- ❑ Entwicklung als Aufgabe, Erzeugnisse zu generieren.
- ❑ Management als Aufgabe, die Bereiche Forschung und Entwicklung zu leiten

Nachfolgend werden ausgewählte Gestaltungsmerkmale des FuE-Managements dargestellt:

- ❑ Bestimmung der FuE-Strategie als Grundlage der langfristigen Gestaltung der Produktinnovation und deren Verfeinerung in determinierten und kommunizierten Zielsystemen. Die hierzu notwendigen Voraussetzungen wie Frühaufklärung, Wettbewerberanalyse incl. desk research und Projektauswahl sind relevante Gestaltungsschritte.

- Gestaltung der Organisationsstrukturen in Abhängigkeit u. a. der Unternehmensgröße, Produktspektrum und Umfeld. Besondere Berücksichtigung findet in zunehmendem Maße die Frage der Zentralisierung bzw. Dezentralisierung von Teilen des FuE-Bereiches, vor allem im Hinblick auf verstärkte Verteilung der Produktentwicklung auf verschiedene Standorte.
- Flexible Handhabung von Anreizsystemen zur Motivation der Mitarbeiter, besonders für Mitarbeiter mit singulären Schlüsselfähigkeiten. Gestaltung einer vorausschauenden Personalentwicklung unter Berücksichtigung des technologischen Fortschritts.
- Bereitstellung eines state-of-the-art-Umfeldes der Informationstechnologie zur optimalen Prozeßunterstützung.

Neben diesen Merkmalen sind noch weitere von Bedeutung, wobei hier nur noch zwei herausgestellt werden sollen. Zum einem ist dies das FuE-Controlling, dessen Bedeutung auch durch die verstärkte Berücksichtigung von Methoden wie z.B. Target Costing unterstrichen wird. Zum anderen ist die unternehmensinterne Kommunikation ein Merkmal bzw. Voraussetzung, die in dem – wie schon angeführt – dynamischen Umfeld eine immer stärkere Bedeutung erfährt. Besonders der Umgang mit Mitarbeitern aus anderen Fachbereichen und die Verteilung bzw. Austausch von spezifischem Wissen zeigt teilweise großen Handlungsbedarf in der Praxis.

1.3 Aufbau dieses Buches

Aus den beschriebenen Rahmenbedingungen des Umfeldes der Unternehmen wird deutlich, daß es nicht ausreicht, nur eine singuläre Lösung im Unternehmen anzugehen, vielmehr ist es notwendig, eine abgestimmte Lösung aller Komponenten im Sinne eines ganzheitlichen Konzeptes zu generieren. Eine umfassende Darstellung aller sich heute bietenden Möglichkeiten bzw. Konzepte und Denkanstöße würde den Rahmen dieses Buches um ein Vielfaches sprengen. Aus diesem Grund haben wir bei der Zusammenstellung versucht, elementare Bestandteile zu identifizieren und in ihren wesentlichen Zügen zu beschreiben. Vielfach haben wir auf eine vertiefende theoretische Diskussion verzichtet, um dafür der Beschreibung von Praxiskonzepten den Vorzug zu geben. Leider mußten wir die Plastizität zugunsten der Anonymität der Fälle zurückstellen.

Das Buch haben wir in zwei »virtuelle« Hauptkapitel gegliedert. Zum einen beschreiben wir in den Kapitel 2–5 die Grundsätze des FuE-Managements. Auf der anderen Seite ergänzen wir diese Grundsätze durch die in den Kapitel 6–11 beschriebenen Methoden und Hilfsmittel.

- ❑ Grundsätze des FuE-Managements
  - ❑ *Veränderungsmanagement:* Voraussetzung bei der Gestaltung von Optimierungs- bzw. Veränderungsmaßnahmen ist der »richtige« Umgang mit Veränderungen. Hier sind besonders die Grenzen der Führungskräfte zu definieren, in denen sich diese zum einen bewegen können und zum andern welche Voraussetzungen die Veränderungen, auf Seiten der Fähigkeiten der Führungskräfte, gegenüber der bisherigen Arbeitsweise erfordern.
  - ❑ *Simultaneous Engineering:* Die drei Leitsätze des Simultaneous Engineerings Parallelisierung, Standardisierung und Integration beinhalten den Lösungsansatz für die Anforderung des Marktes nach Verkürzung der Produktlieferzeit. Genauso bietet der Simultaneous Engineering Ansatz Potentiale sich im Entwicklungsverbund erfolgreich zu bewegen.
  - ❑ *Kooperation:* Durch die Konzentration auf Kernkompetenzen und die teilweise fundamentale Umsetzung des Outsourcing-Gedankens wird es immer wichtiger sich Fähigkeiten zu erarbeiten, um sich bei der verteilten, multinationalen Produktentwicklung zu behaupten. Dies wird in zunehmendem Maße zur Differenzierung der Unternehmen beitragen.
  - ❑ *Prozeßorientierte Organisation:* Die Ausrichtung auf die Prozesse im Gegensatz zur traditionellen tayloristischen Gestaltung des Unternehmens und die Installation von Prozeßteams ermöglicht im Zusammenspiel mit anderen Grundsätzen Vorteile, die sich in den Prozeßzeiten und der Motivation der Mitarbeiter niederschlagen.

- ❑ Methoden und Hilfsmittel
  - ❑ *Projektmanagement:* Projektmanagement ist ein »Handwerkzeug«, um die Gedanken, die in den Grundsätzen beschrieben wurden, umzusetzen. In diesem Buch werden nur die notwendigsten Grundlagen vermittelt, wobei ein Schwerpunkt auf die Mitarbeiter im Projektteam und ganz besonders auf die zentrale Rolle des Projektleiters gelegt wird. Inwieweit die Führungsaufgabe der Manager tangiert wird sei hier nur erwähnt.
  - ❑ *Computergestützte Werkzeuge zur Prozeßmodellierung:* Zur Gestaltung von veränderten Prozessen wird in der heutigen Unternehmenspraxis vielfach auf computergestützte Werkzeuge zurückgegriffen. Die hier beschriebenen Punkte stellen die notwendigen Grundlagen in aller Kürze dar.
  - ❑ *Modelle und Methoden der Neuproduktplanung:* Ein wichtiger, wenn nicht gar der wichtigste Arbeitsschritt innerhalb des FuE-Managements ist die Neuproduktplanung. An so einfachen Punkten wie Pflichtenheftgenerierung und Aufnahme bzw. Transformation der Kundenbedürfnisse

mittels des Quality Function Deployment, läßt sich die Notwendigkeit einer Systematisierung verdeutlichen.

- *Produktplanung mit Target Costing:* Neben dem Wissen über die Bedürfnisse des Kundens ist es unabwendbar, auch die Wertigkeit (d.h. wieviel ist der Kunde bereit, für diesen Wunsch bzw. Bedürfnis auszugeben) der Bedürfnisse zu ermitteln. Diese Erkenntnisse sind dann als Eckdaten für die internen Aufwände u. a. im Entwicklungsbereich zu spezifizieren. Die hierzu notwendigen Schritte und Methoden werden exemplarisch erarbeitet.
- *Design for X-Methoden:* Neben den Kostengesichtspunkten werden unter den Design for X-Methoden die fokussierte Betrachtung bestimmer Einflußfaktoren auf die Produkte verstanden. Beispielhaft sei nur das Design for Service erwähnt.
- *Rapid Prototyping:* Zur Beschleunigung des Entwicklungsprozesses sind Methoden und Technologien notwendig, die in der jeweiligen Entwicklungsphase die Herstellung der notwendigen Prototypen ermöglichen.

2 Durch konsequentes Veränderungsmanagement zum agilen Unternehmen

Innovative Unternehmen unserer Zeit zeichnen sich meist durch eine spezielle Form aus, die Veränderungen gegenüber offen ist. Wie Untersuchungen zeigen, scheitert der überwiegende Teil von Veränderungsprojekten. Wobei die Ursachen im nachhinein meist auf der Hand liegen. Die technischen Voraussetzungen und das Wissen über das »Was« zu verändern ist, war in den meisten Fällen umfassend bekannt. Die Gründe für das Scheitern waren vielmehr im »Wie« der Umsetzung zu suchen. Es wurden z.B. Teamstrukturen eingeführt, ohne daß die Führungskräfte des mittleren Managements zu Machtverzichten bereit waren. Andere Beispiele zeigen, daß die Mitarbeiter zu wenig in die Umstrukturierungen einbezogen wurden und so die Akzeptanz zur Unterstützung äußerst begrenzt ausfiel. Es fällt auf, daß in vielen Unternehmen nur Fragmente einer erfolgreichen Umsetzung bekannt sind und zur Anwendung gelangen. Eine durchgängige konsequente Vorgehensweise mit Blick auf die kritischen Erfolgsfaktoren und die Erzeugung eines umfassenden Veränderungswillens ist bei Firmen mit gescheiterten Umgestaltungsprojekten selten zu finden. Wie aber schafft es ein Unternehmen, den Willen zur Veränderung dauerhaft zu implementieren? In Zeiten, in denen Umsetzungskonzepte zunehmend ganzheitlich sind und dementsprechend mehr Menschen eingebunden werden, ist das Verständnis und der Wille zur Umsetzung um so wichtiger. Dem entgegen steht, daß der Mensch ohne direkten Zwang die Dinge lieber beim Alten belassen will. Es darf aber keine Illusion darüber herrschen, daß der Weg zu einer veränderten Einsicht ein steiniger ist. Letztendlich führt im zunehmend harten Konkurrenzkampf der Unternehmen jedoch kein Weg an der Durchführung solcher Veränderungen vorbei, wenn man auch zukünftig zu den Gewinnern am Markt gehören will.

2.1 Warum verändern?

Die Geschichte beweist, wer sich nicht verändert bzw. anpaßt geht unter. Die Römer wurden ein Opfer innerer Schwäche und Identifikation und unterlagen den Goten. Byzanz ging nach Jahrhunderten der Macht und der Stärke unter. Als Konsequenz läßt sich daraus die Erkenntnis ableiten, daß in dynamischen Strukturen auch in Zeiten des Erfolgs nur mit dem Willen zur Veränderung ein dauerhaftes Überleben unabhängig von den äußeren Gegebenheiten möglich ist. Übertragbar sind solcherlei Ergebnisse auch auf die Unternehmensorganisationslehre.

Unternehmensbeispiele zeigen, wie Firmen gleicher Branchen und gleicher Voraussetzungen ganz unterschiedliche Entwicklungen durchwandern. Innerhalb kürzester Zeit können aufgrund von Fehlentscheidungen frappierend unterschiedliche Unternehmenssituationen entstehen. Positive Entwicklungen sind die Folge konsequenter Steuerung. Diese Konsequenz impliziert eine starke Führungspersönlichkeit mit Visionen in deren Windschatten sich Veränderungen und das Klima für Veränderungen ergeben. Technische Innovationen als Folge organisatorischer Dynamik sind die häufig zu beobachtenden weiteren positiven Seiten einer solchen Entwicklung. Die Systematik des Vorgehens bei der Einführung von Veränderungen indes ist gekennzeichnet durch eine Reihe von Punkten, die es zu beachten gilt. Das Vorgehen ist dementsprechend nicht durch eine starre Struktur bestimmt, sie stützt sich auf verschiedene Erfolgsfaktoren.

2.2 Erfolgsfaktoren

Untersuchungen zufolge ergeben sich für Veränderungsprozesse im wesentlichen drei Handlungsfelder, die für eine erfolgreiche Umsetzung ausschlaggebend sind:

- ❑ Die Vision, ihre Leitlinien und ihre Kommunikation
- ❑ Starkes Management und unterstützende Sponsoren
- ❑ Betroffene werden zu Beteiligten gemacht

2.2.1 Die Vision, ihre Leitlinien und ihre Kommunikation

Wenn von einem unternehmerischen Wandel die Rede ist, so sind damit nicht gelegentliche Korrekturen des Betriebsablaufs oder des Organigramms gemeint, sondern grundsätzliche Veränderungen der Geschäftsprozesse, der Verhaltensweisen und damit einhergehend der Unternehmensorganisation. Wie sich in den untersuchten Unternehmen zeigte, wurden tiefgreifende Wandlungsprozesse in der Regel von einer oder mehreren starken Führungspersönlichkeiten initiiert und vorangetrieben. Ausgelöst durch einen marktseitig entstandenen Leidensdruck (Umsatzrückgang, negativer Cash-Flow, o.ä.) oder durch visionäre Überzeugung hatten solche Führungskräfte stets vom bisherigen Denken abweichende Grundgedanken entwickelt und diese in Form von wenigen markanten Leitsätzen als eine Art »Philosophie« postuliert. Der Begriff »Kultur« wird an dieser Stelle bewußt vermieden, da nach unserer Meinung erst dann von einer neuen Unternehmenskultur gesprochen werden kann, wenn sich neue Denkweisen längerfristig etabliert haben und sich generell in den allgemeinen Handlungsweisen widerspiegeln.

Beispiele für die oben erwähnten Leitsätze sind »Offenheit gegenüber allen Mitarbeitern im Unternehmen«, »Kundenorientierung statt Technikorientierung« usw. Solche

Leitsätze signalisieren eine Aufbruchsstimmung und machen den Willen zur Veränderung deutlich. Die eigentliche Schwierigkeit besteht jedoch nicht in der Formulierung und Publizierung solcher Leitsätze, die alleine für sich stehend noch wenig Aussagekraft besitzen, sondern in der Kommunikation und im ständigen Vorleben der Vision durch die Initiatoren gegenüber allen, die sie überzeugen und zum Mitmachen auffordern wollen. Die Kommunikation der Grundgedanken findet auf verschiedenen Ebenen statt. Es müssen alle zur Verfügung stehenden Medien wirkungsvoll genutzt werden. Gruppen- und Einzelgespräche, Aushänge am schwarzen Brett, ansprechende Artikel in der Unternehmenszeitung, und falls diese nicht vorhanden, die Gründung einer solchen, eventuell auch das Drehen eines Videos sorgen zunächst recht schnell dafür, daß die Mitarbeiter mit solchen Leitsätzen vertraut und der neuen Denkweise »infiziert« werden. Daß es aber auch zum »Ausbruch« im täglichen Handeln kommt, ist es unumgänglich, die Grundgedanken kontinuierlich vorzuleben und absolut jede Möglichkeit zu nutzen, um die Leitsätze einfließen zu lassen und somit für ihre Verinnerlichung zu sorgen. Zu solchen Möglichkeiten zählen vor allem Meetings oder Einzelgespräche, die nicht vor Hierarchien halt machen dürfen. Erfahrungen aus den Unternehmen zeigen, daß vor allem die Konstanz und Konsequenz im Vorleben und Verbreiten der Grundgedanken zu einem erfolgreichen Abbau des vorhandenen Mißtrauens führen.

Für Initiatoren aus dem mittleren Management ist es bei großen und eher traditionell verhafteten Unternehmen in der Regel schwierig in Teilbereichen eine neue Philosophie einzuführen, ohne sich dabei von den vorgegebenen Konzerndenkweisen distanzieren zu müssen. In solchen Fällen bietet es sich an, Leitsätze stark an wirtschaftlichen Gesichtspunkten auszurichten. Durch Identifizierung der wesentlichen Erfolgsfaktoren im jeweiligen Geschäftsprozeß kann die Optimierung derselben in Form von Leitsätzen ausformuliert werden. So kann im Dienstleistungssektor der wesentliche Erfolgsfaktor ein verbindliches und professionelles Auftreten gegenüber dem Kunden sein. Dies könnte in dem Leitsatz »Der Kunde ist Mittelpunkt« ausgedrückt werden. Als äquivalenter Erfolgsfaktor im Produktionsbereich sei hier die Zeitspanne zwischen Bestellung eines Produkts und seiner Auslieferung an den Kunden angesprochen. Der entsprechende Leitsatz könnte dann »Wir fertigen jedes Produkt innerhalb einer Woche« heißen. Dieses Beispiel zeigt, daß Leitlinien in bestimmten Fällen auch quantifizierte Zielvorgaben enthalten können.

Um keine Mißverständnisse aufkommen zu lassen, ein Initiator der seine Leitsätze nicht quantifiziert gestaltet, zielt damit zunächst auf die grundsätzliche Denk- und Handlungsweise seiner Mitarbeiter ab. In einem nächsten Schritt muß auch er die Erfolgsfaktoren für seinen Geschäftsprozeß identifizieren und sie durch möglichst quantifizierte und ausformulierte Zielvorgaben optimieren.

Zusammenfassend läßt sich aus den gemachten Erfahrungen für diesen Bereich sagen, daß es zwar auf den Inhalt der Vision und ihrer Leitsätze ankommt, das konsequente Vorleben und Vermitteln derselben aber einen wesentlich höheren Stellenwert für den Erfolg einnehmen.

2.2.2 Starkes Management und unterstützende Sponsoren

Ob ein Umgestaltungsprozeß im gesamten Unternehmen oder nur in einem Teilbereich durchgeführt wird, immer sind eine Vielzahl von Personen direkt oder indirekt beteiligt. Dies sind in erster Linie die Initiatoren und alle für den Umgestaltungsprozeß verantwortlichen Führungskräfte. Des weiteren natürlich alle Mitarbeiter, die in den neuzuschaffenden Strukturen arbeiten und leben. Ihr Mitwirken ist ein ganz wesentlicher Faktor für die erfolgreiche Umgestaltung und wird deshalb ausführlich im nächsten Abschnitt erläutert. Werden nur Teilbereiche eines Unternehmens umgestaltet, so läßt sich in der Regel eine dritte, nicht zu unterschätzende Gruppe identifizieren. Das sind diejenigen Führungskräfte, die zwar nicht unmittelbar in dem umzustrukturierenden Bereich angesiedelt, aufgrund ihres Einflußbereichs aber in der Lage sind, die Umgestaltung zu blockieren oder zumindest zu verzögern.

Unsere Untersuchungen zeigen, daß diese Gruppe wenig beachtet wird und deshalb beim Überzeugungsprozeß oft ausgeklammert bleibt – nicht selten mit fatalen Folgen. Sind die Mitglieder der Unternehmensleitung nicht selbst Initiatoren und »Vorantreibende« der Umgestaltung, so bilden sie eine weitere Gruppe mit sehr wesentlicher Erfolgsfunktion für den Wandlungsprozeß. Ihre Rolle als Machtpromotoren beinhaltet das 100%-ige Mittragen der Entscheidungen, die von den an der Umsetzung Beteiligten getroffen wurden, sowie die Beseitigung von Hindernissen, welche von den Beteiligten nicht selbst aus dem Weg geräumt werden können. Hierfür ist es erforderlich, ständig auf dem neuesten Informationsstand gehalten zu werden.

Es hat sich gezeigt, daß es für den Erfolg der Umsetzung sehr entscheidend ist, in welcher Konsequenz die direkt und indirekt von den Veränderungen betroffenen Führungskräfte hinter und vor der Sache stehen! Noch positiver wirkt es sich aus, wenn diese Personen auch eine Vorreiterrolle übernehmen. Somit wird die Überzeugungsarbeit im Vorfeld und im Verlauf eines Veränderungsprozesses für die Initiatoren zu einer der wichtigsten Aufgaben.

2.2.3 Betroffene zu Beteiligten machen

Sind in der Vergangenheit Umstrukturierungsmaßnahmen vom Management nicht nur initiiert sondern auch alleine konzeptioniert worden, so stießen diese in aller Regel auf wenig Akzeptanz bei der großen Mehrheit der betroffenen Mitarbeiter. Abgehobenheit und Realitätsferne der Maßnahmen sorgten dafür, daß diese als »Spinnerei von oben« angesehen und so oft blockiert, abgestoßen oder nach kurzer

Zeit umgangen wurden. Aus diesem Grund wurden bei den meisten der von uns untersuchten Wandlungsprozessen die davon betroffenen Mitarbeiter an der Ausgestaltung und Umsetzung der Maßnahmen wesentlich beteiligt. Dies führte zu weitaus größeren Erfolgen, da zum einen sehr realistische Lösungen zustande kamen, aufgrund der eigenen Mitgestaltung aber auch ein ganz persönliches Interesse der Mitarbeiter am Erfolg der Maßnahmen bestand. Darüber hinaus war zu beobachten, daß durch eine Beteiligung des Betriebsrates das Spannungsfeld zwischen Arbeitgeber und Arbeitnehmer stark vermindert oder sogar ausgeräumt werden konnte. Dies vereinfacht und beschleunigt die Umsetzung trotz der vorausgehenden längeren Diskussionen in erheblichem Maße. Die Identifikation der Betroffenen mit den ausgearbeiteten Maßnahmen, zusammen mit einem erhöhten Selbstwertgefühl und einem gestärkten Vertrauensverhältnis zwischen den Beteiligten im Veränderungsprozeß, sorgen für einen erheblichen Motivationsschub. Der Aufbau von Methodenkompetenz – z.B. Kommunikationstraining – ermöglicht es, den Diskussionsprozeß effizient führen zu können. Darüber hinaus bilden solche Schulungen die Grundlage um den Veränderungsprozeß als einen ständigen Verbesserungsprozeß weiterzuführen und somit eine *lernende Organisation* zu etablieren.

Wie unsere Untersuchungen zeigten, wurde bei allen erfolgreichen Umstrukturierungen diesen drei Handlungsfeldern eine sehr große Bedeutung zugemessen. Dabei war zu beobachten, daß es nicht so sehr darauf ankommt *was* gemacht wird, sondern *wie* was gemacht wird und insbesondere *daß* was gemacht wird.

2.3 Schritte eines Veränderungsmanagements

Um es vorneweg zu verdeutlichen, die im folgenden vorgestellte Vorgehensweise bei Veränderungen ist zwar als *allgemeingültig,* jedoch *nicht* als *alleingültig* anzusehen. Nicht alle untersuchten Unternehmen sind auf die gleiche Art und Weise zum Erfolg gekommen. Trotzdem sind bestimmte Phasen immer wieder zu beobachten und kommen, wenn auch in verschiedener Ausprägung oder sogar Reihenfolge, in jedem Veränderungsprozeß vor. Die Erfahrungen aus den untersuchten Unternehmen bestätigten im wesentlichen die von uns in diversen Veränderungsprojekten angewandte Methodik.

Starke Veränderungen in ihrem Umfeld (Technik, Wirtschaft, Gesellschaft) zwingen Unternehmen immer wieder, sich neuen Gegebenheiten anzupassen. Wird die Notwendigkeit solcher Anpassungen – möglichst vorausschauend – erkannt, so ist es sinnvoll, zunächst durch eine Überprüfung des Ist-Zustandes (Wo stehen wir?) und der Zufriedenheit über diesen Zustand (Sind wir damit zufrieden?) Überzeugungsarbeit bei den einer Veränderung skeptisch gegenüberstehenden Führungskräften zu leisten.

Dieser Analyse des Ist-Zustandes folgt die Identifizierung der wesentlichen Einflüsse und Erfolgsfaktoren, die das Unternehmen zukünftig prägen werden. Trotz zunehmender Dynamik und Komplexität ist eine visionäre Vorstellung der Entwicklung dieser Faktoren für die nächsten fünf bis zehn Jahre aufzubauen.

Darauf basierend werden Anforderungen hinsichtlich Strategie, Struktur, Systeme usw. für das Unternehmen abgeleitet, die diesen Einflüssen in Zukunft gerecht werden können. Dadurch entsteht ein neues Unternehmensleitbild. Dies muß in einer weiteren Phase des Umgestaltungsprozesses in Konzepte münden, welche den ermittelten Anforderungen langfristig gerecht werden.

Ein sehr wichtiger Schritt im Zuge von Veränderungen ist die weiter oben bereits als Erfolgsfaktor beschriebene Einbindung der Mitarbeiter. Ist ein Leidensdruck für diese noch nicht spürbar, so muß eine Bewußtmachung und Problemsensibilisierung stattfinden. Schon möglichst früh sollten Mitglieder des Betriebsrats und kompetende Fachkräfte aus den betroffenen und beteiligten Bereichen und Ebenen an den Tisch geholt werden. Die Umsetzung der strategischen Konzepte in konkrete und realistische Maßnahmenpläne kann nur durch eine starke Einbindung solcher Mitarbeiter geschehen.

Grundsätzlich finden Veränderungsmaßnahmen auf der Grundlage einer Projektorganisation statt. Durch Bildung eines Kernteams, bestehend aus Führungs- und Fachkräften, wird ein Gremium geschaffen, welches solche Maßnahmenpläne erarbeitet und zu einer sogenannten 30%-Lösung zusammenführt. Diese 30%-Lösung zeichnet ein klares Bild davon, was nachfolgend auch umgesetzt werden kann und soll.

Die Umsetzung selbst wird im wesentlichen durch das Kernteam gesteuert. Zu bestimmten Schwerpunktthemen werden Fachgruppen gebildet, deren Aufgabe es ist, die konkreten Lösungen zu gestalten. In der Regel werden diese Lösungen zunächst auf ein Pilotprojekt angewandt, um sie dann nach Beseitigung etwaiger Fehler schrittweise auf ganze Bereiche und das gesamte Unternehmen auszudehnen.

Umfangreichen Umstrukturierungsmaßnahmen sind immer eine Reaktion auf ein stark verändertes Unternehmensumfeld. Diskrepanzen entstehen durch ein starres Verhalten der Unternehmen, obwohl sich ihr Umfeld mehr oder weniger dynamisch verhält. Je länger sich also ein Unternehmen unbeweglich zeigt, beispielsweise weil sich auf diese Weise einmal gute Erfolge erzielen ließen, je größer wird die angesprochene Diskrepanz und damit der erforderliche Umfang an Umstrukturierungen. Um solche teilweise sehr schmerzhaften »Quantensprünge« zu vermeiden, ist es notwendig, ein *kontinuierliches Veränderungsmanagement* zu betreiben. Dies bedeutet zum einen, daß im gesamten Unternehmen eine Bereitschaft zum kontinuierlichen Verändern geschaffen werden muß ohne daß dies als ständige Bedrohung empfunden wird. Zum andern ist es für die Unternehmensleitung mehr den je erforderlich, das

Unternehmensumfeld im Auge zu behalten und strategisch beweglich zu bleiben, um schnell sich neuen Gegebenheiten anpassen zu können. Dies bedeutet nicht, sich mit jedem »Wind« zu drehen, sondern die »Hauptwinde« zu nutzen um immer wieder vorne »mitzusegeln«.

2.4 Ausblick Veränderungsmanagement

Wie bereits erwähnt fällt bei Betrachtung der Unternehmen die erfolgreich umsetzen auf, daß es wichtig ist, daß man verändert und nicht so sehr was man verändert. Während in der Vergangenheit der Schwerpunkt eindeutig im »Was« der Umsetzung lag hat sich zunehmend die Erkenntnis durchgesetzt, daß das »Wie« der Umsetzung von größerer Bedeutung ist.

In diesem Zusammenhang zeigen unsere Untersuchungen, daß das erfolgreiche Anpassen eines Unternehmens auf seine dynamische Umgebung veränderungswillige Strukturen verlangt. Diese Strukturen zu schaffen und zum Wohl des Unternehmens zu formen, darin liegen wohl die Hauptanforderungen an die strategischen »Köpfe« in einer Firma. Durch den »geplanten« Wandel ein Verständnis zu entwickeln, das geeignet ist die Mitarbeiter geistig flexibel zu halten und somit schnell auf veränderte Anforderungen reagieren zu können, ist von elementarer Wichtigkeit für das Überleben eines Unternehmens. Bei den Untersuchungen vor Ort bei Firmen mit schon stark veränderter Denkweise ließ sich feststellen, daß das Bild der neuen Handlungsweisen und deren Gesetze teilweise schon absolutistische Züge aufweist. Es wird mit einer Begeisterung und der totalen Überzeugung vom neuen Unternehmensbild gesprochen. Schon alleine dieser Optimismus und der Grad der Mitarbeiteridentifikation hilft schon in vielen kritischen Situationen eine Wendung zum Besseren zu erreichen.

Da die Landkarte der Unternehmen, in denen sich solche flexible Denk- und Handlungsstrukturen etabliert haben, in Deutschland noch von vielen weißen Flecken bedeckt ist, wird weiterhin ein großer Handlungsbedarf vor allem bei mittleren und großen Unternehmen bestehen. Eine Hysterie in dieser Richtung ist jedoch zu vermeiden, da eine zu große Anzahl von Veränderungsprojekten hinderlich wirkt und nicht mehr dem eigentlichen Zweck der optimalen Anpassung der Unternehmen an ihre Umwelt dient. Gezielte und konsequent durchgeführte Projekte müssen in Angriff genommen werden. Außerdem ist es anzustreben, aus den gemachten Erfahrungen anderer Unternehmen zu lernen und durch Synergien Reibungsverluste zu vermeiden. Nicht zuletzt von einer solchen Solidarisierung wird es abhängen, ob der Standort Deutschland eine Vormachtstellung auf der Weltkarte behalten kann.

3 Simultaneous Engineering als Strategie zur Überwindung von Effizienzsenken

In folgendem wird, ausgehend von der Notwendigkeit veränderter Vorgehensweisen, Simultaneous Engineering (SE) als eine ganzheitliche Lösung dargestellt. Besonderer Schwerpunkt wird auf die Aspekte Organisation und Informationsverarbeitung gelegt.

Simultaneous Engineering ist durch eine nahezu unbegrenzte Menge an Werkzeugen, Verfahren und Umsetzungsalternativen gekennzeichnet. Daher wird mit Einführung einfacher Strategien eine Ordnung in diese Vielfalt gebracht und gezeigt, was in den vom Management üblicherweise betrachteten Gestaltungsfeldern des Simultaneous Engineering getan werden kann.

Wie bereits erwähnt, dient Simultaneous Engineering dem Unternehmen zur Optimierung seines Produktentstehungsprozesses bezüglich des Magischen Dreiecks (Zeit, Kosten, Qualität). Damit ist geklärt, was Simultaneous Engineering leisten soll. Zur Klärung der Fragen wie und wo Simultaneous Engineering in einem Unternehmen ansetzt, werden im folgenden Leitsätze (wie) und Gestaltungsfelder (wo) des Simultaneous Engineering betrachtet.

3.1 Leitsätze des Simultaneous Engineering

Als Simultaneous Engineering-Leitsätze dienen drei knappe, strategieartige Handlungsweisen. Diese geben die Richtung zur Gestaltung des Produktentstehungsprozesses (wie) vor und ermöglichen eine Auswahl der dafür geeigneten Maßnahmen:

- ❏ Parallelisieren,
- ❏ Standardisieren
- ❏ und Integrieren.

3.1.1 Simultaneous Engineering bedeutet Parallelisierung im Produktentstehungsprozeß

Parallelisieren im Produktentstehungsprozeß heißt Zeitverkürzung bzw. -optimierung. Zunächst liegt es nahe, die bestehenden Zeitpuffer aus dem Produktentstehungsprozeß zu entfernen. D.h. Prozesse, die keine Abhängigkeiten untereinander haben, zeitgleich durchzuführen. Sind Abhängigkeiten vorhanden, so wird der abhängige Prozeß, entgegen dem tayloristischen Prinzip, schon begonnen, bevor der Vorgängerprozeß abgeschlossen ist. Ein zeitlich vorgezogener Beginn der Nachfolgeprozesse ist i.d.R. möglich, da schon nach kurzer Zeit des Prozeßablaufs genügend Informationen zur Verfügung stehen, um die nachfolgenden Prozesse starten zu können.

Der Vorteil der auf diese Weise schnelleren Abarbeitung vernetzter Prozesse wird allerdings mit einer erhöhten Entscheidungskomplexität erkauft. Die Menge an Informationsübergaben zwischen den beteiligten Abteilungen oder Arbeitsgruppen steigt. Außerdem erhöht sich der Anteil unsicherer und unvollständiger Informationen, da beim Start eines Teilprozesses eingabeliefernde, parallel ablaufende Teilprozesse noch nicht beendet sind. Um diesen Nachteil in Grenzen zu halten, d.h. die notwendige Koordination zu erreichen, bedarf es der Standardisierung und Integration im Produktentstehungsprozeß.

3.1.2 Simultaneous Engineering bedeutet Standardisierung im Produktentstehungsprozeß

Will man einen höheren Grad der Parallelisierung erreichen, muß man die Prozesse und ihre Abhängigkeiten sehr genau kennen. Standardisierung wird definiert als eine dauerhafte und von einzelnen Personen und Ereignissen unabhängige Beschreibung und Regelung verschiedener Aspekte im Produktentstehungsprozeß. Standardisierung bezieht sich dabei auf:

- Technisch/strukturelle Aspekte, wie Module, Bauelemente, Komponenten.
- Prozessuale Aspekte, wie Phasen, Ablauforganisation.
- Aufbauorganisatorische Aspekte, wie Schnittstellen zwischen Projekten und Abteilungen.

Hauptziele der Standardisierung sind, Wiederholungen und unnötige Arbeiten zu vermeiden sowie aus den Erfahrungen der Vergangenheit für das Unternehmen zu lernen. Dadurch wird eine Entlastung der Ausführenden von immer wiederkehrenden, gleichartigen Entscheidungen und eine bessere Koordination erreicht. Die Unterstützung von Routineaufgaben mit Standards läßt mehr Zeit für innovative und kreative Aufgaben sowie zum Management unvorhersehbarer Ereignisse und Einflüsse.

3.1.3 Simultaneous Engineering bedeutet Integration im Produktentstehungsprozeß

Die Betrachtung der Produktentstehung als durchgängige Wertschöpfungskette verdeutlicht, daß i.a. verschiedene Unternehmensfunktionen neben dem Bereich FuE an der Entwicklung beteiligt sind. Diese Verteilung der Entwicklungsaufgabe auf verschiedene Funktionsbereiche ist je nach Aufgabenvolumen mit einer steigenden Schnittstellenproblematik verbunden. Es fallen sogenannte Schnittstellenverluste an, die in nicht abgestimmten Zeitplänen, unterschiedlichen Interpretationen der Aufgaben und Unkenntnis über die Erfordernisse auf der anderen Seite der Schnittstelle zum Ausdruck kommen.

Integration mittels Einbindung und Weitsicht heißt das Zauberwort zur Überwindung dieser Schnittstellenproblematik, d.h. nichts anderes als interdisziplinäres Arbeiten, prozeßorientiertes Denken und Handeln, Verwirklichung eines Gesamtzieles statt abteilungsspezifischer Teilziele sowie Intrapreneuring und Entscheidungfreude statt Durchsetzung von Ressortegoismen.

Interdisziplinäres Arbeiten und Einbeziehung anderer Abteilungen ist wichtig, um aus konkurrierenden Zielen und Wissen verschiedener Disziplinen ein gemeinsames Ziel im Produktentstehungsprozeß festzulegen und dessen Erreichung sicherzustellen. Hierzu ist von allen Seiten die Rücknahme des funktions- oder ressortorientierten Denkens zugunsten des Gesamtprozesses notwendig. Über die Schnittstellen zwischen Abteilungen hinweg müssen andere Abteilungen frühzeitig mit den wesentlichen Informationen versorgt werden, die sie für ein umfassendes Verständnis ihrer Aufgabe benötigen. Will man die Qualität eines Produktes ohne zusätzliche Kosten und zeitaufwendige Iterationsschleifen optimieren, so müssen konsistente Informationen über Ergebnisse, Termine, Aufwände, Kosten etc. fließen.

Ziel der Integration ist die Transformation von Schnittstellen zu sogenannten Nahtstellen im Produktentstehungsprozeß. Integration liefert das gemeinsame Verständnis, das für die Veränderung von Aufgabenstrukturen im Sinne der Parallelisierung und Standardisierung notwendig ist.

3.2 Gestaltungsfelder des Simultaneous Engineering

Will man in einem Unternehmen den Produktentstehungsprozeß optimieren, d.h. dessen Effizienz und Effektivität steigern, so sind Änderungen in der Organisation, Umstellungen in den Prozessen, Investitionen in neue Anlagen und Ausbildung der Mitarbeiter sowie neuartige Lösungen im Bereich der Produktstrukturierung nötig.

Diese Änderungen vollziehen sich in, durch das Unternehmen beeinfluß- bzw. steuerbaren Gestaltungsfeldern (wo), die wie folgt zusammengefaßt werden können: (vgl. Carter/Baker 1991 und McGrath u.a. 1992)

- ❑ Produkt,
- ❑ Aufbauorganisation,

- ❑ Abläufe und
- ❑ Human- und Sachressourcen.

Als ein weiteres Gestaltungsfeld, das den anderen übergelagert ist, stellt sich die Unternehmenskultur dar. Sie läßt sich zwar nicht unmittelbar verändern oder steuern, ist aber eine wesentliche Randbedingung für die Einführung von Simultaneous Engineering.

Um dem Praktiker einen gehaltvollen und nutzbaren Leitfaden an die Hand geben zu können, werden in diesem Abschnitt zu den einzelnen Gestaltungsfeldern Methoden und Werkzeuge diskutiert. Da es eine nahezu unübersehbare Vielfalt an Methoden und Werkzeugen gibt, werden nur diejenigen dargestellt, die in den meisten Unternehmen, die Simultaneous Engineering eingeführt haben, erfolgreich angewendet werden.

3.2.1 Produkt

Das Ergebnis des Produktentwicklungsprozesses wird mittels der Dokumentation des Produkts selbst (Produktmodell, Berechnungen, Zertifikate, Schaltpläne, Stücklisten etc.) und dessen Produktionsprozeß (Werkzeug-Zeichnungen, Prozeßpläne, Arbeitspläne) beschrieben. Sie zusammen bilden das Ergebnis des Produktentstehungsprozesses. Im Sinne des Simultaneous Engineering ist es von größter Wichtigkeit, die Dokumentation von Produkt und Produktionsprozeß schon in den frühesten Phasen des Produktentwicklungsprozesses konsequent zu verfolgen. Eine Dokumentation, wie z.B. ein Lasten- oder Pflichtenheft, ist in ein einheitliches Berichtswesen zu integrieren. Das Ziel des Berichtswesens ist das Unterstützen des Informationsmanagements. Die zielgerichtete Dokumentation von Produkt- und Produktionsprozeß gewährleistet eine Transparenz für alle Mitarbeiter bezüglich des zu verfolgenden Ergebnisses des Produktentwicklungsprozesses.

Die wichtigste Unterstützung durch Werkzeuge im Gestaltungsfeld Produkt dient der Vereinheitlichung der Daten über das Produkt. Die Vereinheitlichung muß sowohl auf der Datenebene als auch in den Köpfen der Mitarbeiter geschehen.

Im Zusammenhang mit dem engen Informationsaustausch zwischen den Mitarbeitern über das Produkt, gewinnen in letzter Zeit Werkzeuge des Rapid Prototyping zunehmend an Bedeutung. Sie erlauben zu einem frühen Zeitpunkt die Nachbildung des Produkts bezüglich einer Reihe wesentlicher Eigenschaften. Diese Prototypen vereinfachen Diskussionen und Problemlösungen erheblich und klären eventuelle Unterschiede in den Ansichten sehr rasch.

Auf der Datenebene werden seit geraumer Zeit erhebliche Anstrengungen unternommen, um eindeutige Produktstrukturen zu definieren. Aufbauend auf ein das gesamte Produkt beschreibendes Datenmodell, sind Bibliotheken für Standardteile eine große

Hilfe für den Ingenieur. Es kann sich um Daten von Normteilen oder Firmenstandardelementen handeln. Zur Auswahl geeigneter Elemente aus solchen Bibliotheken stehen Werkzeuge zur Erzeugung und Nutzung von Teileklassifikationen zur Verfügung, die geometrische oder funktionale Ähnlichkeiten nutzen, um Standardlösungen zu finden.

Zur Vereinfachung der Entwicklung und zur besseren Ausbildung von Produktwissen ist die Bildung von Modulen innerhalb der Produktstruktur hilfreich. Aus Erfahrung lassen sich sinnvolle Modulstrukturen bestimmen, die im weiteren Verlauf in viele Produkte unverändert übernommen oder an diese angepaßt werden können. Techniken des parametrischen bzw. relationalen Designs lassen sich anwenden und innovative Ideen können dann vielfach auf ein Modul beschränkt und nach erfolgreicher Bewältigung der damit zusammenhängenden Probleme ohne Zeitverlust unmittelbar auf eine Vielzahl weiterer Produkte übertragen werden.

Die folgenden Anforderungen an informationstechnische Unterstützung lassen sich aus den Methoden und Verfahren des Gestaltungsfeldes Produkt ableiten:

- Speicherung und Wiederauffinden vorhandener Lösungen.
- Dokumentation des Produkts und Produktionsprozesses.
- Aufbau von Bibliotheken aus Normteilen und Firmenstandardelementen.

3.2.2 Aufbauorganisation

Die Aufbauorganisation eines Unternehmens bestimmt dessen Strukturen, d.h. die Bildung organisatorischer Einheiten, sowie die Koordination zwischen den einzelnen Einheiten. Durch Hierarchie- und Stellenbildung werden i.a. Berichtspflichten, Verfahren zur Abstimmung sowie Entscheidungskompetenzen impliziert. Neben der Aufbauorganisation sind jedoch auch informelle Strukturen (vgl. Lu 1992) für eine reibungslose Durchführung des Produktentstehungsprozesses mitverantwortlich zu machen.

Eine Gestaltung des Produktentstehungsprozesses ist über die Aufbauorganisation vor allem mit Hilfe folgender Methoden und Werkzeuge möglich:

- Projektmanagement,
- Teamarbeit statt Einzelarbeit und Laufbahnmodelle sowie
- Koordinationsgremien.

3.2.2.1 Projektmanagement

Wesentliches Kennzeichen für SE ist die Zusammenfassung eines Vorhabens zu einer Einheit. Dies gelingt am Besten durch Anwendung eines Projektmanagement (vgl. Platz/Schmelzer 1986).

Projektmanagement ist definiert als die methodengestützte Steuerung eines außergewöhnlichen Vorhabens durch einen Projektverantwortlichen auf Basis einer interdisziplinären Zusammenarbeit aller Ressorts mittels flexibel initiierter Gruppen.

Dies ermöglicht eine Parallelisierung im Produktentstehungsprozeß. Denn nur, wenn in einer organisatorischen Einheit alle wesentlichen Entscheidungen aus Projekterfordernissen heraus getroffen werden können, kann es zu einem zeitoptimalen Ablauf kommen. Besonderer Wert ist auf die Standardisierung der durchgeführten Prozesse insbesondere aber auf die Informationsübergaben zu legen. Die Standardisierung, d.h. die vielfache Verwendung derselben Organisationsformen bzw. -strukturen, hilft den Mitarbeitern, sich in vielen verschiedenen Produktentstehungsprozessen zurechtzufinden und dort gestalterisch tätig zu werden.

Eine Integration wird durch die Zusammenfassung aller beteiligten Funktionen und Prozesse zu einem Projekt erreicht. Ein weiteres Kennzeichen des Projektmanagements im Sinne des Simultaneous Engineering ist die frühestmögliche Integration aller Beteiligten, wodurch alle relevanten Aspekte des Produktentstehungsprozesses zu einem sehr frühen Zeitpunkt zur Diskussion und zur Entscheidung kommen. Vertreter der Zulieferfirmen und der Produktionsmittelhersteller dürfen hierbei nicht fehlen, da sie einen großen Anteil an der Entwicklungsleistung haben.

3.2.2.2 Teamarbeit und Laufbahnmodelle

Projektarbeit ist immer nur so erfolgreich, wie es die involvierten Mitarbeiter wollen. Um die neuen Verfahren schnell zum Erfolg zu führen, müssen den Mitarbeitern die Vorteile der neuen Arbeitsweise vermittelt und nachvollziehbar gemacht werden. Hier sind an die Gestaltungsspielräume durch Teamarbeit und Karriereperspektiven zu denken.

Teamarbeit ist eine Form der Zusammenarbeit, in der eine Gruppe von Personen für die Erledigung ihrer fachlichen Aufgaben, für die Verteilung der Aufgaben unter den Gruppenmitgliedern, für die Lösung auftretender Probleme sowie die Kommunikation mit anderen Organisationseinheiten verantwortlich ist. Das Team wird im allgemeinen durch einen von der Gruppe bestimmten Teamsprecher vertreten, dessen Position ein primus inter pares ist. Vorteile für die Produktentwicklungsprozesse liegen in der kürzest möglichen Rückkopplungsschleife für Informationen, was zu vermehrter Prozeßparallelisierung, zu einer höheren Integration des Wissens der Beteiligten sowie zu erhöhter Motivation und Leistung führt. Ferner wird durch Teamarbeit eine Standardisierung der Qualifikation der Gruppenmitglieder auf einem hohen Niveau erreicht, wenn das Team als Ganzes bewertet wird.

Ein weiteres Erfolgskriterium der Projektarbeit ist die Motivation der Mitarbeiter. Eine höhere Entlohnung allein wirkt aus sich heraus nicht motivierend (vgl. Sprenger

1994). Vielmehr wirken veränderte Rahmenbedingungen wie die der Organisation. Dinge gestalten zu können oder sich selbst verwirklichen zu dürfen und Status gewinnen zu können, motivieren intrinsisch. Die Projektkarriere für Spezialisten und Projektleiter ist eine reizvolle Alternative zu klassischen Karrierewegen. Hier werden den Mitarbeitern Möglichkeiten in immer neuen und reizvollen Vorhaben eröffnet. Es wird sicher nur eine Minderheit sein, die diesen Reiz aufnimmt, aber i.a. ist es diese kleine Gruppe von Personen, die für Erfolg oder Mißerfolg der Projekte verantwortlich ist.

3.2.2.3 Koordinationsgremien zur Abstimmung von Produktentwicklungsprozessen

Koordinationsgremien haben die Aufgabe, alle produktbezogenen Aktivitäten der Funktionsbereiche über den Produktlebenszyklus hinweg zu koordinieren. Sie tragen damit erheblich zur Effizienzsteigerung des Produktentwicklungsprozesses bei.

Zunächst ist von der Marktseite her sicherzustellen, daß die ankommenden Wünsche durch eine möglichst kleine Anzahl von Entwicklungen befriedigt werden. Diese Aufgabe hat das Produktmanagement. Es trägt so zur Integration verschiedener, ansonsten parallel ablaufender Entwicklungen bei. Zudem unterstützt das Produktmanagement die Standardisierung im Produktentwicklungsprozeß durch die Definition weniger und wiederverwendbarer Bestandteile im Produkt. Nicht zuletzt werden durch diese Stelle auch Erfahrungen mit Vorgängerprodukten in die Definition neuer Produkte einfließen. So wird sichergestellt, daß die Produktqualität auch auf die Nutzbarkeit über den gesamten Produktlebenzyklus hin ausgerichtet werden kann.

Über die Ebene der einzelnen, einheitlich betrachteten und für sich sinnvollen Produktentwicklungsprozesse muß ein Management zur Abstimmung der Vorhaben untereinander aufgebaut werden, da sie häufig auf die gleichen Ressourcen zurückgreifen müssen. In diesem Zusammenhang ist eine organisatorische Maßnahme die Einrichtung eines Projektlenkungsausschusses. Unterstützend wirkt hier der Aufbau eines strategischen Projekt-Controlling (vgl. McGrath u.a. 1992) sowie die Anpassung des Berichtswesens.

Die folgenden Anforderungen an informationstechnische Unterstützung lassen sich aus den Methoden und Verfahren des Gestaltungsfeldes Aufbauorganisation ableiten:

- ❑ Teamunterstützung durch CSCW (zur Verteilung von Informationen, Berichten, Änderungsmeldungen u.v.m.).
- ❑ Zugriff auf Standardelemente und -module von Produkten.
- ❑ Strukturierung von Erfahrungen mit Produkten, Modulen.
- ❑ Unterstützung des strategischen Projektcontrollings durch Sammlung und Darstellung von Projektdaten, Portfolios, Erstellung spez. Projektberichte.

3.2.3 Abläufe

In der Überwindung der funktionalen Barrieren durch Abbau von Abteilungsschranken sowie bereichsübergreifender Zusammenarbeit der Mitarbeiter zeigt sich die Notwendigkeit einer veränderten Denkhaltung im Unternehmen. Das Denken in Prozessen entlang der Wertschöpfungskette erfordert Kooperation und Kommunikation als wesentliche Erfolgsfaktoren. Die in einem Unternehmen angewendeten Abläufe bestimmen den Produktentstehungsprozeß. Sie nehmen Einfluß auf Effektivität und Effizienz des Produktentstehungsprozeß. Daher sind Analysen der existierenden Abläufe eine wesentliche Voraussetzung für die Gestaltung von Simultaneous Engineering in Unternehmen.

Um die Abläufe prozeßorientiert gestalten zu können, hat es sich bewährt, Prozeßverantwortliche zu bestimmen. Ihre Aufgabe ist die methodengestützte Flußoptimierung der fachbereichsübergreifenden Prozesse. Sie stellen die einheitliche Abwicklung wiederkehrender Standardabläufe sicher. Um die Menge der angewandten Vorgehen und Abläufe transparenter zu machen, werden sie in die folgenden Kategorien eingeteilt:

- ❑ Abläufe zur Produktdatenerstellung – operative Prozesse – und
- ❑ Abläufe zur Unterstützung der Führungsprozesse.

3.2.3.1 Abläufe zur Produktdatenerstellung – operative Prozesse

Zunächst sind Abläufe zur Beschreibung von Produkt und Produktionsprozeß zu nennen. Sie helfen, auf standardisierte Weise die Produktdaten zu erzeugen (z.B. Zeichnungsnormen). Die Effekte dieser Abläufe liegen vor allem im Bereich der Standardisierung. Es wird sichergestellt, daß alle Daten einer Aufgabe in derselben Weise erstellt werden, dabei läßt sich auf die Ergebnisse anderer Ingenieure zurückgreifen und ältere, schon einmal verwendete Teile oder Baugruppen können einfach übernommen werden.

In diesem Rahmen dürfen die Abläufe nicht vergessen werden, die der Simulation der Produkt- und Prozeßeigenschaften sowie der algorithmisierbaren Berücksichtigung späterer Aspekte im Produktentstehungsprozeß oder des Produktlebenszyklus dienen. Im Zusammenhang mit Simultaneous Engineering werden insbesondere Standardabläufe bzw. -verfahren wie

- ❑ Design for Manufacture,
- ❑ Design for Assembly und
- ❑ Design to Cost

angeboten, die dem Ingenieur helfen, schon in der Design-Phase Kosten des Produkts, seine Fertigbarkeit, Montagezeiten etc. abzuschätzen.

Diese Verfahren ermöglichen es, innerhalb des magischen Dreiecks eine optimale Lösung zu finden. So kann mittels Design for Quality (vgl. Gimpel 1991, Jeschke/ Westkämper 1993) genau das Produkt mit den für den Kunden relevanten Eigenschaften entwickelt werden. Design for Manufacture (vgl. Boothroyd/Dewhurst 1983 und Stoll 1990) hilft, das Produkt so zu entwickeln, daß es schnell, kostengünstig und mit hoher Qualität zu produzieren ist. Design for Assembly trägt dazu bei, das Produkt so zu entwickeln, daß möglichst viele Kundenwünsche (Variationen) mittels Modularisierung zu günstigen Kosten und geringem zusätzlichen Zeitaufwand in der Entwicklungsphase geliefert werden können.

Sie fördern die Integration im Produktentstehungsprozeß durch interdisziplinäres Arbeiten. Weiterhin ermöglichen sie eine Parallelisierung der Aufgaben durch frühzeitige Abschätzung der Montierbarkeit und anderer Eigenschaften mit noch unsicheren Daten. Zuletzt vereinfachen diese Verfahren die Standardisierung durch ein planmäßiges und strukturiertes Vorgehen (prozessualer Standard) sowie durch die Unterstützung der Bildung von Modulen.

Standardisierte Abläufe oder Verfahren, wie sie bisher dargestellt wurden, haben im allgemeinen zur Voraussetzung, daß sich das Optimierungsproblem bzw. Teilbereiche daraus, geschlossen darstellen lassen. Da der Produktentstehungsprozeß ein komplexes Ganzes darstellt, in dem verschiedene Weltbilder in ein Ergebnis zu integrieren sind, lassen sich nicht alle Belange in solchen Verfahren standardisiert darstellen. Vielmehr werden sie bei einzelnen verteilten Entwicklungseinheiten ihre Anwendung finden, um Argumente für Konfliktfälle zwischen ihnen zu liefern.

Dies gilt beispielsweise für Fahrzeugentwicklungen, bei denen Verfahren zur Optimierung der Konstruktion aus Strömungsgesichtspunkten sowie zur Berücksichtigung der Fertigungsprozesse existieren und mit Design-Aspekten verknüpft werden müssen. Strömungs- und Fertigungsbelange können von den Entwicklern gegeneinander abgewogen und entschieden werden. Die zusätzliche Berücksichtigung auch der ästethischen Qualitäten des Produkts wird nur durch den Diskussions- und Entscheidungsprozeß zwischen den einzelnen Entwicklungseinheiten sichergestellt. Die Abläufe zur Behandlung konfliktbehafteter Aspekte im Produkt sind offen und standardisiert zu gestalten. Diskussionsstil und Ablauf der Sitzungen haben einen großen Einfluß auf die Geschwindigkeit, Qualität und den Sitzungsaufwand.

Das Auffinden geeigneter Lösungen verlangt immer Wissen, das aus Erfahrungen mit früheren Produktentstehungsprozeßen gespeist wird. Abhängigkeiten zwischen den Eigenschaften der Produkte können aufgezeichnet und ausgewertet werden. Es handelt sich hierbei um Decision Rationales (vgl. Lu 1992). Sie werden bei jeder wichtigen Designentscheidung angelegt und lassen zusammen mit der Dokumentation der Zustände der Produktdaten die Verfolgung der Designgeschichte zu. Historien verschiedener Produkte und Erfahrungen über die Produktlebenszeit lassen sich auswerten und ergeben wertvolle Hinweise auf Zusammenhänge und Verbesserungen der Produkte.

3.2.3.2 Abläufe zur Unterstützung der Führungsprozesse

Wesentlich für die parallele Durchführung ist die Koordination zwischen den beteiligten Stellen. Hierzu sind standardisierte Beschreibungen der durchgeführten Teilprozesse notwendig. Da die Führungsprozesse im wesentlichen durch die Organisation gestaltet werden, genügt hier eine Bemerkung zu den Planungs- und Abstimmungsverfahren. Sie müssen der Komplexität der Produktentwicklung angepaßt sein.

Werkzeuge zur umfassenden Projektplanung, -steuerung und -überwachung, Projektinformationssysteme, Kostenerfassungssysteme und Entscheidungsunterstützungswerkzeuge helfen den Mitarbeitern in einem Vorhaben, ihre Aktivitäten zu beschreiben und auf Erfahrungen vergangener Prozesse in Form alter Pläne, Checklisten usw. zurückgreifen zu können. Der Beschreibung folgt die Koordination und zeitliche Einplanung der Aktivitäten, die von verschiedenen organisatorischen Einheiten bearbeitet werden.

Modernste Tools dieser Kategorie unterstützen Planungs- und Steuerungsverfahren, wie sie komplexe FuE-Projekte verlangen. Die inhärente Unsicherheit im Produktentstehungsprozeß wird nicht durch die Planung verdeckt. Nur für die nähere Zukunft existiert eine konsistente Beschreibung der Aktivitäten bzw. der geplanten Ergebnisübergaben an den organisatorischen Schnittstellen mit exakter an der Produktstruktur festgemachter Ergebnisdefinition. So wird der Planungs- und Wartungsaufwand für die Informationen auf ein Minimum reduziert. Solche Werkzeuge dienen auch der umfassenden Information und damit der Integration des Projektteams. Alle Mitglieder erhalten die Informationen über die Führungsprozesse, die für ihre Arbeit wichtig sind.

Dem Erhalt von Informationen entspricht auch die Verpflichtung Änderungen, den Stand der eigenen Arbeit etc. mitzuteilen. Damit die Projektsitzungen auf Entscheidungsfindungen beschränkt werden können, helfen Tools dieser Art, die Informationen ereignisgesteuert einzufordern und aufzubereiten.

Die folgenden Anforderungen an informationstechnische Unterstützung lassen sich aus den Methoden und Verfahren des Gestaltungsfelds Ablauforganisation ableiten:

- ❑ Einmalige Eingabe von Daten in Zeichnungen und Texten.
- ❑ Unterstützung von einfach algorithmisierbaren Prozessen wie statische und dynamische Berechnungsverfahren.
- ❑ Implementierung einfacher Standardverfahren wie Design for X.

- Speicherung von Ingenieurwissen beispielsweise zur Werkstoffauswahl und Oberflächenbehandlungsauswahl.
- Protokollierung von Design-Entscheidungen sowie Verfahren zu deren Auswertung.
- Zusammenschalten von Verfahrensschritten zu Standardprozessen wie Zyklen zur mechanischen Optimierung.
- Darstellung der ablaufenden Prozesse:
  - Checklisten,
  - Arbeitspakete,
  - Informationsübergaben (Ergebnisorientierung).
- Ermöglichen parallelen Arbeitens an einer Baugruppe oder einem Teil.
- Koordination der Planungen zwischen Abteilungen durch Planung und Abstimmung:
  - bottom-up,
  - top-down Aufwandsrechnungen,
  - Terminkollisionen, kritische Pfade,
  - Ergebnis- und Qualitätsprobleme.
- Steuerung und Überwachung der Prozesse.
- Darstellung von Ergebnissen und Situationen für unterschiedliche Nutzer.
- Veränderung und Anpassung der Prozesse an neue Anforderungen.

3.2.4 Ressourcen

Die Effizienz und Effektivität der Leistungserstellung eines Unternehmens ist abhängig von dessen Produktionsfaktoren Arbeit und Kapital. Diese werden im wesentlichen durch die dem Unternehmen zur Verfügung stehenden Ressourcen bestimmt. Durch die Entwicklung und Gestaltung dieser Ressourcen können Veränderungen im Produktentstehungsprozeß ermöglicht und damit Verbesserungen erreicht werden.

3.2.4.1 Human Ressources

Menschen (Human Ressources) besitzen berufliche Qualifikationen, bestimmte Verhaltensmuster, eine Sozialisation. Für Simultaneous Engineering ist es von überragender Wichtigkeit, die richtigen Personen einzusetzen bzw. die gewünschten Fähigkeiten bei den Mitarbeitern zu fördern.

Personalentwicklung (vgl. Marr 1979, Wunderer 1993, Warschat 1993) ist hierzu ein wichtiges unterstützendes Methodenfeld, das hilft, die Mitarbeiter auf die durch Simultaneous Engineering induzierten Veränderungen ihrer Arbeit vorzubereiten. Simultaneous Engineering erfordert Interdisziplinarität und Verständnis für andere Ansichten. Für Projektleiter bzw. die Generalisten im Produktentstehungsprozeß ist z.B. Job Rotation ein integratives Mittel, um das notwendige Verständnis zu erreichen. Für die Spezialisten in den Fachabteilungen sind gemeinsame Projekte und intensive Zusammenarbeit die besten Lernplätze, um die geforderten Eigenschaften zu entwickeln.

Teamorientierte Organisationen benötigen teamfähige Mitarbeiter. Diese Eigenschaften können nur selten in Trockenkursen erlernt werden. Viel mehr hilft den Mitarbeitern Learning by Doing. Für die Personalabteilungen bedeutet dies, Coaching von Projektneulingen durchzuführen und die Mitarbeiter zu begleiten.

Parallel zu den Projekten ist es sinnvoll, die Mitarbeiter mit neuen Arbeitsverfahren vertraut zu machen. Hierzu gehören vorrangig Moderations- und Präsentationstechniken.

Projekte, die im Sinne des Simultaneous Engineering ablaufen, verlangen von den Mitarbeitern und Führungskräften Fach-, Methoden- und Sozialkompetenz. Es muß für alle notwendigen Fachdisziplinen das Wissen vorhanden sein. Eine Marketingfragestellung ist von einem Marketingfachmann zu bearbeiten, nicht von einem Ingenieur und umgekehrt. Methoden, wie die verschiedenen Design for X-Methoden, müssen beherrscht werden. Dies gilt auch für Diskussionsprozesse, Entscheidungsverfahren und allgemein für Verfahren des Projekt- bzw. Prozeßmanagement. Des weiteren ist Interaktionsfähigkeit und -bereitschaft Voraussetzung für Teamarbeit. Teamfähigkeit der Mitarbeiter bedeutet unter anderem Offenheit bei der Weitergabe von Informationen und beim Zugestehen von Fehlern, denn nur aus Fehlern kann man lernen. Teamfähigkeit heißt weiter, Verantwortung für eigene Prozesse und getroffene Entscheidungen zu übernehmen, Entscheidungen diszipliniert zu treffen und pünktlich auszuführen, um die maximale Parallelisierung zu erreichen.

Die Umstellung auf eine Simultaneous Engineering-gerechte Produktentwicklung bedeutet eine ständige Herausforderung an das Management der Human Ressources. Für die Personalentwicklung ergibt sich die Aufgabe, die Mitarbeiter dem Bedarf entsprechend zu schulen. Die Personalrekrutierung muß die geeigneten Kandidaten auswählen. Ferner sind gerade die Spezialisten, wie Ingenieure, im Unternehmen zu halten, denn diese bergen einen großen Teil des Know-how.

3.2.4.2 Sachressourcen

Sachressourcen sind bei Einführung von Simultaneous Engineering ebenfalls zu berücksichtigen. Sie teilen sich in Datentechnik und Gebäude bzw. deren Ausstattung auf. Zur Ausstattung: Damit die Mitarbeiter eines Produktentstehungsprozesses offen miteinander arbeiten können und sich Projektarbeit vollziehen kann, sind die entsprechenden Ausstattungen anzuschaffen. Dazu gehören Besprechungsräume mit hinreichender Präsentationstechnik wie Overhead-Projektoren, White-Boards und Meta-

Plan-Tafeln, die je nach Größe des Projekts als ständige Einrichtung zur Verfügung stehen. Ferner sind, um die Nähe der Beteiligten zu erhöhen, die Mitarbeiter räumlich enger zusammenzusetzen.

4 Kooperation – Zusammenarbeit zwischen Unternehmen

4.1 Definition und Formen von Kooperationen

»Während der globale Wettbewerb die Standards für Qualität, Innovation, Produktivität und Kundennutzen – jene goldenen Schlüssel zum Erfolg – anhebt, schrumpft gleichzeitig das Ausmaß dessen, was eine Firma allein tun kann.« (Lewis 1991).

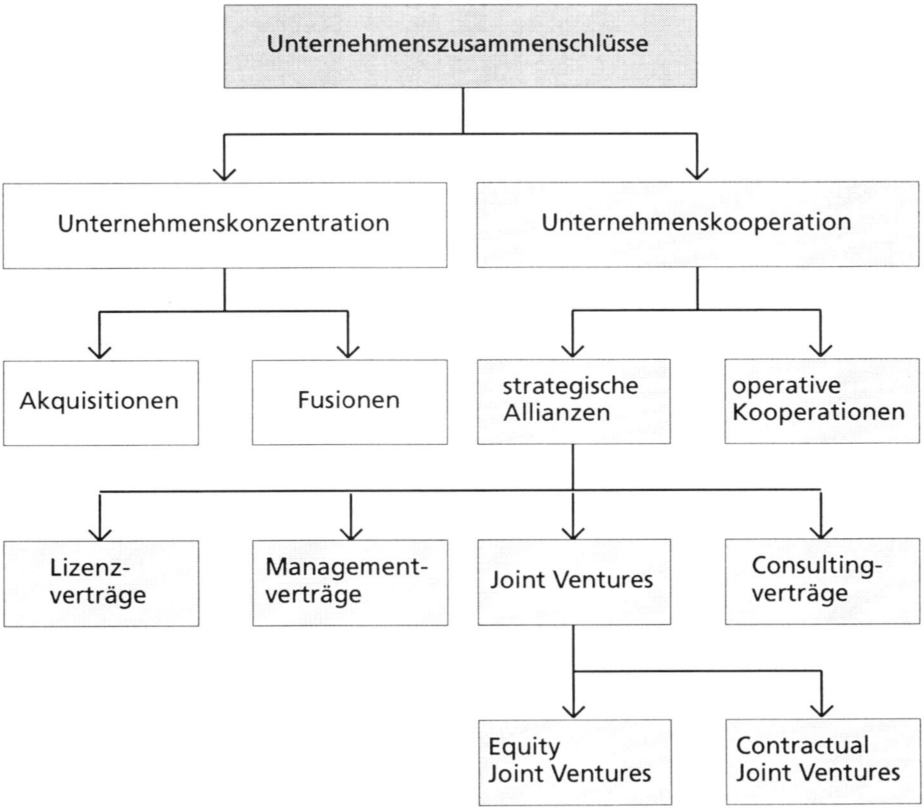

Bild 4.1: Formen von Unternehmenszusammenschlüssen

Seit Jahrhunderten gehen Militärstrategen und ganze Nationen Bündnisse ein und machen gemeinsame Sache mit jenen, die ähnliche Interessen verfolgen. Unternehmensführer scheinen hingegen erst jetzt begriffen zu haben, daß sich eine turbulente, unsichere Umwelt leichter bewältigen läßt, wenn ein Verbündeter zur Seite steht (vgl. Ohmae 1989). Das relativ stabile Wettbewerbsumfeld bis Anfang der 80er Jahre verlangte auch nicht nach Allianzen, doch die ständige Beschleunigung des Wandels innerhalb der drei Kraftfelder Gesellschaft – Wirtschaft – Technik (vgl. Zahn 1990) und insbesondere die fortschreitende Globalisierung der Wirtschaft machen die Bildung von Kooperationsformen mit anderen Unternehmen geradezu unabdingbar.

Wurde bisher recht undifferenziert von »Kooperationen« gesprochen, so geschah dies mit Absicht, denn die in der Literatur verwendete Terminologie zum Thema Unternehmenszusammenschlüsse ist uneinheitlich und in letzter Zeit durch die Einführung von Anglizismen wie »Mergers & Akquisitions«, »Joint Ventures« oder »Strategic Alliances« in die wissenschaftliche und populäre Sprache noch vielfältiger und unübersichtlicher geworden (vgl. Pausenberger 1989). Außerdem stehen eine ganze Reihe unterschiedlicher Kooperationsformen bereit, um den Anforderungen einer turbulenten, globalen Unternehmensumwelt zu begegnen. Ziel dieses Kapitels ist es, Licht in das Begriffswirrwarr zu bringen.

Um jedoch einen breiteren Überblick zu geben und die richtige Einordnung der Kooperationen zu ermöglichen, werden diese auch gegenüber Formen der Unternehmenskonzentration abgegrenzt und eingeordnet.

4.1.1 Strategische Allianzen

Der Terminus »strategische Allianz« ist ein Oberbegriff, unter dem verschiedene Kooperationsformen subsumiert werden. Mißverständnisse entstehen oftmals aus dem undifferenzierten Gebrauch dieses Begriffes, der ohne nähere Erklärung in vielerlei Hinsicht interpretiert werden kann. Wegen dieser Vielfältigkeit lassen sich strategische Allianzen nicht einfach definieren, »ohne mit einer a priori Festlegung auf eine Definition den Zugang zum Wesen von solchen Bündnissen zu verstellen.« (Lutz 1993)

4.1.1.1 Begriffsdefinition

In Anlehnung an Lutz wird der Begriff »strategische Allianz« unabhängig von der Erscheinungsform definiert als

»... eine auf den Aufbau strategischer Wettbewerbsvorteile und/oder auf die Stärkung der Wettbewerbsposition der Partner gerichtete ... Form der Zusammenarbeit auf einem oder mehreren, aber nicht sämtlichen, strategischen Geschäftsfeldern zwischen mindestens zwei formalrechtlich in einem Gleichordnungsverhältnis zueinander stehenden und voneinander rechtlich selbständig bleibenden Unternehmungen ...« (Lutz 1993)

4.1.1.2 Charakteristische Merkmale strategischer Allianzen

Über die charakteristischen Merkmale von strategischen Allianzen besteht dieselbe Uneinigkeit wie über deren Definition und exakte Abgrenzung.

Gemeinsame strategische Ziele
Strategische Allianzen sind nur dann längerfristig erfolgversprechend, wenn die Partner gemeinsame Zielvorstellungen entwickelt haben. Betrachtet man Beispiele von Kooperationen in der Praxis, dann kann man beobachten, daß eine große Anzahl strategischer Allianzen von Partnern eingegangen wurden, die unterschiedliche Ziele verfolgen (Lutz 1993). So kann der eine Partner beispielsweise eine Reduzierung des Fixkostenblockes für FuE-Investitionen beabsichtigen, während der andere im Gegenzug Marktkenntnisse erhalten möchte. Um diesen Widerspruch zu verstehen, muß zwischen Zielen der Partner und Zielen der Allianz unterschieden werden (vgl. Lutz 1993).

Die Ziele der Partner können durchaus verschieden sein oder, falls mehrere Ziele gleichzeitig verfolgt werden, sich nur in Teilbereichen decken. Die häufigsten Ziele sind dabei wohl der Zugang zu neuen Technologien, der (schnelle) Marktzutritt, die Realisierung von Synergieeffekten, die Kosten- und Risikoreduktion sowie die Umgehung von Wettbewerbsbestimmungen und Handelsbarrieren (vgl. Ihrig 1991; Gahl 1991; Haase 1990; Backhaus, Meyer 1993; Bronder, Pritzl 1991 und Lutz 1993). Die Ziele der Allianz werden von den Partnern gemeinsam und in Übereinstimmung festgelegt. Berücksichtigung finden dabei »Forderungen, die von Interessenten der inner- und außerorganisatorischen Umwelt an die Unternehmungen gestellt werden« (Lutz 1993).

Autonomie und Interdependenz
Ein weiteres charakteristisches Merkmal strategischer Allianzen ist das gleichzeitige Vorhandensein von Autonomie und Interdependenz. Dieses Phänomen wird von Boettcher als »Paradoxon der Kooperation« bezeichnet (vgl. Boettcher 1974). Beim Zusammenschluß von Unternehmen zu strategischen Allianzen bleibt die rechtliche Selbständigkeit erhalten. Die wirtschaftliche Selbständigkeit geht aber zumindest in den Bereichen verloren, in denen kooperiert wird. In diesen Teilgebieten wird die individuelle Entscheidungs- und Handlungsfreiheit zugunsten kollektiver Entscheidungen eingeengt (vgl. Lutz 1993). Der Autonomiegedanke läßt sich also nur auf die Eintrittsentscheidung in eine Allianz und auf die rechtliche Selbständigkeit beziehen. Bezüglich der beiden anderen Kriterien sind strategische Partnerschaften von Interde-

pendenz geprägt. In welchem Ausmaß die Partner autonom entscheiden können, hängt von der Bindungsintensität ab.

4.1.1.3 Erscheinungsformen strategischer Allianzen

Nachdem die Gemeinsamkeiten strategischer Allianzen anhand ihrer charakteristischen Merkmale dargestellt wurden, soll jetzt der Versuch unternommen werden, die vielfältigen Erscheinungsformen mit Hilfe einiger Kriterien zu systematisieren. Als Unterscheidungsdimensionen fungieren folgende Parameter (vgl. Lutz 1993 und Weder 1989).

Richtung der Verknüpfung
Strategische Allianzen können hinsichtlich der Veränderung der Leistungstiefe klassifiziert werden. Von horizontalen strategischen Allianzen spricht man, wenn die Leistungstiefe konstant bleibt, d.h. bei einer Verbindung zweier oder mehrerer Unternehmungen gleicher Produktionsstufe. Hinsichtlich der Produktionsbreite (Produktprogramm) lassen sich drei Arten von horizontalen Allianzen unterscheiden (vgl. Lutz 1993):

- ❑ Horizontale Bündnisse ohne Produkt- und Marktausweitung
- ❑ Horizontale Bündnisse mit Marktausweitung
- ❑ Horizontale Bündnisse mit Produktausweitung

Vertikale strategische Allianzen sind Verbindungen von Unternehmen unterschiedlicher, aufeinanderfolgender Produktionsstufen. Diese gehen jedoch über langfristige Lieferabkommen hinaus und beziehen in enger Koordination Produktentwicklung, Qualitätssicherung und Logistik in die Kooperation mit ein (vgl. Bowersox 1990). Sydow präzisiert, daß diese Netzwerke zwar vorwiegend, aber nicht ausschließlich, vertikal strukturiert sind (vgl. Sydow 1991). Manche Autoren sprechen von einer neuen Form des Wettbewerbs, bei dem nicht mehr Unternehmen, sondern diese strategischen Netzwerke miteinander konkurrieren (vgl. Gomes-Casseres 1994). Dabei wird vergessen, daß Vorläufer dieser Form der Netzwerkbildung in Japan unter dem Namen »Zaibatsu« schon vor über 100 Jahren entstanden und in veränderter Form heute als »Keiretsu« den Wettbewerb bestimmen (vgl. Sydow 1991).

Ziele der Kooperation
Anhand der Ziele, die mit einer strategischen Allianz erreicht werden sollen, können Allianzen nach Backhaus, Plinke in vier verschiedene Kategorien eingeteilt werden (vgl. Backhaus, Plinke 1990):

- ❑ Markterschließungs-Allianzen verschaffen einen raschen Marktzutritt oder die Sicherung bzw. den Ausbau von Marktpositionen.

- Volumen-Allianzen werden geschlossen, um Synergieeffekte realisieren zu können (economics of scale).
- burden sharing-Allianzen dienen der Reduzierung der Kosten und des Risikos (insbesondere bei F&E-Allianzen im High-Tech-Bereich).
- Kompetenz-Allianzen sichern den Zugang zu neuen Technologien und komplementären Kompetenzen.

Die Zuordnung einzelner strategischer Allianzen zu diesen Allianztypen ist sehr oft nicht eindeutig möglich, da beispielsweise viele FuE-Projekte, entsprechend ihrer mehrfachen Zielsetzung, gleichzeitig als »Kompetenz-Allianz« und als »burden sharing-Allianz« fungieren können (vgl. Lutz 1993).

Art der verbundenen Funktionsbereiche
Prinzipiell kommen alle Funktionsbereiche der Unternehmung für eine Zusammenarbeit in Betracht. Legt man Porters reduzierte Wertschöpfungskette für eine Systematisierung der Aktivitäten zugrunde, dann kann man unterscheiden in Einkaufs-, Forschungs- und Entwicklungs-, Produktions-, Marketing-, Vertriebs- und Service-Allianzen. Darüber hinaus können strategische Allianzen auch danach differenziert werden, ob gleiche Wertaktivitäten (z. B. gemeinsame Forschung) oder verschiedene Wertaktivitäten (ein Partner ist z.B. auf die Produktion spezialisiert, der andere auf den Vertrieb) mit der Allianz verknüpft werden (vgl. Gahl 1991; Bronder, Pritzl 1991 und Lutz 1993). Die Ziele der Allianz entscheiden darüber, ob eine Wertaktivität gemeinsam ausgeführt wird (Realisierung von Synergieeffekten) oder jeder Partner für den Bereich zuständig ist, in dem er besondere Fähigkeiten besitzt (Spezialisierung).

Bindungsintensität
Die Bindungsintensität drückt den Grad aus, in dem »die Allianz-Partner ihren Entscheidungs- und Handlungsspielraum einschränken« (Lutz 1993). Um den abstrakten Begriff der Bindungsintensität operationalisierbar zu machen, werden vier Kriterien eingeführt (vgl. Bronder, Pritzl 1991; Pausenberger 1989 und Tröndle 1987):

- Juristischer Verbindungsgrad
- Reichweite
- Ressourcenzuordnung
- Zeithorizont

Das Spektrum der juristischen Verbindungsformen erstreckt sich von Absprachen ohne Rechtsverbindlichkeit, vertraglichen Bindungen und Kapitalbeteiligungen bis zu gemeinsamen Unternehmensgründungen in Form von Joint Ventures (vgl. Lutz (1993). Die Reichweite bezeichnet den Umfang bzw. die Anzahl der verknüpften Wertschöpfungsaktivitäten. Es wird unterschieden zwischen Allianzen, deren

Zusammenarbeit sich lediglich auf eine Aktivität beschränkt und solchen, die in mehreren Bereichen kooperieren. Die Bestimmung der Mittel, die für den Allianzzweck zur Verfügung stehen sollen, determiniert ebenfalls die Verflechtungsintensität. Kooperationen, die nur auf reinem Informationsaustausch beruhen, sind freilich weniger stark verbunden als Allianzen, in die auch materielle, personelle oder finanzielle Ressourcen fließen. Ausschlaggebend für den Zeithorizont der strategischen Allianz ist die strategische Zielsetzung. Innerhalb eines befristeten F&E-Projektes läßt sich zwar ein Know-how-Transfer realisieren, aber um Größenvorteile im Produktionsbereich zu erlangen, bedarf es einer langfristigen Kooperation.

Zusammenfassend läßt sich sagen, daß die Bindungsintensität um so größer ist, »... je stringenter der juristische Verbindungsgrad, je größer die Reichweite, je mehr Inputressourcen zur Verfügung gestellt werden und je weiter der Zeithorizont ist« (Lutz (1993).

Größe der Allianz
Die Größe von strategischen Allianzen wird an der Anzahl ihrer Kooperationspartner festgemacht. Folglich kann zwischen Kooperationen aus zwei Alliierten und Kooperationen aus mehreren Partnern unterschieden werden. In diesem Zusammenhang seien beispielhaft strategische Netzwerke erwähnt.

Nationalisierungsgrad
Die Herkunft der Kooperationspartner determiniert schließlich den (Inter-) Nationalisierungsgrad der Allianz. Außer nationalen Kooperationsformen existieren noch internationale (Partner kommen aus zwei verschiedenen Ländern) und multinationale (Partner kommen aus mindestens drei unterschiedlichen Nationen) Kooperationen.

4.1.2 Abgrenzung zu Formen der Unternehmenskonzentration

Die Internationalisierung der Wirtschaft und Globalisierung der Märkte sowie der dadurch verschärfte Wettbewerb zwingen Unternehmen dazu, sich zusammenzuschließen. In welcher Form dies geschieht, hängt von einer Vielzahl von Faktoren ab und kann global nicht beantwortet werden. Prinzipiell lassen sich zwei Arten von Unternehmenszusammenschlüssen unterscheiden: Zusammenschlüsse

- ❑ unter Einschränkung der Selbständigkeit – Kooperation
- ❑ unter Beseitigung der Selbständigkeit – Konzentration

Um die Bedeutung strategischer Allianzen in diesem Umfeld richtig einordnen zu können, werden sie nun den Konzentrationsformen »Akquisition« und »Fusionierung« gegenübergestellt (Bronder, Pritzl 1992).

4.1.2.1 Strategische Allianzen versus Akquisitionen

Unter einer Akquisition wird i.a. der »Kauf eines Unternehmens bzw. dessen Teilerwerb, um in den Besitz seiner Leistungselemente zu kommen ...«, verstanden. Definitionsgemäß geht dabei die wirtschaftliche Selbständigkeit des aufgekauften Partners verloren, d.h. es handelt sich generell um Mehrheitsbeteiligungen. Im Gegensatz zu Fusionen können bei Akquisitionen als Käufer von Unternehmen (-steilen) nicht nur Unternehmungen, sondern auch Investoren (Banken, Investmentgesellschaften etc.) und einzelne Personen auftreten. Die Akquisition von Unternehmen unterscheidet sich in wesentlichen Merkmalen von strategischen Allianzen:

- Bei strategischen Allianzen bleibt die rechtliche Selbständigkeit immer erhalten.
- Es gibt zwar auch strategische Allianzen mit Kapitalbeteiligung, jedoch bewegen sich diese immer im Bereich von Minderheitsbeteiligungen, da sonst die rechtliche Selbständigkeit und das Gleichordnungsverhältnis unter den Partnern aufgehoben würde.
- Im Gegensatz zu Akquisitionen erstrecken sich Allianzen ausschließlich über einzelne Teilbereiche/Geschäftsfelder und nicht über alle Unternehmensbereiche.

4.1.2.2 Strategische Allianzen versus Fusionen

Eine Abgrenzung dieses Begriffspaares erscheint besonders wichtig, da strategische Allianzen fälschlicherweise z.T. auch als »Quasifusionen« oder »Partialfusionen« bezeichnet werden und damit Mißverständnisse provozieren. Als Fusion (engl.: merger) bezeichnet man einen Zusammenschluß von zwei oder mehreren Unternehmen, bei dem die wirtschaftliche und rechtliche Selbständigkeit der Unternehmungen aufgehoben und der neuen Unternehmung übertragen wird. Die zentralen Unterschiede zwischen strategischen Allianzen und Fusionen kommen in folgenden Punkten zum Ausdruck:

- Eine strategische Allianz bezieht sich immer nur auf einzelne Geschäftsfelder, eine Fusion schließt grundsätzlich das ganze Unternehmen mit ein.
- Im Gegensatz zu Fusionen bleibt bei strategischen Allianzen die rechtliche Selbständigkeit ex definitione erhalten.
- In einer Fusion stehen die vereinigten Unternehmen unter einheitlicher Leitung, während die Führungszentren der Partnerunternehmen einer Allianz autonom bleiben.

4.1.3 Joint Ventures

Joint Ventures stehen (wie oben bereits erwähnt) im Mittelpunkt des Interesses und werden daher an dieser Stelle noch einmal etwas ausführlicher dargestellt. Allerdings wird nicht permanent zwischen nationalen und internationalen Joint Ventures unterschieden werden, da das Kriterium der Nationalität nicht zu deren wesensbestimmenden Merkmalen gehört. Auch die definitorische Heterogenität dieses Begriffes (vgl. Weder 1989) fordert eine klare Begriffsbestimmung innerhalb dieser Ausführungen, um eventuellen Mißverständnissen vorzubeugen. Zusätzlich sollen Abgrenzungen zu anderen Formen strategischer Allianzen das eingeführte Konzept für Joint Ventures transparenter machen.

4.1.3.1 Ausgewählte Definitionsansätze

Einer der frühen Definitionsansätze für Joint Ventures kann als summarisch bezeichnet werden, weil er den Begriff sehr weit faßt und damit eine große Zahl von Kooperationsformen einschließt. In den 60er Jahren umschrieb Friedmann ein Joint Venture als »any form of association which implies collaboration for more than a very transitory period« (Friedmann 1961). Der Einsatz von Kapital bzw. die Gründung eines Gemeinschaftsunternehmens ist hiermit kein konstituierendes Merkmal von Joint Ventures. Ein derartig weiter Ansatz hat eine de facto-Gleichstellung der Begriffe Joint Venture und Kooperation zur Folge, die im Hinblick auf den Aussagegehalt und die klare Trennung von Kooperationsformen keinen Nutzen bringt.

Zur gleichen Zeit existierten aber auch schon restriktive Ansätze zur Verwendung des Terminus »Joint Venture«. Die Vertreter dieser Auffassung sehen den Begriff Joint Venture nur angebracht, wenn ein gemeinsam getragenes Tochterunternehmen mit eigener Rechtspersönlichkeit errichtet wird. Haemisegger versteht unter einem »echten« Joint Venture sogar nur »ein auf Dauer angelegtes Produktions-Joint Venture zwischen einem ausländischen ... und einem lokalen Unternehmen mit einem zeitlich nicht festgelegten Leistungsangebot« (Haemisegger 1986). Auch in der neueren Literatur wird für das Vorhandensein eines Joint Ventures oftmals die Gründung eines gemeinsamen Unternehmens vorausgesetzt. Gleichzeitig werden dann allerdings alle nicht-institutionalisierten Kooperationsformen unter dem Oberbegriff »strategische Allianz« zusammengefaßt, was zu einer undifferenzierten Betrachtung dieser Partnerschaften führt.

4.1.3.2 Begriffsdefinitionen

Innerhalb dieser Arbeit wird von einem Joint Venture gesprochen, wenn mindestens zwei rechtlich und – in den nicht von der Zusammenarbeit betroffenen Bereichen –

auch wirtschaftlich voneinander unabhängige Partner gemeinsam die führungsmäßige Verantwortung und das finanzielle Risiko aus einem Vorhaben übernehmen. Die wesentlichen Wesensmerkmale sind zunächst die rechtliche Selbständigkeit, die eine Abgrenzung insbesondere gegenüber den Formen der Unternehmenskonzentration darstellt; des weiteren die gemeinsame Führungsverantwortung und -kontrolle, ohne die es sich lediglich um eine finanzielle Beteiligung bzw. Portfolioinvestition des einen Partners handeln würde. Als konstituierendes Merkmal tritt die gemeinsame Risikoübernahme hinzu, die ein Joint Venture von einem Management- oder Lizenzvertrag unterscheidet. Als moderne Varianten des Joint Venture-Begriffes bezeichnet Oesterle die Gliederung in Equity Joint Ventures und Contractual Joint Ventures (vgl. Oesterle 1993). Diese in der Mehrheit der aktuellen Literatur getroffene Unterscheidung wird im folgenden aufgegriffen und dargestellt.

Equity Joint Ventures

Ein Equity Joint Venture ist ein Joint Venture im obigen Sinne, bei dem die Partner eine rechtlich unabhängige Gemeinschaftsunternehmung gründen oder erwerben. Eine derartige Partnerschaft kann auch als institutionalisierte strategische Allianz bezeichnet werden. Fälschlicherweise wird ein Equity Joint Venture im Schrifttum häufig als eine Kooperationsform interpretiert, die durch eine gleichmäßige, jeweilig 50-prozentige Kapitalbeteiligung gekennzeichnet ist. Tatsächlich weist der Begriff »Equity« (dt.: Kapital, Aktien) lediglich darauf hin, daß es sich um eine kapitalmäßige Form der Zusammenarbeit handeln muß.

Über die Höhe des Kapitalanteils, den ein Partner mindestens einbringen muß, damit von einem Equity Joint Venture gesprochen werden kann, gehen die Meinungen sehr weit auseinander (vgl. Oesterle 1993). Bei der Diskussion um die nötigen Kapitalanteile gerät meist in Vergessenheit, daß die tatsächliche Einflußnahme nicht nur von der kapitalmäßigen Beteiligung abhängt, sondern auch von anderen Faktoren. So kann beispielsweise ein Partner, der nur einen kleinen Teil des Kapitals hält »infolge seines Sachverständnisses, der eingebrachten Technologie oder seiner Stellung im Markt« (Weder 1989; Oesterle 1993) durchaus den größten Einfluß auf das Management des Joint Ventures ausüben.

Contractual Joint Ventures

Diese auch »Non-Equity Joint Venture« bzw. »vertragliches Joint Venture« genannte Form der Kooperation leitet sich ebenfalls aus der allgemeinen Joint Venture-Definition ab. Im Gegensatz zum Equity Joint Venture basiert die Zusammenarbeit allerdings nur auf einem Vertrag und nicht auf der Gründung oder dem Erwerb einer Unternehmung. Typische Beispiele für Contractual Joint Ventures sind Arbeitsgemeinschaften im Bereich von Bau- und Anlagenlieferungen, Forschungsgemeinschaften und Konsortien, die meist in Form von BGB-Gesellschaften – also ohne eigene Rechtspersönlichkeit – auftreten. Die Ausgestaltung dieser vertraglichen Joint

Ventures sollte in den Kooperationsverträgen sehr genau fixiert sein, insbesondere die Verteilung der Pflichten, Kosten und Gewinne ist für ein reibungsloses Funktionieren wichtig.

Zur Abgrenzung gegenüber anderen Formen strategischer Allianzen wie Lizenz-, Franchising-, Management- oder Consulting-verträgen bietet sich das Kriterium der Risikoteilung an. Während eine gemeinsame Führungsverantwortung bei Kooperationsformen wie Beratungs- und Managementverträgen gegeben sein kann, ist die Verlustteilung bis auf das vertragliche Joint Venture bei allen anderen Kooperationen praktisch ausgeschlossen.

4.1.4 Zusammenfassung

Dieser Überblick soll verdeutlichen, in welchem Spannungsfeld Kooperation zum einen, und zum anderen der Begriff Kooperation in der Literatur gesehen wird. Daß dies – um es vorwegzunehmen – auch in den Experteninterviews so gesehen wird (uneinheitliches Begriffsverständnis) veranlaßte dies die Autoren, eine Arbeitsbeschreibung bzw. Definition des Begriffs Kooperation für die Studie vorzunehmen. Hierbei wurde auf eine wissenschaftliche Abgeschlossenheit des Begriffs verzichtet und folgender vereinfachter Definitionsansatz verwendet:

Eine Kooperation ist die dauerhafte Zusammenarbeit zwischen zwei oder mehreren rechtlich selbständigen Unternehmen (länger als ein Jahr), z.B. intensiver Erfahrungsaustausch, Arbeitsgemeinschaft oder Joint-Venture. Nicht darunter fallen etwa Lieferbeziehungen, Handelsvertreter oder der Kauf/Verkauf von Lizenzen.

4.2 Entwicklungsstufen der Zulieferer-Abnehmer-Beziehungen

4.2.1 Produktionsorientierung

Der Zulieferer stellt hauptsächlich seine Fertigungskapazität für die Auftragsfertigung des Abnehmers zur Verfügung (Modell der »verlängerten Werkbank«). Er ist dann reiner Teilelieferant und durch fehlende produktspezifische Wettbewerbsvorteile dem harten Preisdruck besonders stark ausgesetzt. Bei Einfach- und Standardprodukten besteht für ihn ein hohes Marktrisiko, da ein Lieferantenwechsel für den Abnehmer ohne große Probleme möglich ist. Die Bindung an den Lieferanten ist recht gering, da die zu fertigenden Teile vollständig der Forschung und Entwicklung des Abnehmers entstammen.

Die Zukunft dieser Zulieferunternehmen liegt darin, ihre Leistungspalette zu verbessern, um damit ihr Marktrisiko zu reduzieren und den Übergang zur nächsten Entwicklungsstufe zu vollziehen, wie bspw. über eine logistikintegrierte Zulieferung. Auch das Anstreben einer Kostenführerschaft, also die besonders wirtschaftliche Produktion, wäre eine geeignete Zielsetzung.

4.2.2 Logistikorientierung

Die Weiterentwicklung des Zulieferers, welche das Ziel hat, zur »Just-in-Time«-Versorgung der Endproduzenten beizutragen, kann über eine Synchronisierung und bessere Koordinierung mit dem Abnehmer erreicht werden. Dies führt dann zu einer höheren Lieferantenbindung. Bei dieser Stufe wird die Produktentstehung weitgehend vom Abnehmer bestimmt, der Zulieferer bringt aber zusätzlich sein Produktions-, Logistik- und Steuerungs-Know-how mit ein.

Ein aussichtsreicher Ausweg aus dieser harten Wettbewerbssituation besteht darin, sich als Entwicklungspartner des Abnehmers weniger ersetzlicher zu machen.

4.2.3 Entwicklungspartnerschaften

Bei dieser Stufe steht die Zusammenarbeit und die Integration des Zulieferers im Vordergrund. Produktions-, Logistik- und Produkt-Know-how werden partnerschaftlich in gemeinsame Forschungs- und Entwicklungsprojekte eingebracht, um innovative Produkt- und Prozeß-Problemlösungen zu erreichen.

Das technologische Know-how und das Leistungspotential beider Partner sollten in einem möglichst frühen Stadium eingebracht und gemeinsam genutzt werden. Durch diese gemeinsamen Anstrengungen werden notwendige Produktverbesserungen sowie Neuanläufe von Produkten schnell und kostengünstig realisiert.

Der Zulieferer wird, um seine Position als ausgewählter Zulieferer behaupten zu können, verstärkt in Forschungs- und Entwicklungsarbeiten investieren. Natürlich besteht auch ein gewisses Risiko einer langfristigen gegenseitigen Abhängigkeit.

Zusammenfassend lassen sich bei dieser Art der Zusammenarbeit folgende Kriterien beachten, besonders um den ungewollten Know-how-Abfluß an Dritte und die damit verbundenen Wettbewerbsnachteile zu vermeiden:

- ❑ Offenheit und gegenseitiges Vertrauen.
- ❑ Aufbau eines stabilen Beziehungsnetzes zwischen den Fachabteilungen.
- ❑ Beständigkeit in den Beziehungen.
- ❑ Kooperation bereits in der frühen Entwicklungsphase.
- ❑ Gemeinsam erarbeitetes Know-how steht beiden Partnern zur Nutzung frei.

- Wahrung der Vertraulichkeit von spezifischen Ergebnissen, Daten, Zeichnungen und Verfahren.

4.2.4 Wertschöpfungspartner

Eine noch engere Einbindung des Zulieferers wird erreicht, indem Zulieferunternehmen als »Wertschöpfungspartner« mit dem Endproduzenten und auch untereinander ein horizontales Verbundsystem bilden, das ähnlich dem japanischen »Keiretzu«-System den Mitgliedern eine gewisse finanzielle Absicherung sowie einen Übernahmeschutz versprechen.

Enge Kooperationsbeziehungen bestehen dann nicht nur zwischen den beteiligten Zuliefer-Wertschöpfungspartnern, sondern auch zwischen den Zulieferpartnern und dem Abnehmer. Diese Stufe kann aber nicht von jedem Zulieferer erreicht werden, denn dazu muß ein Mindestmaß an Know-how erbracht werden, welches dann durch einen intensiven Erfahrungsaustausch und gemeinschaftliche Schulungsmaßnahmen auf einem hohen Know-how-Standard gehalten werden muß.

Häufig wird von einem Zulieferunternehmen auch eine Mindestgröße verlangt, da erst sie einen internationalen Marktzugang realisierbar macht und auch die Möglichkeit der Reduzierung der Stückkosten bietet.

Für den Abnehmer besteht so die Möglichkeit, seine eigenen Beschaffungsaktivitäten zu reduzieren und auf den zuliefernden Wertschöpfungspartner zu übertragen.

Grundsätzlich steigt durch den Unternehmensverbund die Marktmacht der als »Wertschöpfungspartner verbundenen Zulieferunternehmen« an, was die durch Machtgefälle beherrschte Beziehung Zulieferer-Abnehmer noch verfestigt. Die Zulieferer-Gemeinschaft und der Abnehmer sind aufeinander angewiesen und beabsichtigen, diese Abhängigkeit durch eine vertrauensvolle Zusammenarbeit zum Vorteil beider zu nutzen.

4.3 Gestaltung der Kunden-Lieferanten-Beziehungen in der Praxis

Die neuen Formen der Zusammenarbeit sollen am Beispiel eines Automobil-Projektes demonstriert werden.

4.3.1 Von der Idee bis zur Definition der Module

Der Ausgangspunkt der neuen Art von Kunden-Lieferanten-Beziehungen ist die Unterteilung des zukünftigen Produktes (hier: ein neues Automobil) in wichtige Systeme und Baugruppen (Module). Dies geschieht durch die Entwicklungsabteilung in Abstimmung mit der Gesamtprojektleitung in einem funktionsübergreifenden Team. Gleichzeitig wird damit auch die erforderliche Leistungstiefe bestimmt.

Module sind abgrenzbare Baugruppen, die es erleichtern, Entwicklungsziele zu formulieren, Schnittstellen zu definieren und Verantwortung zuzuordnen. Die Arbeit im Modulteam erfolgt nach den Prinzipien des simultaneous engineering. Ein Fahrzeugprojekt besteht z.B. aus rund 40–50 Modulen.

Das Ziel der Realisierung bereichsübergreifender Projektteams ist die Effizienzsteigerung bei der Produktplanung und Produktentwicklung.

Die personelle Besetzung des Kernteams umfaßt Mitarbeiter aus der Entwicklung, dem Einkauf, der technischen Planung, dem Finanzwesen und der Qualitätssicherung. Darüber hinaus können Sachbearbeiter aus den einzelnen Fachbereichen oder Mitarbeiter des Systemlieferanten vertreten sein.

Für die Entwicklung ergibt sich dadurch eine Veränderung grundlegender Art, sie muß sich von der Detailkonstruktion fremdvergebener Systeme verabschieden.

Zur Gesamtkosten-Optimierung sollten vom Abnehmer auch Prototypenteile vom zukünftigen Serienzulieferer bezogen werden und die Tests der Komponenten vom Lieferanten selbst durchgeführt werden.

Der Einkauf des Endherstellers wird in Zukunft vielleicht nicht mehr als entschiedener »Preisdrücker« auftreten, sondern – da er die Kosten des Zulieferers (Stichwort: »gläserner Zulieferer«) im großen und ganzen kennt – diesem einen angemessenen Gewinn zugestehen, da eine langfristige Partnerschaft nur auf Basis von Fairness und auch kapitalstarken Partnern fruchtbar ist

Dafür wird der Einkäufer zukünftig daran gemessen, inwieweit es ihm möglich ist, mit genauen Kenntnissen über die Zusammensetzung der Kosten und der Leistungsfähigkeit des Lieferanten ein Know-how aufzubauen, das er bei der Aushandlung von Mehrjahresverträgen einsetzen kann. Diese Verträge werden dann nicht selten international mit den weltbesten Anbietern abgeschlossen.

4.3.2 Meilensteinplan in der Neuproduktentwicklung

Die Ablauforganisation bei der Neuprodukt-Entwicklung erfolgt durch einen Meilensteinplan. Dieser dient dazu, den Entwicklungsablauf nach sachlichen und zeitlichen Gesichtspunkten verbindlich vorzustrukturieren.

Das Verschieben eines Meilensteins durch einen nicht eingehaltenen Termin kann das Verschieben aller weiteren Meilensteine und Aktivitäten zur Folge haben. Die Leistungen sind nach dem Kunden-Lieferanten-Prinzip in vereinbarter Qualität an die nachgeordnete Funktion in der Prozeßkette weiterzugeben. Dies gilt auch für die Kunden-Lieferanten-Beziehungen innerhalb des Unternehmens. Der Entwicklungs-Ablaufplan gibt die Rahmendaten für den Kaufteile-Meilensteinplan vor. So wird auch im Kaufteile-Ablaufplan die Tatsache berücksichtigt, daß in der Konzeptphase der allergrößte Teil der später anfallenden Kosten festgelegt wird. Danach wird in Abstimmung mit den jeweiligen System- und Komponentenlieferanten die jeweils beste und günstigste Lösung so lange gesucht, bis die vorher festgelegte Rendite des Modells erreicht wird.

4.3.3 Konzeptfindung und Beschaffungsmarketing

4.3.3.1 Beschaffungsmarktforschung und Technologiebeobachtung

Für die Konzeptfindung eines neuen Produkts ist die Kenntnis des externen und internen Technologieangebotes und des Reifegrades der jeweiligen Entwicklungen von entscheidender Bedeutung. Aufgabe der Beschaffungsmarktforschung ist, unter den externen und internen Rahmenbedingungen die Möglichkeiten des Marktes zu überprüfen.

4.3.3.2 Leistungsschnittstellen-Analyse und Lastenheft

Für die Festlegung der Lieferanten muß zuerst entschieden werden, welche Leistungen von Abnehmern und welche Leistungen von Lieferanten erbracht werden können. Die Prüfung der grundsätzlichen Möglichkeit des Fremdbezugs ist auch hier das erste »Make-or-Buy«-Kriterium. Strukturelle Veränderungen in diesem Bereich können sich über längere Zeiträume erstrecken. Deshalb sind klare Entscheidungen darüber wichtig, was in wessen Zuständigkeitsbereich fällt.

Sind diese Zuständigkeiten und Schnittstellen abgegrenzt, ergibt sich daraus die Struktur der Lastenhefte. Damit ist dann die jeweilige Stufe selbst verantwortlich dafür, daß das Termin- und Kostenziel eingehalten wird.

4.3.3.3 Lieferantenvorauswahl

Die Definition der Schnittstellen legt das Profil und die Anforderungen an die zukünftigen Lieferanten fest.

Parallel zum Konzept-Wettbewerb erfolgt außerdem eine Lieferantenbeurteilung über Lieferanten, mit denen man noch keine Erfahrung hat. Bei dieser Analyse werden die Fähigkeiten des Zulieferers, Innovationen termingerecht und zu vertretbaren

Kosten zu liefern, überprüft. Die Lieferantenbeurteilung bildet die Grundlage der Lieferantenvorauswahl. In der strategischen Entwicklerliste werden die Lieferanten festgehalten, die für den Konzeptwettbewerb ausgewählt wurden.

Die Lieferantenvorauswahl wird anhand folgender Kriterien durchgeführt:

- Qualität,
- Entwicklungsleistung,
- Logistikleistung und
- Kosten- und Nutzenleistung.

Sie bildet die Basis für Lieferantengespräche und Ansätze zur Leistungsverbesserung.

4.3.3.4 Strategische Bezugsentscheidung

Lieferanten-Qualifikationsgespräche
Sie sollen dazu beitragen sicherzustellen, daß vom Lieferanten die Ziele der Effizienzsteigerung und Kostenreduzierung auch wirklich erreicht werden können. Dazu tragen folgende Maßnahmen bei:

- Verbesserung der Qualität.
- Kurze Entwicklungszeiten.
- Abbau von Doppelarbeit in Entwicklung, Planung, Logistik und Fertigung.
- Strategische Bezugsentscheidung: Grundlage dieser Entscheidung ist ein Angebot zum Konzeptvorschlag, welches die erreichbaren Ziele für Funktion, Qualität, Termin und Kosten enthält.

Diese Form der strategischen Bezugsentscheidung stellt Anforderungen an das Controlling, da jetzt besonders auch der Dienstleistungsbereich der Angebote beurteilt werden muß. Es geht ja nicht mehr nur um zeitlich abgegrenzte Projekte von wenigen Monaten Dauer, welche sich im Schwerpunkt auf die Fertigung beziehen. Außerdem ist die Langfristigkeit der Entscheidung zu beachten, da sich der Leistungsabbau über Jahre erstrecken kann und die angestrebte Reduzierung der Gemeinkosten am Ende nicht in einer Erhöhung der Prozeßkosten enden soll.

Operative Entwicklerliste
Darin werden die Zulieferer für die Serien-Entwicklungsphase festgelegt. In der Regel wird mit diesen Unternehmen zu diesem Zeitpunkt auch ein Vertrag über die Serienbelieferung abgeschlossen und zwar für den ganzen Zeitraum der Serienproduktion (»Model-life«-Vertrag). Die operative Entwicklerliste legt außerdem die jeweilige Lieferantenkategorie fest:

Einzelteil- und Komponentenlieferanten:
Spezialist mit hoher Kompetenz für wirtschaftliche Fertigung.

Modul-Lieferanten:
Der Modul-Lieferant ist »verantwortlich für die Lieferung einer Baugruppe (Vormontage), die aus mehreren verschiedenen Komponenten besteht. Er trägt zur Reduzierung der Fertigungstiefe des Abnehmers bei und erbringt logistische Koordinationsleistungen.

Anforderungen an einen Modullieferanten sind:

- ❑ konstant hohe Produktqualität,
- ❑ Beherrschung der Fertigungsprozesse,
- ❑ Flexibilität in Produktion und Beschaffung,
- ❑ Führungsfähigkeiten für Sublieferanten,
- ❑ Übernahme von Qualitäts- und Funktionsprüfungen und
- ❑ Lieferservice, Logistik- und Kommunikationssysteme.

Systemlieferanten:
Der Systemlieferant ist »verantwortlich für Entwicklung und Lieferung einer Baugruppe, die funktional abgrenzbar ist. Er trägt wie der Modul-Lieferant zur Reduzierung der Fertigungstiefe und von logistischen Koordinationsleistungen bei. Anforderungen sind dieselben wie an einen Modullieferanten, wobei zusätzlich Entwicklungspotential und Innovationsfähigkeit vorhanden sein muß.« Dies führt zur Pyramidisierung der Zulieferstruktur.

Mit Systemlieferanten wird in der Regel ein Vertrag über die gesamte Laufzeit der Serie abgeschlossen, der die Regeln der Zulieferung festhält.

Inhalt eines solchen Vertrags müssen sein:

- ❑ Gegenstand und Ziele.
- ❑ Entwicklungsleistungen, Termine, Geheimhaltungsbestimmungen.
- ❑ Kostenrechnungsverfahren.
- ❑ Umfang der Serienbelieferung.
- ❑ Logistische Leistungen.
- ❑ Gewährleistungsmodalitäten.
- ❑ Bestimmungen über Allgemeine Geschäftsbedingungen, Änderungen, Erfüllungsort, Produkthaftung und Regreß.

Der Vertrag enthält also die genaue Leistungsbeschreibung, das Lastenheft, die Regeln bei eventuell anfallenden Änderungen, den Gesamtprojekt-Terminplan, die Einkaufsbedingungen, die Kalkulationsrichtlinien und die Aufstellung der Werkzeugkosten.

Durch die hohe zeitliche und materielle Bindungswirkung, die von einem solchen Vertrag ausgeht, ist die Eignung eines Lieferanten, mit dem ein solcher Vertrag abgeschlossen wird, durch ein aussagefähiges Beurteilungsverfahren sicherzustellen.

Bestandteil des Modell-Lebenszeit-Vertrages sind außerdem das Einverständnis über die ständig angestrebten Kostenreduzierungen und die Aufteilung von Wertanalyse- und Rationalisierungserfolgen während der Serienphase. Über einen »kontinuierlichen Verbesserungsprozeß« (KVP), der vom Lieferanten selbst oder vom Einkauf initiiert wird, wird das Ziel verfolgt, die vereinbarte Kosten-Reduzierung zu realisieren. In der Serienphase erfolgt dann eine ständige Bewertung unter Berücksichtigung der produkt-und prozeßbezogenen Veränderungen.

4.3.4 Serienentwicklung/Konzeptumsetzung

4.3.4.1 Lastenheft, Qualität

Um eine kundenorientierte und fertigungsgerechte Konstruktion und Entwicklung zu erreichen, wird innerhalb der einzelnen Modulteams interdisziplinär nach Methoden des »Simultaneous Engineering« gearbeitet. Zeitsparend wirkt sich vor allem die Reduzierung der für den Werkzeugbau benötigten Zeit aus. Diese Zeitverkürzung führt zu früheren Rückmeldungen der Versuchsergebnisse. Gleichzeitig kann durch die Verknüpfung von Entwicklung und Fertigung in einer Hand eine präventive (vorbeugende) Qualitätssicherung erreicht werden. Technische Änderungen zur Produktoptimierung können dadurch schneller realisiert werden.

4.3.4.2 Termin

Ausgehend von einem Gesamtprojekt-Meilensteinplan muß der Lieferant seinen projektbezogenen Terminplan aufbauen. Dabei setzt er im Rahmen des Meilensteinplans selbst die Eckdaten für Detailkonstruktion, Modellherstellung, Versuchsteile, Werkzeuge etc.

4.3.4.3 Kosten

Die produktbegleitende Kostenplanung, welche die Marktpreisbildung ersetzt, baut auf einer offenen Kommunikation und einem Vertrauensverhältnis zwischen Lieferanten und Kunden auf.

So wird schon in der Konzeptphase als Bestandteil des Lastenhefts eine Kostenvorstellung (Zielkosten) erarbeitet. Diese wird dann mit der Kostenbasis des Lieferanten verglichen. Die Ermittlung erfordert Informationen über Aufwand, Kosten und kalkulatorische Ansätze der Lieferanten.

4.3.4.4 Qualität

In der Serienfertigung werden die Lieferanten anhand des einheitlichen Fragebogens des VDA (Verband Deutscher Automobilbauer) auditiert. Diese Auditierung erfolgt in Abständen zwischen 18 und 36 Monaten und wird von der zentralen Qualitätssicherung in Abstimmung mit dem Außendienst der Werke koordiniert. Die Auditierungsergebnisse von anderen Automobilherstellern werden anerkannt, wenn diese nicht älter als sechs Monate sind.

Um das Ziel der »Null-Fehler-Qualität« zu erreichen, wird beim Lieferanten neben der Zuverlässigkeit seiner Produkte in der Praxis und seines Qualitätssicherungssystems die Anlieferqualität festgestellt. Diese wird als Rückweisquote der angelieferten Teile und Komponenten gemessen. Enthalten sind darin Teile, die in der Produktion als fehlerhaft identifiziert wurden, sowie auch ganze Lose mit einem unverhältnismäßig hohen Fehleranteil. Überschreitet ein Lieferant die zusammen festgelegte Fehler-Obergrenze, wird er aufgefordert, Maßnahmen aufzuzeigen und zu ergreifen, die zu einer Verbesserung der Anlieferqualität entsprechend der Vereinbarungen beitragen.

4.3.4.5 Lieferplanung

Zur Harmonisierung der Auslastung der Kapazitäten wird dem Lieferanten eine Vorschau über die Lieferabrufe bis zu acht Monaten im voraus gegeben. Über die in diesem Zeitraum eintretenden Marktveränderungen werden die Lieferanten mindestens einmal im Monat informiert. Für Produkte, die bis zu vier Wochen vor Anlieferung disponiert werden, übernimmt der Abnehmer eine Abnahmeverpflichtung.

4.3.4.6 Gewährleistung

Um das Interesse der Lieferanten zu vergrößern, Probleme möglichst frühzeitig zu erkennen und zu beseitigen, werden diese bei Vorliegen eines Garantiefalls, der durch ihr Teil ausgelöst wurde, an den entstehenden Kosten beteiligt. Diese Regel erweitert die Qualitätsverantwortung der Lieferanten für ihr Erzeugnis über den Einbau in das Produkt hinaus, so daß hier eine konstruktive Zusammenarbeit mit dem Lieferanten gewährleistet ist.

5 Merkmale der prozeß-orientierten Organisation

»Wir arbeiten in Strukturen von Gestern mit Methoden von Heute an Problemen von Morgen, vorwiegend mit Menschen, die in den Kulturen von Vorgestern die Strukturen von Gestern gebaut haben und das Übermorgen innerhalb der Unternehmung nicht mehr erleben werden.« (Bleicher, o. J.).

Zukunftsführende Organisationen sind insbesondere von den Fähigkeiten der Menschen die sie gestalten und lenken abhängig. Im Rahmen der angestrebten Prozeßorientierung gilt es, die traditionell gewachsenen Strukturmuster der Unternehmen zu überprüfen und das Übermaß an Regelungen sowie deren überflüssige Präzision abzubauen. Dabei soll sich die Optimierung der Geschäftsprozesse entlang der Wertschöpfungskette nicht über eine lokale Optimierung der einzelnen Funktionen und Abteilungen, sondern vielmehr über eine ganzheitliche Integration aller Aktivitäten vollziehen. Bereichsegoismen und Informationsbarrieren auf den einzelnen Stufen der Wertschöpfungskette wirken sich integrationshemmend aus; zur Erzielung eines ganzheitlichen Optimums kann es durchaus sinnvoll sein, lokale Effizienzeinbußen in Kauf zu nehmen. Das Ziel der prozeßorientierten Organisationsgestaltung liegt in der Sicherstellung des effektiven und effizienten Zusammenwirkens aller Tätigkeiten und Funktionen in Hinblick auf die konsequente Erfüllung von Kundenbedürfnissen, und zwar unabhängig von ihrer aufbauorganisatorischen Positionierung. Für jedes Unternehmen muß eine spezifische Lösung gefunden werden; dabei ist auch die notwendige Veränderung der Organisation im Zeitablauf zu berücksichtigen.

Die Beschreibung der Merkmale einer prozeßorientierten Organisation erfolgt auf der Basis folgender Strukturparameter:

- Spezialisierung/Arbeitsteilung,
- Koordination,
- Verantwortung und Kompetenz,
- Formalisierung und
- Systemunterstützung durch geeignete Informationstechnologie.

5.1 Spezialisierung/Arbeitsteilung

Unter Spezialisierung versteht man die Form der Arbeitsteilung, bei der Teilaufgaben unterschiedlicher Art entstehen. Der Umfang der Spezialisierung bezeichnet die Anzahl der unterschiedlichen Teilaufgaben, die aus der Arbeitsteilung resultieren. Hinsichtlich der Art der Spezialisierung lassen sich zwei relevante Organisationstypen unterscheiden. Aus der Spezialisierung auf Verrichtungen (Verrichtungszentralisation) resultiert eine funktionale Organisationsstruktur (beispielsweise mit den Abteilungen FuE, Einkauf, Fertigung und Vertrieb). Aus der Spezialisierung auf Objekte (Objektzentralisation) resultiert eine divisionale Organisationsstruktur (Sparten-, Geschäftsbereichsorganisation). Als Objekte der betrieblichen Spezialisierung werden in der Regel Produkte, Kundengruppen oder Regionen herangezogen (vgl. Kieser/Kubicek 1992.).

Als wesentlicher Grund für die hohe Spezialisierung in Unternehmen gilt die begrenzte Informationsverarbeitungskapazität des Menschen, aufgrund derer nur Teilausschnitte von kompletten Vorgängen simultan bewältigt werden können. Die funktionale Arbeitsteilung führt jedoch häufig zu steilen Hierarchien sowie zu Abteilungs- und Bereichsegoismen auf den einzelnen Wertschöpfungsstufen. Lange Informations- und Kommunikationswege durch die Vielzahl von Schnittstellen in der Auftragsabwicklung führen zu der so oft beklagten fehlenden Markt- und Kundennähe des Unternehmens.

Der wesentliche Inhalt der prozeßorientierten Organisationsarbeit liegt in der zielgerichteten Integration aller Subprozesse der Wertschöpfungskette zur Erzielung eines hohen Kundennutzens. Über die Reduktion des Umfangs der Spezialisierung wird die tayloristische Arbeitsteilung aufgehoben. Das in traditionellen Unternehmen übliche Bereichs- und Abteilungsdenken muß insbesondere der Einsicht weichen, daß die letztendlich relevante Leistung einer Organisation quer zur Hierarchie, nämlich gegenüber dem externen Kunden erbracht wird (Kläger u.a. 1991). In der Folge sind organisatorische Einheiten zu bilden, die für eine ganze Produktlinie von der Entwicklung über die Konstruktion, die Arbeitsvorbereitung, die Logistik, die Produktion bis zum Versand zuständig sind.

In einem Fertigungsunternehmen kommt den Prozeßketten der FuE sowie der Konstruktion eine besondere Bedeutung zu. Time-to-Market zielt auf die Verkürzung der Produktentwicklungszeiten ab. Hier ist insbesondere auf das Konzept des Concurrent Simultaneous Engineering zu verweisen, welches auf die Parallelisierung und Integration funktionsübergreifender Geschäftsprozesse abzielt. Grundsätzlich ist die Entwicklungsprozeßkette eng auf die Fertigungsprozeßkette abzustimmen, da die zu entwickelnden Produkte möglichst reibungslos in die Fertigung und in das Vertriebsprogramm überführt werden müssen. Gleichzeitig besteht die Notwendigkeit der engen Zusammenarbeit zwischen der Produktentwicklung und dem Marketing/Vertrieb. Die zu entwickelnden Produkte sind aus den Kundenbedürfnissen vom Markt abzuleiten bzw. müssen sie dazu geeignet sein, neue Kundenbedürfnisse zu wecken. Die Produktentwicklungskette sowie die Fertigungsprozeßkette müssen wiederum mit anderen Prozeßketten gekoppelt werden, wie beispielsweise mit dem

Logistik- und Serviceprozeß oder mit dem Kapazitätssicherungsprozeß (Sommerlatte/Wedekind 1991.).

5.2 Koordination der Aufgaben und Prozesse

Die Arbeitsteilung in Unternehmen führt zu einem Koordinationsbedarf der einzelnen Teilleistungen der Organisationsmitglieder im Hinblick auf das unternehmerische Gesamtziel. Eine prozeßorientierte Organisationsgestaltung strebt grundsätzlich über die Reduzierung des Umfangs der Spezialisierung eine Reduktion des Koordinationsaufwands in Unternehmen an. Im Sinne von Kunden-/Lieferantenbeziehungen werden Produkte oder Dienstleistungen von einer Organisationseinheit (Lieferant) angeboten, die von einer anderen Organisationseinheit (Kunde) nachgefragt werden.

Die Koordinationsaufgabe beinhaltet die prozeßübergreifende Koordination der unternehmerischen Haupt- und Teilprozesse in Hinblick auf die Unternehmensziele (interprozessuale Koordination) sowie die Abstimmung sämtlicher Leistungen, die innerhalb eines Prozesses erbracht werden, auf das Prozeßzielsystem (intraprozessuale Koordination).

Die übergreifende Koordination verschiedener Prozeßketten (interprozessuale Koordination), beispielsweise der Entwicklungsprozeßkette und der Fertigungsprozeßkette, verläuft in erster Linie über die Etablierung von Prozeß-Verantwortlichkeiten (Process Owner). Die Prozeß-Verantwortung kann sich dabei sowohl auf einen kompletten Geschäftsprozeß beziehen als auch auf einen Sub-Prozeß, der sich aus der zugrundeliegenden Prozeß-Hierarchie ableiten läßt.

Sind mehrere Mitarbeiter an der Erfüllung der Aufgaben eines Prozesses beteiligt, so müssen deren Aktivitäten auf das Prozeß-Zielsystem ausgerichtet werden (intraprozessuale Koordination). Grundsätzlich wird eine möglichst hohe Determinierbarkeit des Prozeßgeschehens angestrebt; dies ist vor allem bei innovativen oder dispositiven, also bei eher unstrukturierten Tätigkeiten wie sie im FuE-Bereich vorliegen, mit erheblichen Schwierigkeiten verbunden. Zur Koordination der verschiedenen Mitarbeiter eines Prozesses empfiehlt sich die Entwicklung eines Meßsystems, welches die wesentlichen Leistungskriterien der Prozessaktivitäten erfaßt und beschreibt. Auf der Basis dieses Meßsystems lassen sich Teilziele (durch den Prozeß-Verantwortlichen) ableiten. So werden beispielsweise Budgets für Kosten, Zeiten oder Qualitätsnormen festgelegt. Innerhalb eines festgelegten Toleranzbereichs steuern sich die Teams (eventuell unter expliziter Einflußnahme des Prozeß-Verantwortlichen) selbst; das heißt, die Gruppen müssen selbständig in der Lage sein, Entscheidungen zur Einhaltung der Budgets zu treffen. Erst wenn die Toleranzgrenze überschritten wird, schaltet sich die nächsthöhere Instanz ein.

5.3 Verantwortung und Kompetenz

Die Förderung von unternehmerischem Denken und Handeln als Leitmotiv der Prozeßorientierung zielt auf die Vergabe umfangreicher Entscheidungskompetenzen an die Mitarbeiter ab. Die Entscheidung ist nicht von der eigentlichen Arbeit abzukoppeln, sondern wird vielmehr ein wesentlicher Bestandteil dieser Arbeit. Im Zuge der vertikalen Verdichtung in Unternehmen durch die Zusammenfassung von planenden, ausführenden und kontrollierenden Arbeiten, erhalten die Mitarbeiter weitreichende Entscheidungskompetenzen und sind angehalten eigenverantwortlich und selbständig zu handeln.

Der wichtigste Erfolgsfaktor in einer prozeßorientierten Organisation sind die Menschen, die in ihr tätig sind. Qualifizierte und kreative Mitarbeiter sind der Schlüssel für eine hohe Innovationsfähigkeit und somit für das wirtschaftliche Überleben eines Unternehmens. Das Gelingen eines Prozesses, insbesondere in der FuE, hängt in erster Linie von ihrer Motivation und Qualifikation ab. Durch die beschriebene Reduzierung der Spezialisierung sollen Aufgabe, Kompetenz und Ergebnisverantwortung an ein einzelnes Organisationsmitglied bzw. an eine Gruppe von Personen übertragen werden, die diese Aufgabe ganzheitlich bearbeiten (interdisziplinäre Prozeß-Teams in der FuE). Dies setzt aber umfassende Aus- und Weiterbildungsmaßnahmen der Mitarbeiter und Führungskräfte voraus. In den Vordergrund rückt die Generalistenschulung. Gefragt ist hier die Förderung überfachlicher Qualifikation, denn die erweiterten Handlungsspielräume können von Menschen nur ausgenutzt werden, wenn sie dafür hinreichend qualifiziert sind.

Grundsätzlich fokussiert die geschäftsprozeßorientierte Organisation eine polyzentrische Organisation, die sich im wesentlichen durch die Vergabe von Entscheidungen an die Ebene mit der höchsten Sachkompetenz, durch einen kooperativen Führungsstil sowie durch vielseitige Kommunikationsbeziehungen zwischen den einzelnen Organisationsmitgliedern auszeichnet. Dabei muß eine effiziente Balance zwischen den Spezialisierungsvorteilen der Arbeitsteilung und den Synergieeffekten der Integration gefunden werden. Der Einsatz neuer Technologien, insbesondere der Informationstechnologie, versetzt die Unternehmen in die Lage, die Vorteile der Zentralisierung mit den Vorteilen der Dezentralisierung in einem Prozeß zu verknüpfen. So können die individuellen Organisationseinheiten (Profit Center, Prozeß-Verantwortliche, sich selbststeuernde Prozeß-Teams) weitgehend autonom agieren, während das Unternehmen weiterhin aus den economics of scale der Zentralisierung profitiert. Bezüglich der Personalführung ist ein Wandel von einem autoritären Führungsstil zu einem kooperativen oder partizipativen Führungsstil zu verzeichnen. Coaching statt Kontrolle ist hier das Stichwort. Führungskräfte benötigen vor allem die Fähigkeit zu einer permanenten Konsensbildung auf allen Ebenen. Es kommt darauf an, die soziale und kommunikative Kompetenz der Mitarbeiter freizusetzen. Es empfiehlt sich, Führungskräfte und Mitarbeiter im Bereich der sozialen

Kompetenz, der Gruppen- und Teamfähigkeit und der Anleitung von Arbeitsgruppen – beispielsweise durch Moderatorentrainings – weiterzuentwickeln.

5.4 Formalisierung

Die Formalisierung beschreibt allgemein den Einsatz schriftlich fixierter organisatorischer Regeln in einem Unternehmen, wie beispielsweise Organisationsschaubilder, Richtlinien und Stellenbeschreibungen. Der Grad der Formalisierung im Unternehmen stellt eine wichtige Maßgröße für die vorliegende Bürokratisierung dar (Kieser, Kubicek 1992).

Das Ziel einer geschäftsprozeßorientierten Organisationsgestaltung liegt grundsätzlich im Abbau der Formalisierung. Der Einsatz von prozeßorientierten Koordinationsmechanismen, wie sie insbesondere die Selbstkoordination darstellt, bedingt einen sparsamen Umgang mit den Instrumentarien der Formalisierung. Gegenüber dem Organigramm rückt das Prozeßdiagramm in den Vordergrund, die Schnittstellenbeschreibung ersetzt die Stellenbeschreibung. Prozeß-Verantwortliche und Prozeß-Teams erhalten weitgehende Entscheidungskompetenzen und eine hohe Ergebnisverantwortung. Diese Führungsphilosophie soll den Handlungsspielraum des Einzelnen erhöhen, Freiräume für Innovation und Kreativität schaffen und steht somit nicht im Einklang mit der schriftlichen Reglementierung von Arbeitsabläufen.

Systematisches Management, Prozeßdenken, kybernetisches Denken oder Denken in Regelkreisen, wie sie im Zusammenhang mit einer prozeßorientierten Organisationsgestaltung gefordert werden, resultieren aus der Anforderung an eine mitarbeiterorientierte Unternehmenskultur. Bleicher unterscheidet in diesem Zusammenhang eine auf Stabilisierung angelegte, formale Mißtrauensorganisation, die eine formalisierte, regelgebundene und effizienzorientierte Aufgabenorientierung in den Mittelpunkt stellt, von einer auf Anpassung angelegten, informalen Vertrauensorganisation, welche sich an Effektivitätskriterien ausrichtet und bei der eine Symbolorientierung der Mitabeiter im Vordergrund steht (Bleicher 1991). Die formale Mißtrauensorganisation weist eher mechanistische Züge auf und ist von einer Unternehmenskultur geprägt, die auf eine weitgehende Kontrolle und Reglementierung der Mitarbeiter setzt. Die informale Vertrauensorganisation geht dagegen von einem ganzheitlichen, symbolischen Ansatz der Organisations- und Führungstheorie aus und besitzt eine Unternehmenskultur, bei der vor allem die persönlichen Erwartungen und Fähigkeiten der Mitarbeiter im Vordergrund stehen. Gomez/ Zimmermann greifen den Ansatz der Integration durch Symbolorientierung von Bleicher auf. Im Vordergrund steht hier eine sinnstiftende und identitätsprägende Unternehmenskultur, die den Einsatz formaler Regelungen ersetzen soll. Durch symbolische Aktionen (beispielsweise die Ritualisierung bestimmter Handlungen oder die Pflege eines bestimmten Kommunikationsstils, wie die Anrede mit dem

Vornamen bei Hewlett Packard) soll das politische, kulturelle und kognitive Beziehungsgefüge im Unternehmen beeinflußt werden (Gomez/Zimmermann 1993).

Die Bedeutung der Unternehmenskultur für das Funktionieren einer effektiven und effizienten Zusammenarbeit in Organisationen und insbesondere für die erfolgreiche Bewältigung von Veränderungsprozessen darf nicht unterschätzt werden. Sämtliche bewußtseinsbildende Maßnahmen, wie Workshops, Seminare oder Aufklärungsarbeit verfehlen ihren Zweck, wenn das Top-Management nicht die informalen Regeln in der Organisation kennt. Diese kommen in den zugrundeliegenden informalen Mechanismen, in den gelebten Werten, Normen und Leitfiguren zum Ausdruck.

5.5 Systemunterstützung durch geeignete Informationstechnologie

Die Tragweite und Bedeutung einer konsequenten, organisatorischen und informationstechnologischen Integration der Geschäftsprozesse als wichtigster Einflußfaktor auf die Produktivität von Unternehmen aller Branchen ist heute unbestritten.

Dennoch garantieren hohe Investitionen in die Informationstechnologie (IT) noch lange keinen unternehmerischen Erfolg. Die Implementierung zukunftsweisender IT wirft in der Praxis vielfältige wirtschaftliche, organisatorische und personalpolitische Probleme auf. Das Primat der Geschäftsprozeßorientierung liegt in der konsequenten Markt- und Kundenorientierung. Somit setzt ein wirtschaftlicher Einsatz der IT in Unternehmen einen Maßstab zur Beurteilung der Kundenwirksamkeit der informationstechnologischen Lösung voraus. Von Eiff empfiehlt für die Entscheidung über Art und Umfang des Einsatzes von IT im Unternehmen die Entwicklung eines konsequenten Zielsystems. Dieses ist aus den Strategien (Geschäftsfeld-Portfolio), den Handlungsleitlinien (wie Kundenorientierung, Mitarbeiterorientierung) und den Zielen (wie Marktanteil, Wettbewerbskraft oder Gewinn) des Unternehmens abzuleiten (Eiff 1991).

Trotz der enormen technologischen Entwicklungen dienen Informationssysteme bis heute vorwiegend zur Rationalisierung und Kontrolle von Routinearbeiten. Die IT-Anbieter orientieren sich meist an den in der betrieblichen Praxis häufig vorzufindenden Organisationsstrukturen und beschränken sich auf die Automatisierung und Rationalisierung der bestehenden Teilbereiche. Die grundlegende Problematik der funktionalen Arbeitsteilung wird damit jedoch nicht überwunden, sondern die bestehenden Strukturen werden eher noch verfestigt. In der Folge resultieren häufig Insellösungen, die sich durch einen gewissen Isolationsgrad auszeichnen und den angestrebten reibungslosen Informations- und Kommunikationsfluß in den Geschäftsprozessen stören.

Im Zusammenhang mit der angestrebten Geschäftsprozeßorientierung ist ein Wandel der IT vom arbeitsplatzbezogenen Rationalisierungsinstrument hin zum Gestaltungsinstrument leistungsfähiger Geschäftsprozesse gefragt. So ermöglicht in vielen Fällen erst der Einsatz geeigneter Informationstechnologie eine übergreifende Umgestaltung der Unternehmensabläufe und damit eine radikale Veränderung der Geschäftsprozesse. Die IT dient damit nicht nur als Automatisierungsinstrument oder als Modellierungswerkzeug, sondern sie kann vielmehr zu einem gestalterischen (Reorganisationen induzierenden) Faktor eines Unternehmens werden. Eine besondere Bedeutung kommt in diesem Zusammenhang den aktuellen Workflow-Management- und Groupware-Systemen zu, die eine ganzheitliche Bearbeitung arbeitsplatzübergreifender Vorgänge sowie räumlich getrennter Prozessabschnitte erst ermöglichen. Speziell im Bereich der FuE rücken Multimedia und Systeme der CSCW (Computer Supported Cooperative Work) in den Vordergrund.

5.6 Gestaltungsformen der prozeßorientierten Organisation

5.6.1 Matrixorganisation

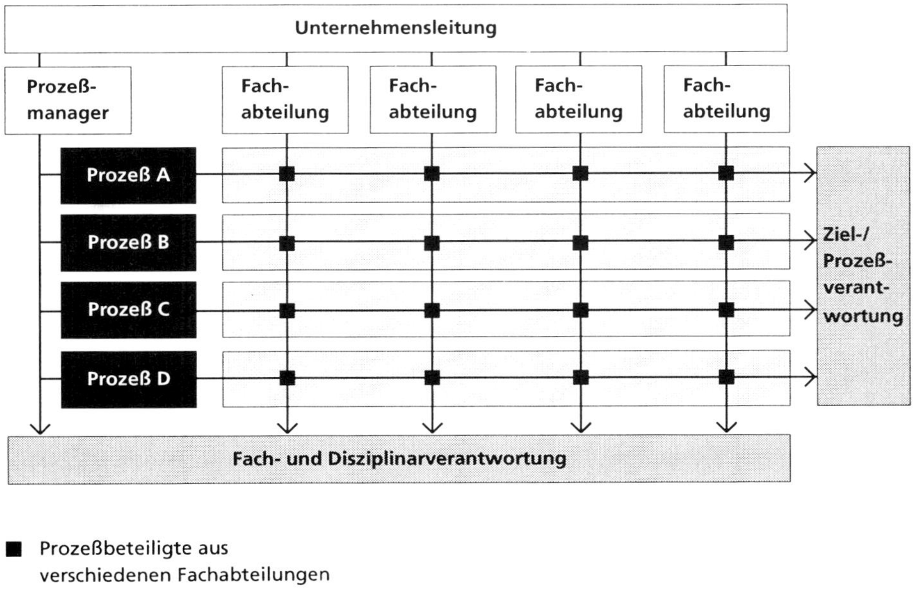

Bild 5.1: Prozeß-Funktions-Matrixorganisation

Wird die Prozeßverantwortung als zusätzliche Verantwortungsdimension installiert, so wird die bestehende Stabs- und Linienorganisation nicht ersetzt, sondern lediglich ergänzt. Konkret bedeutet dies, daß auf jede Führungskraft (beispielsweise Gruppenleiter) nicht nur durch den unmittelbaren Vorgesetzten (z.B. Abteilungsleiter) Einfluß ausgeübt wird, sondern zusätzlich noch durch den Prozeß-Verantwortlichen. Überwiegt die Linien-Autorität, so stellt sich für den Prozeß-Verantwortlichen das Problem, daß das Recht der Anweisungserteilung bei anderen liegt. Stellen Prozeß- und Linienverantwortung dagegen zwei gleichberechtigte Dimensionen dar, so resultiert eine Matrixorganisation. Die positiven Merkmale einer Matrix-Organisation liegen in einer erhöhten Flexibilität und Reaktionsfähigkeit, in der Förderung der Konsensfindung und der Identifikation mit vereinbarten Lösungen, in einer produktiven Konfliktlösung sowie in einer verbesserten Entscheidungsqualität. Diesen positiven Aspekten ist die Gefahr von permanentem Kompetenzgerangel sowie der zeit- und kostenintensiven Konfliktschürung gegenüberzustellen. An die soziale Kompetenz der Organisationsmitglieder sind hohe Anforderungen zu stellen.

5.6.2 Prozeßorientierte Teamstrukturen

Zukunftsweisende Unternehmen streben nach einem Abbau hoher Organisationskomplexität, wie sie beispielsweise eine Matrixorganisation mit sich bringt. Die steigende Erwartungshaltung bei gleichzeitig hoher Preissensibilität der Kunden zwingt die Unternehmen zu mehr Kundennähe und Kostenbewußtsein. Sie tendieren zu flachen Konfigurationstypen, die sich vor allem durch wenige Hierarchiestufen, durch die direkte Kommunikation der Mitarbeiter untereinander und durch eine gezielte Generalistenschulung auszeichnet.

Es wird zukünftig die Aufgabe sein, Organisationsstrukturen zu bilden, die nach außen diesem Umfeld gerecht werden und nach innen das Unternehmertum, die Kreativität und Kompetenz der Mitarbeiter nutzen und fördern. Es sind Reorganisationskonzepte gefragt, die den Menschen in den Mittelpunkt stellen und flexibel auf Kundenwünsche reagieren.

Welche Produktivitäts- und Umsatzsteigerungspotentiale eine kundennahe Organisation erschließen kann, zeigen verschiedene Praxisbeispiele. Dabei kristallisieren sich insbesondere Teamstrukturen heraus, die eine den neuen Herausforderungen entsprechende Form der Arbeitsorganisation darstellt.

Eine konkrete Umsetzungsmöglichkeit liegt in der Bildung von interdisziplinären Prozeß-Teams, in denen die verschiedenen verrichtungsorientierten Tätigkeiten zusammengefaßt werden. Damit wird die traditionelle Trennung der operierenden Funktionen aufgehoben. Die Integration der jeweiligen Organisationsmitglieder innerhalb der Prozeß-Teams verläuft über das gemeinsame Ziel, die Bedürfnisse interner sowie externer Kunden bestmöglichst zu erfüllen. Die Teambildung führt neben einer horizontalen Verdichtung der Unternehmensaktivitäten auch zu einer vertikalen Verdichtung im Unternehmen: die Zusammenfassung von Personen aus ehemals getrennten Funktionsbereichen in Prozeß-Teams mit dem Ziel der Verringerung der Schnittstellenproblematik und der damit verbundenen Verbesserung der Kommunikation und Zusammenarbeit führt gleichzeitig zu einer Reduzierung der Hierarchieebenen. Im Zusammenspiel mit dem Einsatz zukunftsweisender Technologien können hohe Potentiale von Kreativität, Kompetenz und Einsatzbereitschaft der Mitarbeiter freigesetzt werden.

5.6.2.1 Teamarbeit

Teamarbeit rückt im Rahmen der Diskussion um »Lean Management« und »Business-Process-Reengineering« wieder in den Mittelpunkt des Interesses. Beliebige Arbeitszusammenhänge mit diesem Begriff zu etikettieren ist momentan sehr populär. Teamarbeit versteht sich als die dauerhafte Zusammenarbeit in einem Team, die fest in der bestehenden Organisation verankert ist. Die Teammitglieder tragen die Verantwortung für eine gemeinsame Aufgabe, wobei ihnen zusätzlich zur reinen Ausführung Planungs-, Organisations- und Kontrolltätigkeiten übertragen werden. Durch interne Kommunikation und Interaktion entscheiden und handeln sie innerhalb ihres Kompetenzbereiches selbständig. In der Praxis spricht man hier meist von »Case-Teams« oder »Prozeß-Teams«.

Durch Einführung reaktionsschneller, flexibler und dezentraler Teams wird die meist vorherrschende Arbeitsteilung aufgelöst, schnelle Regelkreise gebildet, der Prozeßablauf verkürzt und dadurch die Kundenzufriedenheit wesentlich erhöht. Teamorientierte Organisationen gewährleisten über funktionale Abteilungen hinweg die effiziente Abwicklung der Aufgaben, reduzieren abteilungsspezifische Schnittstellen und die damit verbundenen Reibungsverluste sowie unnötige Doppelarbeiten. Teamarbeit läßt sich – über sämtliche Bereiche hinweg – individuell auf alle unternehmerischen Anforderungen anpassen und ist somit als flexibles Instrument für die Bewältigung der zukünftigen Herausforderungen bestens geeignet.

Teamarbeit bietet demnach sowohl für den einzelnen Mitarbeiter als auch für das Unternehmen Vorteile. Es sind jedoch auch Nachteile und Risiken zu beachten, die eine erfolgreiche Realisierung der Teamarbeit behindern können. Untersuchungen haben gezeigt, daß die Vorteile eindeutig überwiegen. So haben sich nach der Einführung von Teamarbeit sowohl die Motivation, die Arbeitszufriedenheit, die Produktivität als auch die Kundenzufriedenheit erheblich verbessert.

5.6.2.2 Erfolgsfaktoren der Einführung von Teamarbeit

Eine vom Fraunhofer-Institut für Arbeitswirtschaft und Organisation bei 53 Unternehmen unterschiedlichster Branchen durchgeführte Studie mißt der Methodik bei der Einführung eine entscheidende Rolle zu, damit die angestrebten Erfolge auch realisiert werden können. (Wie führe ich Teamarbeit erfolgreich ein?, IAO-Studie)

Im Rahmen dieser Studie wurden ausschließlich Industrie- und Dienstleistungsunternehmen befragt, die Teamarbeit bereits erfolgreich eingeführt und umgesetzt haben (»Best-Practice-Unternehmen«). Ziel war es, die Vorgehensweise bei der Einführung von Teamarbeit zu ermitteln, die einen möglichst hohen Erfolg garantiert.

In der Studie konnten sieben Erfolgsfaktoren identifiziert werden, die für die Einführung und erfolgreiche Umsetzung von hoher Relevanz sind:

1. Existenz von Promotoren in der Unternehmensführung
Eine der wichtigsten Voraussetzungen bei der Einführung von Teamarbeit ist der kompromißlose und permanente Rückhalt in der Unternehmensführung, da Teamarbeit nicht nur eine Organisationsumstrukturierung, sondern auch eine Änderung im Führungsverhalten bedeutet. Die gesamte Unternehmensführung muß das Teamkonzept und den angestrebten partizipativen Führungsstil nicht nur ins Unternehmen hineintragen, sondern auch vorleben. Das bedeutet, daß sie bereit sein muß, Verantwortung und Kompetenzen an die Teams abzugeben und dadurch einen gewissen »Machtverlust« hinzunehmen. Nur so werden die Mitarbeiter von der Organisationsänderung überzeugt und es wird die Akzeptanz für Teamarbeit im Unternehmen geschaffen.

2. Einbeziehung der betroffenen Führungskräfte, Mitarbeiter und des Betriebsrats
Die konstruktive und frühzeitige Einbindung der betroffenen Führungskräfte und Mitarbeiter unterstützt die Bereitschaft zu Veränderungen, d.h. zum »erfolgreicher werden« auf breiter Basis. Dies hat sich in allen befragten Unternehmen als unerläßlich erwiesen. Hierbei ist es wichtig, diejenigen Führungskräfte mit der Einführung der Teamarbeit zu betrauen, die innerhalb ihres Verantwortungsbereichs schon vorher ein gutes Verhältnis zu den betroffenen Mitarbeitern gepflegt haben. Vertrauen und Sympathie spielen in diesem Zusammenhang eine nicht zu vernachlässigende Rolle.

Die betroffenen Mitarbeiter waren nur in 44,2% der befragten Unternehmen vollständig in die Konzepterstellung involviert, was vorwiegend darin begründet ist, daß eine Einbindung aller Betroffenen – aufgrund der großen Anzahl – nicht immer möglich war. Die einbezogenen Mitarbeiter wurden vielfach als »Multiplikatoren« bezeichnet, die aufgrund ihrer sozialen Kompetenz und Akzeptanz den Willen und Mut zur Änderung in Richtung Teamorganisation förderten.

Durch die Einbeziehung des Betriebsrates werden späte Konzeptänderungen vermieden und eine Vertrauensbasis gegenüber den Mitarbeitern geschaffen. 51,9% der Befragten haben den Betriebsrat vollständig in die Konzepterstellung einbezogen. Eine Behinderung der Einführung konnte dadurch nicht festgestellt werden, ganz im Gegenteil, in 92% der Fälle arbeitete der Betriebsrat kooperativ und konstruktiv bei der Einführung mit.

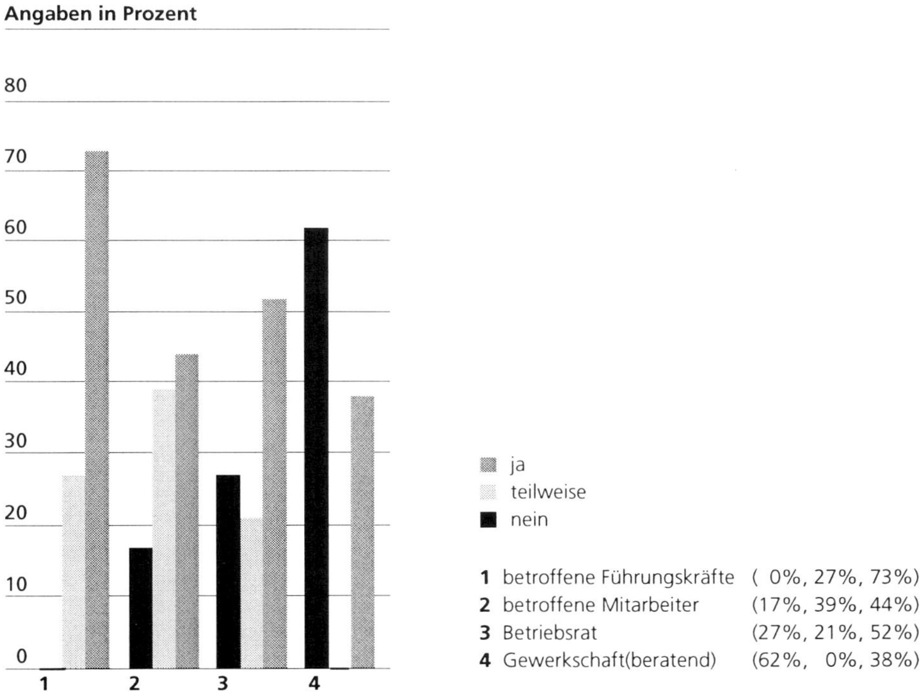

Bild 5.2: Beteiligte bei der Einführung von Teamarbeit

3. Interdisziplinäre und funktionsübergreifende Teamzusammensetzung

Teams sollten grundsätzlich entlang der Ablaufprozesse, d.h. funktionsübergreifend, gebildet werden und ein klares Arbeitsergebnis, z.B. die Betreuung einer bestimmten Kundengruppe, haben. Somit ist eine zielstrebige und effiziente Aufgabenerfüllung gewährleistet. Hierfür sind immer diejenigen Mitarbeiter zusammenzufassen, deren Funktionen und Qualifikationen sich gegenseitig ergänzen. Dabei dürfen die »menschlichen Komponenten« nicht außer acht gelassen werden. Ein Team ist mehr als nur die Summe seiner Einzeltalente. Voraussetzung für eine einsetzende Gruppendynamik und den späteren Erfolg ist auch eine gewisse Teamfähigkeit der Mitarbeiter.

Gruppendynamische Prozesse und die damit verbundenen Synergien werden nur in Teams von ca. drei bis zehn Mitarbeitern wirksam. Eine optimale Teamgröße ermöglicht es, im Team konstruktiv miteinander umzugehen und über individuelle und funktionale Unterschiede hinweg auf ein gemeinsames Ziel hinzuarbeiten sowie gemeinsam die Verantwortung für die Ergebnisse zu übernehmen.

Weitere Fragen in Bezug auf die »richtige« Teamzusammensetzung sollte jedes Unternehmen individuell entscheiden.

Bis zu welchem Grad ist es von Vorteil, prozeßorientierte Teams zu bilden und wo sollten bestimmte Aufgaben weiterhin von Zentralbereichen bearbeitet werden? Wann ist die Bildung von temporären Teams vorteilhafter gegenüber dauerhaften Einheiten?

4. Delegation von Verantwortung und Kompetenzen an die Teams

Um die Autonomie der Teams sicherzustellen, müssen eindeutig definierte Verantwortlichkeiten und Kompetenzen an die Teams delegiert werden, d.h. die Verantwortung für die Ergebnisse der Arbeitsinhalte (z.B. Einhaltung des Zeitrahmens, Qualität u.s.w.) sollte auf jeden Fall bei den Teams liegen. Aufgrund der Studienergebnisse ist es zu empfehlen, den Teams zusätzlich Kosten- und Umsatzverantwortung zu übertragen.

Voraussetzung für die effiziente Aufgabenerfüllung ist eine angemessene Kompetenzausstattung. Dazu zählen die Kompetenz für die personelle Ressourceneinteilung, für die effiziente Aufteilung und Ausgestaltung der Tätigkeiten sowie für die Budgetierung. Zwischen den übertragenen Verantwortungen und Kompetenzen sollte eine Kongruenz bestehen. Nur dadurch wird eine Autonomie der Teams gewährleistet, die es ermöglicht, ein Teamergebnis von hoher Qualität zu erbringen. Die Studie zeigt deutlich, daß die Unternehmen, die weitreichende Verantwortungen und Kompetenzen an die Teams delegiert hatten, deutlich bessere Resultate hinsichtlich den Erfolgsgrößen Durchlaufzeitreduzierung, Kostenreduktion, Motivationssteigerung und Qualität der Arbeitsergebnisse erzielten.

5. Durchführung eines Pilotprojekts

Eine Alternative zu einer sofortigen vollständigen Umstellung der Arbeitsorganisation auf Teamarbeit stellt der Start mit einem Pilotteam dar. 70% der befragten Unternehmen wählten diesen Weg der schrittweisen Einführung. Sie bietet die Möglichkeit einer schnellen Realisierung und Visualisierung der neuen Arbeitsweise. Zudem können Feinheiten, wie beispielsweise Verantwortungs- und Kompetenzdelegation, Arbeitsablauf und Zusammensetzung der Teams getestet und gegebenenfalls neu angepaßt werden. 70% der Unternehmen, die ein Pilotteam installierten, haben aufgrund der Piloterfahrungen Änderungen vorgenommen. Bei der Auswahl eines Pilotteams ist auf die Repräsentanz und Symbolträchtigkeit zu achten, damit eine spätere Übertragung auf andere Bereiche leicht möglich ist.

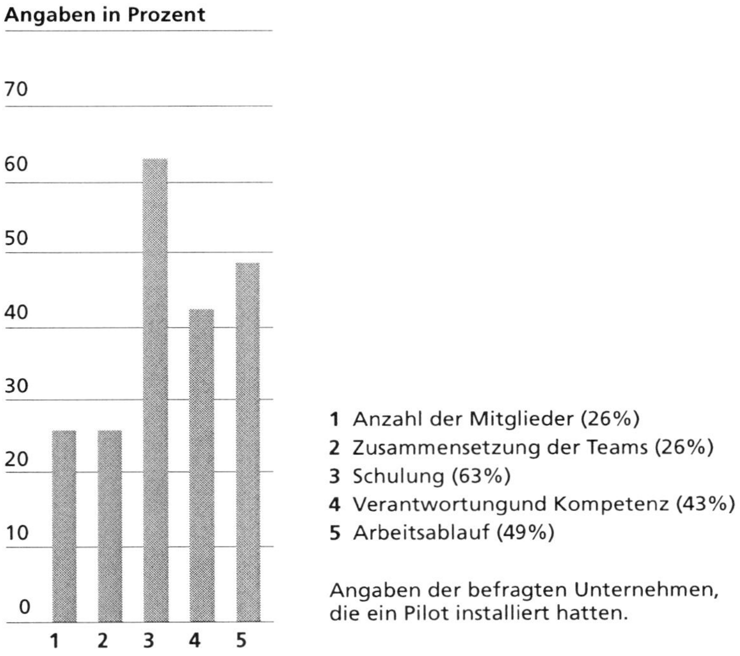

Bild 5.3: Konzeptänderungen aufgrund der Piloterfahrung

6. Schulung der Teammitglieder und Teamleiter

Der Schulung kommt für den Einführungserfolg eine besondere Bedeutung zu. Mit der neuen Form der Zusammenarbeit ist eine Veränderung der Anforderungsprofile aller Beteiligten verbunden, die veränderte Verhaltensweisen und mehr Qualifikationen von den Mitarbeitern fordern. Dabei tritt neben der fachlichen Qualifizierung die Förderung von Methoden- und Sozialkompetenzen in den Mittelpunkt. In speziellen Schulungen werden die Teamleiter auf ihre neue Rolle vorbereitet. Dabei rückt die Vermittlung von Moderations- und Problemlösungstechniken zur Koordination der Zusammenarbeit innerhalb der Teams und zwischen den Teams in den Mittelpunkt. Die Studie zeigt ein erhebliches Defizit bezüglich der Schulungen auf. Die Mitarbeiter wurden in nur 49% und die Teamleiter in nur 60% der befragten Unternehmen geschult. Beides wurde im nachhinein als Fehler betrachtet.

7. Anpassung des bestehenden Anreizsystems

Um die Teammitglieder zu guten Ergebnissen zu motivieren, sollten diese bewertet und honoriert werden. Dies kann durch monetäre Anreize erfolgen. Eines der wichtigsten Bewertungsinstrumente ist das Entlohnungs- und Prämiensystem. Das Leistungsverhalten der Teammitglieder wird durch ein leistungsbezogenes Entgeltsystem maßgeblich gefördert. Die Transparenz des Systems ist dabei sehr wichtig, d.h. die Mitarbeiter müssen erkennen können, welchen Beitrag sie und das Team zur Erreichung des Ziels geleistet haben, wie sie am Teamerfolg beteiligt sind und wie sich ihr Gehalt zusammensetzt. Bisher werden die Anreizmöglichkeiten noch sehr wenig eingesetzt. Nur 35% der befragten Unternehmen haben ihr Entlohnungssystem an die Teamarbeit angepaßt.

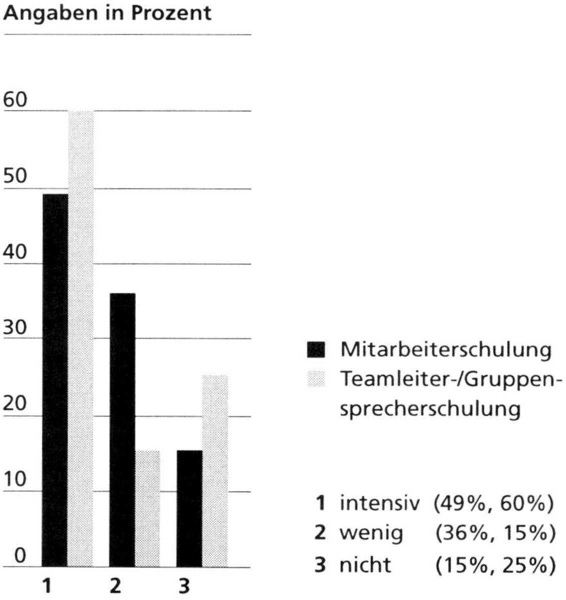

Bild 5.4: Schulung der Mitarbeiter und Führungskräfte

Neben der Entlohnung und dem Prämiensystem sind auch nicht-monetäre Anreize wie Anerkennung durch Führungspersonen oder Incentives zur Motivation der Mitarbeiter sehr wichtig. 74% der Befragten setzten dieses Instrument ein.

5.6.2.3 Auswirkungen der Teamarbeit

Die positiven Veränderungen der betriebswirtschaftlichen Erfolgskennzahlen Zeit, Kosten, Qualität und Mitarbeitermotivation konnten in allen untersuchten Unternehmen ohne branchenspezifische Unterschiede festgestellt werden. Beispielhaft sei ein Unternehmen erwähnt, das seine Durchlaufzeit für Aufträge von bisher 10 auf nunmehr 2 Tage reduziert hat.

Gerade in kundennahen Bereichen eröffnet Teamarbeit vielzählige Differenzierungspotentiale gegenüber der Konkurrenz: zum einen kann das Angebot kundenspezifisch gestaltet werden, zum anderen kann die dazu notwendige interne Leistung schnell und kostengünstig erstellt werden.

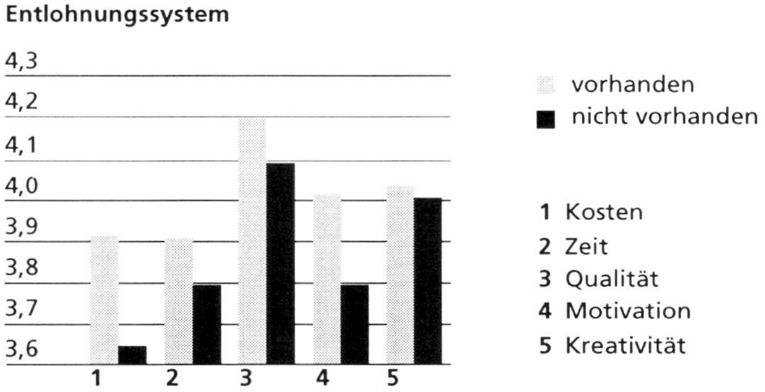

Bild 5.5: Auswirkung des Prämiensystems auf die Zielkennzahlen

Zusätzlich verändert sich mit der Einführung von Teamarbeit die Führungsstruktur im Unternehmen. Besonders betroffen sind dabei die Führungskräfte des mittleren Managements. Sie hatten seit jeher die Verantwortung für eine qualitativ hochwertige und termingerechte Erledigung der Aufgaben zu tragen und waren als Problemlöser für alle Fachfragen kompetent. Mit der Einführung von Teamarbeit geht dieses Fach-Know-how und die Verantwortung an die Teams über. Desweiteren wird ihre Kontrollfunktion durch unterstützende Funktionen ersetzt.

Führungskräfte werden jedoch nicht überflüssig, sondern haben eine entscheidende Funktion für das Zusammenspiel der Teams und die Erreichung der Unternehmensziele. Sie sind Coach und permanente Ansprechpartner bei Problemen, die sie nicht mehr durch detaillierte Anweisungen sondern durch Moderation lösen.

6 Projektmanagement

6.1 Definition und Ansatzpunkte für Projektmanagement

Immer mehr Unternehmen richten ihre aufbau- und ablauforganisatorische Organisation nach Gesichtspunkten des Projektmanagements aus. Auch die Ergebnisse der IAO-Industriestudie »Forschung & Entwicklung heute« (Bullinger, H. J. 1990) bestätigen diesen Trend. Gerade im Produktentstehungsprozeß setzt sich die Abkehr von starr getrennten Aufgaben und Tätigkeiten in funktional definierten Abteilungen hin zu einer teamorientierten Projektarbeit immer mehr durch.

Projektmanagement ist in verschiedenen Ausprägungsstufen realisierbar. Angefangen bei der Festlegung von Projekten ohne Änderung der organisatorischen Abläufe über das Einfluß- und Matrix-Projektmanagement bis hin zur durchgängigen Projektorganisation des Unternehmens sind viele Mischformen möglich.

Die wesentlichsten Merkmale eines auf den Entwicklungsprozeß neuer Produkte angepaßten Projektmanagements sind:

- frühe Integration der Bereiche,
- durchgängiger Informationsfluß,
- bereichsübergreifende Teams,
- angepaßte Planung und Steuerung,
- klare Kompetenzzuteilung für Projekt und Linie,
- Entkopplung des magischen Dreiecks (Zeit-Qualität-Kosten),
- Integration von Qualitätssicherung in die Produktentstehung,
- Integration externer Partner in den Entwicklungsprozeß und
- Senkung von Reibungsverlusten und Änderungsaufwand.

Die Projektabwicklung und damit auch ihre Planung und Steuerung läuft in einem organisatorischen Rahmen ab. Um ein reibungsloses Ineinandergreifen von Planung, Steuerung und Organisation zu gewährleisten, müssen diese aufeinander abgestimmt sein. Dazu sollte die Gestaltung der Planung und Steuerung soweit wie möglich der Organisation des Unternehmens entsprechen. Jedoch müssen auch die organisatorischen Rahmenbedingungen an die Planungs- und Steuerungsmethode angepaßt werden. Die gemeinsame Optimierung sollte mit Blick auf einen integrierten Entwicklungsablauf erfolgen.

6.1.1 Historie des Projektmanagements

In der Entwicklungsgeschichte der Menschheit waren immer wieder außerordentliche Ereignisse für die Menschen einer bestimmten Epoche von Bedeutung. Diese Ereignisse, ursächlich meist von Visionen oder konkreten Bedürfnissen von Einzelnen oder großen Massen, sind meist durch eine besondere Form der Organisation bewältigt worden. So wurden die Pyramiden durch einen eigenverantwortlichen Bauherrn (Projektleiter) initiiert und ausgeführt.

Im 20. Jahrhundert waren vor allem militärische Programme und die Raumfahrt die Wegbereiter des Projektmanagements. Dies führte zu einer zwangsläufigen Anpassung des Instrumentariums des Projektmanagements durch die Beteiligten.

Mit der Verfügbarkeit leistungsfähiger und kostengünstiger EDV-Systeme wurde ein weiterer Schritt zur Verbreitung und Anwendung von Projektmanagement getan.

6.1.2 Was ist ein Projekt?

Für die Unternehmensleitung ist das Projektmanagement ein Leitungsinstrument, das die Zukunft überschaubar macht und damit die Führungsaufgaben erleichtert.

Probleme, die während des Projektablaufs auftreten und das planmäßige Erreichen der drei Hauptziele (Leistung, Gesamtkosten und Endtermin) in Gefahr bringen, können mit den Methoden des Projektmanagements leichter erkannt werden. Dies ist notwendig, da mit dem Trend zur Übertragung von möglichst großen Auftragseinheiten durch den Auftraggeber an den Auftragnehmer und der Tendenz zu immer kürzeren Realisierungszeiten das Auftragnehmerrisiko stark zugenommen hat.

Dies trifft besonders für umfangreiche Auslandprojekte zu, die teilweise außer den technischen und wirtschaftlichen auch politische und soziokulturelle Risiken in sich bergen. Diese können bei dem Auftragnehmer, wenn sie nicht rechtzeitig erkannt und abgesichert werden, zu erheblichen wirtschaftlichen Schwierigkeiten führen (Rinza, Peter 1985).

6.1.2.1 Definition des Projektmanagements

Für die Klärung des Begriffs »Projektmanagement« werden die Teilbegriffe »Projekt« und »Management« definiert:

- ❑ Projekt ist ein Vorhaben, das im wesentlichen durch die Einmaligkeit der Bedingungen gekennzeichnet ist, wie z.B.
  - ❑ zeitliche Begrenzung,
  - ❑ finanzielle Begrenzung,
  - ❑ Komplexität,

- ❑ Größe des Vorhabens und
- ❑ Zahl der beteiligten Stellen.

❑ Management ist die Leitung soziotechnischer Systeme in personen- und sachbezogener Hinsicht mit Hilfe von professionellen Methoden.
In der sachbezogenen Dimension des Managements geht es um die Bewältigung der Aufgaben, die sich aus den obersten Zielen des Systems ableiten, in der personenbezogenen Dimension um den richtigen Umgang mit allen Menschen, auf deren Kooperation das Management zur Aufgabenerfüllung angewiesen ist (Ulrich, P./Fluri, E. 1986).

Somit bedeutet Projektmanagement die Leitung eines Projekts und die das Projekt leitende Institution.

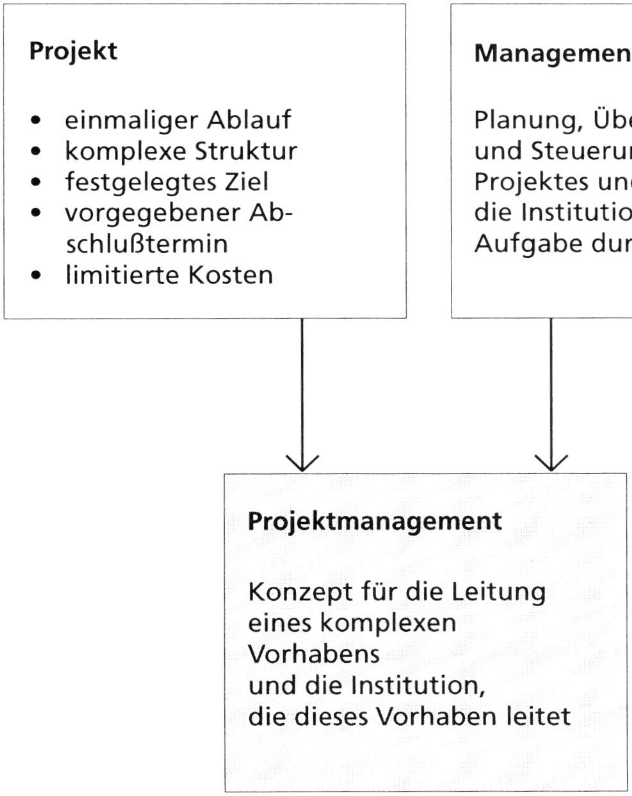

Bild 6.1: Definition des Projektmanagements (Quelle: Rinza, Peter Projektmanagement, S. 4)

6.1.2.2 Ziele des Projektmanagements

Im allgemeinen lassen sich die vielfältigen Ziele, die mit dem Einsatz des Projektmanagements verbunden werden, auf drei grundlegende Ziele eingrenzen:

- Sachleistung (Qualitätsverbesserung),
- Termine (Termintreue) und
- Kosten (Kostenbegrenzung).

Diese Ziele können nur erreicht werden, wenn die Zusammenarbeit aller am Projekt Beteiligten gewährleistet ist, die Delegation von Verantwortung tatsächlich realisiert wird und eine Anpassung der Aufbau- und Ablauforganisation an die speziellen Probleme und Eigenarten des Projektes stattgefunden hat.

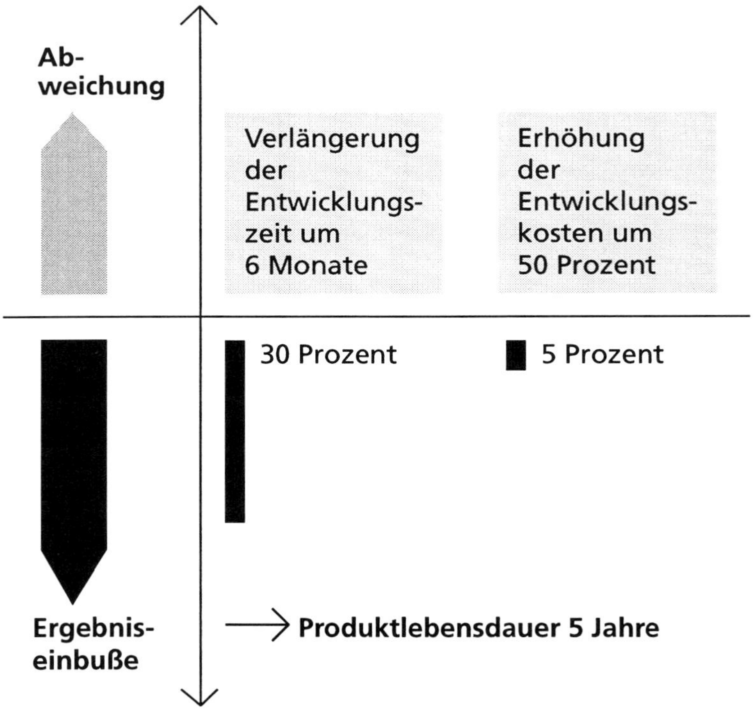

Bild 6.2: Ergebniswirkung von Abweichungen der Entwicklung

Diese Teilziele sind voneinander abhängig. So hat zum Beispiel die Verlängerung der Entwicklungszeit in der Regel eine Erhöhung der Kosten zur Folge, die Verkürzung der Entwicklungszeit meist eine Qualitätsminderung. Darum können die Teilziele nicht isoliert betrachtet werden. Dies ist vor allem bei Änderungen von Zielgrößen zu beachten. Man spricht daher auch vom »magischen Dreieck« (Platz, J.; 1986).

6.1.2.3 Voraussetzungen für erfolgreiches Projektmanagement

Bild 6.3: Voraussetzungen für erfolgreiches Projektmanagement

Der Erfolg des Projektmanagements wird zum einen von soziokulturellen und zum anderen von methodischen Komponenten bestimmt:

- Soziokulturell:
  - motivierte Mitarbeiter,
  - Informationsfähigkeit,
  - Teamarbeitsfähigkeit und
  - interdisziplinäre Teams.
- Methodisch:
  - Projektleiter,
  - Methodik des Projektmanagements,
  - Einführung in das Projektmanagement,

- ❑ Aus- und Weiterbildung der Mitarbeiter und
- ❑ Auswahl der Teammitglieder.

6.1.2.4 Kennzeichen eines Projekts

Die Projektmerkmale stellen eine mögliche Abgrenzung des Projekts gegenüber anderen Aufgaben im Unternehmen dar. Diese sind:

- ❑ Zeitliche Begrenzung der Aufgabenstellung
- ❑ Komplexe, nicht routinemäßige Aufgabe
- ❑ Aufgabenteilung erfordert Teamarbeit
- ❑ Loslösen von Ressort- und Abteilungsdenken
- ❑ Eigenständige Projektorganisation
- ❑ Verantwortlichen Leiter

So ist vor allem wichtig, daß Projekte einmalige, komplexe Aufgaben sind, die auf einer Zielsetzung beruhen, die meist aus grundsätzlichen Entscheidungen im Rahmen der strategischen Unternehmensplanung getroffen wurden. Auch sind die Ziele innerhalb einer zeitlichen Begrenzung mit einem aufgabenspezifischen Budget abzuschließen.

Dies erfordert meist eine eigenständige Projektorganisation, in deren Folge auch eine Loslösung vom Ressort- und Abteilungsdenken notwendig ist. Ein der Unternehmensleitung (Auftraggeber) gegenüber verantwortlicher Projektleiter koordiniert und leitet die Vorhaben und das Projektteam.

6.1.2.5 Projekteinteilung

Eine Möglichkeit der Projekteinteilung ist die Einteilung in drei Bereiche (klein, mittel, groß) mit den Faktoren Projektgröße und Projektkomplexität:

- ❑ Kleines Projekt – Planung neuer Produkte für ein Unternehmen der Antriebstechnik.
- ❑ Mittleres Projekt – Konzeption und Erstellung einer neuen Fertigungsstätte.
- ❑ Großes Projekt – Erweiterung des Flughafens Frankfurt.

Bei dieser Art der Einteilung muß die Größe des Unternehmens ebenfalls betrachtet werden, da die Größen (groß, mittel, klein) in Bezug auf das Unternehmen (das ebenfalls »klein«, »mittel« oder »groß« sein kann) definiert werden.

Die Einteilung der Projekte nach der Größe hat keine unmittelbaren Auswirkungen auf die Konstruktionsleitung. Bedeutend sind jeweils nur die Tätigkeiten und Aufgaben, die im Rahmen der einzelnen »Projektkategorien« zu erledigen sind, sowie die Verantwortlichkeit des Konstruktionsmitarbeiters. Hierbei kommen bei großen

Projekten sicherlich umfangreichere und komplexere Aufgabenpakete auf die Konstruktionsleitung zu. Die Mitarbeiter sind zwar intensiv in das Projektgeschehen eingebunden, erhalten jedoch nicht den umfangreichen Gesamtüberblick, wie es bei kleineren Projekten möglich ist. Bei kleinen Projekten ist der Konstruktionsleiter oft von der Ideenfindung bis zur Produktion an den Projektabläufen beteiligt. Er erhält somit einen wesentlich besseren Überblick über den Projektablauf. Bei kleineren Unternehmen ist der Konstruktionsmanager oftmals für die komplette Abwicklung verantwortlich.

Ein anderer Einteilungsfaktor ist die Anzahl der Mitarbeiter:

- Kleines Projekt – weniger als 6 Mitarbeiter.
- Mittleres Projekt – 6–20 Mitarbeiter.
- Großes Projekt – mehr als 20 Mitarbeiter (Platz, J.; 1985).

6.2 Projektorganisation

Organisation und Führung sind die Leitungsfunktionen, mit deren Hilfe das Verhalten der Projektmitglieder so strukturiert und koordiniert wird, daß die in der Unternehmenspolitik umrissenen und in der Planung konkretisierten Ziele und Maßnahmen realisiert werden können.

Organisation und Führung hängen eng zusammen, d.h. sie beeinflussen sich gegenseitig und müssen untereinander widerspruchsfrei sein. Ihr grundsätzlicher Unterschied liegt in der Form, in der die Verhaltenserwartungen gegenüber den Mitarbeitern gefestigt und durchgesetzt werden.Organisieren heißt: Formalisieren (formales Regeln) von Verhaltenserwartungen. »Formal« sind Regelungen, die durch dazu legitimierte Personen (Kerngruppe) in einen bewußten Gestaltungsakt gesetzt, unpersönlich, d.h. unabhängig von bestimmten Individuen als gültig erklärt und (meist) schriftlich fixiert sind. Durch formale Regelungen wird die dauernde oder mindestens längerfristig gültige Organisationsstruktur der Unternehmung festgelegt.

Führen heißt: Persönliche Beeinflussung des Verhaltens anderer Individuen oder einer Gruppe in Richtung auf gemeinsame Ziele. Die Verhaltungserwartungen werden hier nicht durch formale Regelungen durchgesetzt, sondern sie werden erreicht mit Hilfe von:

- Fachautorität (Argumente),
- Persönlichkeitsautorität (Ausstrahlung) und
- Positionsautorität (Sanktionsgewalt).

Ziel der Führung ist, daß der Führer die Gefolgschaft der zu Führenden bei der Realisierung bestimmter Ziele sicherstellt.

Nun lassen sich formale Regelungen aber auch anwenden, um ein bestimmtes Führungsverhalten allgemein vorzugeben. Dazu dienen sogenannte Führungsrichtlinien. Umgekehrt lassen sich gruppendynamische Methoden der persönlichen Kommunikation anwenden, um die Verbesserung und Anerkennung (neuer) organisatorischer Regelungen zu erreichen und deren Erfolg zu sichern; man faßt diese Methoden unter dem Begriff »Organisationsentwicklung« zusammen (Ulrich, P./ Fluri, E.; 1986). Organisation ist ein Mittel zum Erreichen von Unternehmenszielen. Aspekte der Organisation im Unternehmen sind:

- ❑ Hierarchische Ordnung
- ❑ Aufgabenteilung
- ❑ Koordination
- ❑ Kompetenz und Verantwortung
- ❑ Kommunikations- und Informationsstrukturen

6.2.1 Linienorganisation

Die Linienorganisation wird gekennzeichnet durch eine relativ tiefgestaffelte Hierarchie. Weisungsbefugnisse laufen nur von oben nach unten ab (die Berichtswege von unten nach oben). Koordiniert wird immer an höheren Stellen. Grundsätze der Linienorganisation sind

- ❑ Einheit der Leitung und
- ❑ Einheit des Auftragsempfangs.

6.2.2 Stab-Linienorganisation

Den höheren Führungsstellen werden sogenannte Stäbe einberufen. Diese erarbeiten Konzepte und Entscheidungsvorlagen für ihren Bereich oder betreuen bestimmte Aufgaben. Sie haben keine unmittelbaren Entscheidungs- und Weisungsbefugnisse. Sie haben auch keine direkte Koordinierungsaufgaben. Grundsätze der Stab-Linienorganisation sind:

- ❑ Einheit der Leitung und
- ❑ Spezialisierung auf Hilfsfunktionen ohne Kompetenzen gegenüber der Linie.

6.2.3 Projektorganisation

Die Linienorganisation des Unternehmens ist die Primärorganisation, der die Projektorganisation als Sekundärorganisation überlagert wird. Mit der Projektorganisation sollen störende Dienstwege vermieden und die organisatorischen Einheiten horizontal koordiniert werden.

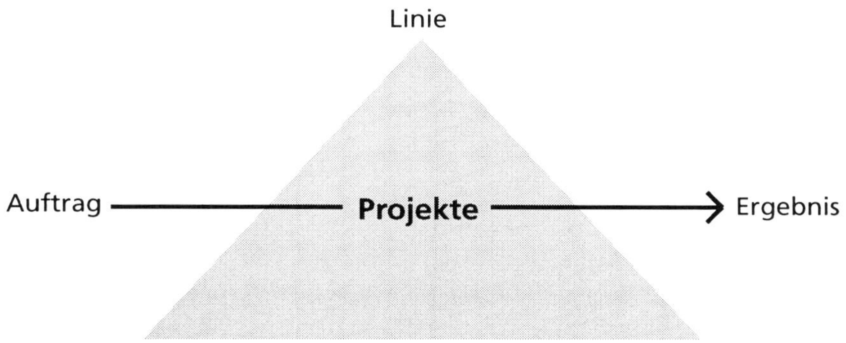

Bild 6.4: Horizontale Projekteinbindung (Wettengel, Rainer; 1990)

Die folgenden Projektorganisationen unterscheiden sich hinsichtlich

- ❑ der Beziehung Projektleiter-Teammitglieder (Weisungsbefugnis) und
- ❑ der Beziehung Projektleiter-Auftraggeber (Verantwortung).

6.2.3.1 Autonome Projektorganisation

Es besteht eine ähnliche Hierarchie wie bei der Linienorganisation. Sie kann in die Linienorganisation eingebunden sein oder aber sie ist selbst Primärorganisation.

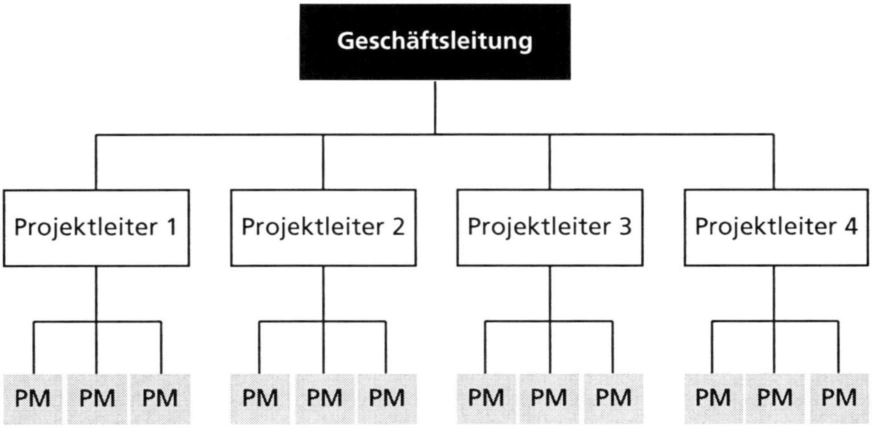

PM Projektteammitarbeiter

Bild 6.5: Autonomes Projektmanagement

Grundsätze in der Autonomen Projektorganisation sind:

- ❑ Selbständige Organisationseinheit und
- ❑ abgegrenzte Aufgabe.

6.2.3.2 Einfluß-Projektmanagement

Der Projektleiter hat keine Rechte und Befugnisse gegenüber den Teammitgliedern. Er ist mehr ein Sprecher oder Vertreter des Projektteams. Die Teammitglieder bleiben ihrem Linienvorgesetzten unterstellt. Grundsatz in dem Einfluß-Projektmanagement ist:

- ❑ Führen und Leiten durch persönliche Fähigkeiten bzw. Einfluß.

6.2.3.3 Matrix-Projektmanagement

Kennzeichnend ist die Aufgliederung von Weisungsbefugnissen auf die Projektleiter und die Linienvorgesetzten.

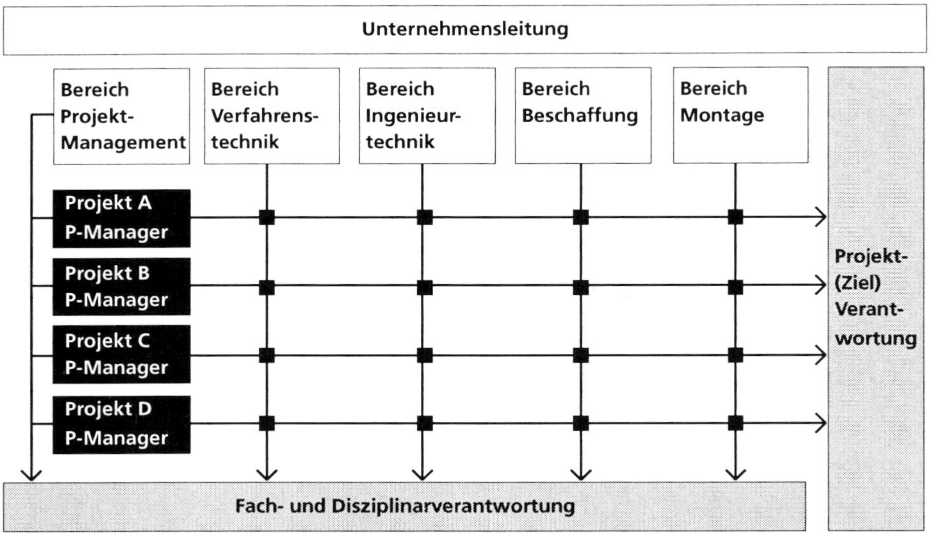

■ – Prozeßbeteiligte aus verschiedenen Fachabteilungen

P-Manager – Projektmanager

Bild 6.6: Matrixorganisation

Ein direkter Vergleich zwischen Linien- und Matrixorganisation zeigt die nicht immer konkretisierbaren und verallgemeinerbaren Faktoren, da diese meist projektspezifisch sind.

Projekt (Matrix)	Linie
– Teamentscheidung	– Dienstweg
– klare Koordination	– klare Kompetenz und Verantwortlichkeitsbereiche
– Gleichberechtigung aller Teammitglieder	– Koordination und Kontrolle einfach
– Leitung durch Projektleiter	– Sicherheit bei Vorgesetzten und Untergebenen
– Kompetenzabgrenzung aufwendig	– schwerfällig
– großer Kommunikationsbedarf	– bürokratisch
– Gefahr zu vieler Kompromisse	– lange Kommunikationswege

Bild 6.7: Vergleich Matrix mit Linienorganisation

6.2.4 Institutionen im Projektmanagement

Die einzelnen Institutionen im Projektmanagement:

- ❑ Projektteam,
- ❑ Projektleiter,
- ❑ Liniengremien,
- ❑ Projektunterstützungsteam.

6.2.4.1 Projektteam

Für jedes Projekt ist zu Beginn ein Projektteam zu bilden, in dem alle betroffenen Fachabteilungen vertreten sein sollten. Die Zusammensetzung des Projektteams richtet sich nach der Art des Projektes und kann von Projekt zu Projekt unterschiedlich sein. Die Kernbereiche des Unternehmens, also Marketing, Vertrieb, Entwicklung, Fertigung und Qualitätssicherung sollten durch jeweils eine Fachkraft vertreten sein. Je nach Art des Projekts werden Spezialisten aus anderen Abteilungen hinzugezogen.

Damit bei umfangreichen Projekten das Team nicht durch seine Größe unflexibel wird, kann es sinnvoll sein, mehrstufige Projektteams einzurichten. Dies bedeutet, daß einige Mitglieder des Projektteams eine eigene Arbeitsgruppe darstellen, in der sie spezielle Probleme des durch sie vertretenen Fachgebietes bearbeiten.

Das Projektteam als Ganzes ist die Basis des Verteilers für jede überarbeitete Version der Projektplanung. Die bereichsinterne Weitergabe der Informationen ist Aufgabe der einzelnen Teammitglieder.

Bei Projektbeginn tritt das vollständige Projektteam zu einer grundlegenden Planungsbesprechung zusammen. In diesem wird das Projekt strukturiert und die erste Projektplanung durchgeführt.

Im weiteren Verlauf des Projekts finden regelmäßig (je nach Bedarf) Projektteam-Besprechungen statt. In diesen Sitzungen sollen die aktuellen Probleme des Projekts besprochen, die bereichsübergreifende Abstimmung des Vorgehens vorgenommen und gegebenenfalls die Planung überarbeitet werden. Die Teilnehmer dieser Sitzungen können je nach Projektstatus und besprochenem Problemfeld unterschiedlich zusammengesetzt sein.

Wird ein Meilenstein im Projektablauf erreicht, so tritt das Projektteam zu einer Besprechung zusammen. In dieser soll die Meilenstein-Verfolgung zum Beispiel mit Hilfe eines Projekthandbuchs durchgesprochen und das Projekt anhand der daraus bezogenen Daten gesteuert werden. Die Phase des Projekts bis zur Erreichung des nächsten Meilensteins kann dann geplant werden.

Nach Projektende tritt das vollständige Projektteam zu einer Projekt-Abschlußbesprechung zusammen. In dieser werden die Erfahrungen aus dem Projekt zusammengefaßt und ausgewertet.

Im Projektteam sollte jedes Mitglied die Belange seines Fachgebietes vertreten und von Beginn an die Verantwortung dafür tragen. In der Arbeit des Projektteams sollten dann die Interessen und Forderungen der Fachabteilungen auf das übergeordnete Projektziel hin ausgerichtet werden. Daher sollten Projektteammitglieder folgende Anforderungen erfüllen:

- ❑ Teamfähigkeit,
- ❑ Kooperationsbereitschaft,
- ❑ Akzeptanz für die Anforderungen anderer Bereiche und
- ❑ Verständnis für die Anforderungen des Projektmanagements.

Beispiel für ein mehrstufiges Projektteam

Um eine zügige Realisierung bei komplexen Projekten zu gewährleisten, wird die folgende Projektorganisation eingesetzt. Ihr Grundaufbau gliedert sich in die folgenden drei Ebenen:

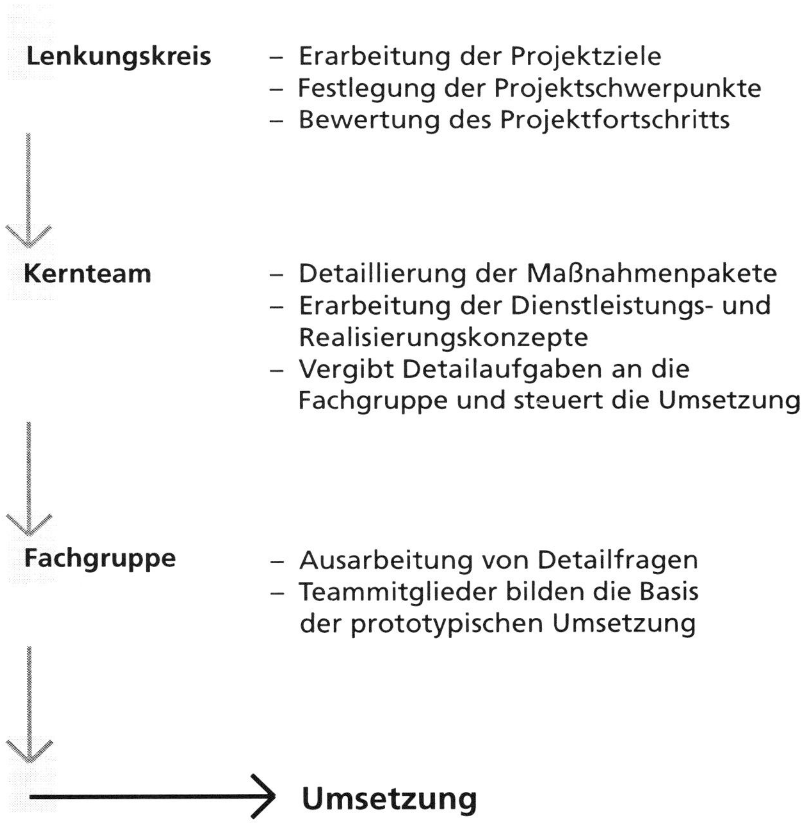

Bild 6.8: Mehrstufiges Projektteam

- ❑ Lenkungskreis
  Der Lenkungskreis setzt sich aus dem Projektleiter und den wichtigsten Führungskräften des Unternehmens zusammen. Er übernimmt die Zielfestlegung für das Projekt, bewertet den Projektfortschritt und setzt neue Ziele. Die Aufgabe des Projektleiters besteht in der Koordination der einzelnen Sitzungen, in der thematischen sowie methodischen Vorbereitung, in der Moderation der Workshops, und in der fachlichen Beratung und direkten Hilfestellung bei den zu diskutierenden Themen.
- ❑ Kernteam
  Das Kernteam wird aus dem Projektleiter und den Teilprojektleitern, direkt und indirekt betroffenen Mitarbeitern gebildet. Die Aufgaben des Projektleiters sind die Koordination, das Vorbereiten der Sitzungen sowie das Einbringen themenspezifischen Know-hows.

Neben der gestalterischen Aufgabe kommt dem Kernteam im weiteren Verlauf des Projekts vor allem die Erarbeitung und Koordination der Schwerpunktthemen sowie eine steuernde Funktion im Rahmen der Umsetzungsbegleitung zu. Bei den Schwerpunktthemen handelt es sich um Fragestellungen, für deren Lösung u.a. das spezifische Wissen der betroffenen Mitarbeiter notwendig ist. Es sollen auf Basis der Schwerpunktthemen Maßnahmen zur Lösung der Fragestellungen erarbeitet und die operative Umsetzung verantwortlich durchgeführt bzw. unterstützt werden. Dem Kernteam ist es freigestellt zu besonderen Fragestellungen zeitlich begrenzte Fachgruppen einzuberufen, die diese Fragestellungen fokussiert lösen; die Ergebnisse werden im Kernteam konsolidiert.

- Fachgruppen
  Die Fachgruppen bilden die dritte Ebene der Projektorganisation. Sie werden situations- und bedarfsorientiert zur Lösung fokussierter Fragestellungen eingesetzt. Die Fachgruppen werden durch jeweils ein Mitglied des Kernteams geleitet. Weitere Fachgruppenmitglieder werden entsprechend der zugeordneten Aufgaben ausgewählt. Direkt betroffene Mitarbeiter werden eingebunden, um die Akzeptanz der erarbeiteten Ergebnisse zu erhöhen.

6.2.4.2 Projektleiter

Der Projektleiter stellt zu Projektbeginn in Abstimmung mit den jeweiligen Linienvorgesetzten die Mitglieder seines Projektteams zusammen. Er beruft das Projektteam zu der ersten Besprechung ein. Damit konstituiert sich das Projektteam. In Abstimmung mit den Teammitgliedern legt der Projektleiter die Regelung der Arbeitsteilung und Informationswege sowie die Art und Weise der Dokumentation der Teilergebnisse fest.

Zentrale Aufgabe des Projektleiters ist es, das Projekthandbuch kontinuierlich zu führen und die Planung stets auf einem aktuellen Stand zu halten. Somit stellt er die Informationszentrale im Projekt dar.

Im Verlauf des Projekts beruft der Projektleiter bei Bedarf und an jedem Meilenstein (oder anderen wichtigen Ereignissen) Projektteam-Besprechungen ein. Entsprechend der zu behandelnden Themen entscheidet er, welcher zusätzlicher Personenkreis beteiligt sein soll. Weiterhin setzt er die Gesprächspunkte des Meetings fest und leitet die Sitzung.

Seine Hauptaufgabe im Verlauf des Projekts ist dessen Koordination und die zielgerichtete Steuerung. Er hat die Aufgabe, sein Projekt in effizienter Weise zum Erfolg zu führen. Dafür überwacht er die Projektaktivitäten und nimmt im Rahmen der vorgegebenen Priorität des Projekts eine Führerfunktion wahr.

Der Projektleiter ist Ansprechpartner für alle mit dem Projekt in Zusammenhang stehenden Probleme und Aufgaben; er muß sich dieser selbst annehmen oder die Verantwortung dafür delegieren.

Will der Projektleiter mit seinem Projektteam erfolgreich sein, muß er mit den entsprechenden Kompetenzen, dem Selbstverständnis und den Mitteln ausgestattet sein. Ihm sollte daher zu Beginn des Projekts ein Entscheidungsrahmen vorgegeben werden, in dem er sich bewegen darf. Bei auftretenden Problemen soll der Projektleiter in dem ihm gegebenen Projektrahmen angemessene Maßnahmen ergreifen und sich mit den beteiligten Linienfunktionen abstimmen. Wird der vorgegebene Rahmen verlassen, so sind Absprachen mit der Geschäftsleitung notwendig.

Eine reibungslose Abwicklung des Projektes kann nur funktionieren, wenn bei den beteiligten Linienvorgesetzten der tatsächliche Wille zur Delegation von Kompetenzen vorhanden ist. Dies ist in vielen Projekten ein immer wieder vorkommendes Konfliktfeld.

Üblicherweise sollte die Kompetenz für die ablaufspezifischen Probleme beim Projektleiter liegen, wohingegen die fachliche Kompetenz in der Linienverantwortung verbleibt. Bei Problemen mit der personellen Kapazität müssen die Linienverantwortlichen nach den vorgegebenen Projektprioritäten entscheiden. Um die Projektorientierung und die Position des Projektleiters zu festigen, sollte dem Projektleiter ein Mitspracherecht für seine Projektmitarbeiter zugestanden werden.

Da der Projektleiter keinen uneingeschränkten Zugriff auf die am Projekt arbeitenden Mitarbeiter hat, kann ihm auch nicht die alleinige Ergebnisverantwortung angelastet werden. Die Verantwortung für die Erfüllung der technischen Vorgaben verbleibt letztlich bei den Führungskräften in der Linienverantwortung.

Der Projektleiter trägt jedoch die Verantwortung für die Einhaltung der Kostenziele und des Terminplans. Ihm obliegt die Koordination, Planung und Steuerung des Projekts sowie die Gewährleistung eines aktuellen Informationsstands des Managements.

Projektleiter als Integrationsfigur

Der Projektleiter ist die entscheidende Führungspersönlichkeit im Projekt. Er muß bereichsübergreifend koordinativ tätig sein. Um im Projekt erfolgreich zu sein, sollte er einige grundsätzliche Fähigkeiten besitzen:

- ❑ persönliche Fähigkeiten (z.B. Kommunikationsbereitschaft, Führungsgeschick, Integrations- und Koordinationsfähigkeit, Entscheidungsfreudigkeit),
- ❑ systematische Arbeitsmethodik,
- ❑ fachübergreifendes Wissen als Systemintegrator und
- ❑ einen Kenntnisschwerpunkt entsprechend den speziellen fachlichen Anforderungen des Projekts.

6.2.4.3 Liniengremien

Liniengremien sind z.B. Entwicklungsbesprechungen oder technische Besprechungen.

Die Steuerung und Koordination einzelner Projekte wird in den Projektteam-Besprechungen durchgeführt. Die Arbeit der Liniengremien sollte sich auf die fachspezifischen und projektübergreifenden Probleme konzentrieren.

Beim parallelen Durchlauf mehrerer Projekte durch eine Abteilung entstehen oft personelle Kapazitätsengpässe. Die Zuteilung der Kapazitäten zu den Projekten nach Maßgabe der Projektprioritäten und die Koordination des Projektdurchlaufs soll nach Möglichkeit in den Liniengremien geschehen.

Fachspezifische technische und organisatorische Probleme sollten besprochen werden. Für die entsprechenden Bereiche sollen die langfristigen Weichen gestellt werden.

Die Linienvorgesetzten sollen über die aktuellen und kommenden Projekte informiert werden, um ihre Fachabteilungen darauf vorzubereiten.

6.2.4.4 Projektunterstützungsteam

Zur fachlichen Leitung bei der Einführung von Projektmanagement kann ein Projektunterstützungsteam gebildet werden. Dieses Gremium besteht aus den Projektleitern der Pilotprojekte, dem Projektadministrator und den Vetretern der wichtigsten Bereiche. Die Aufgabe des Teams ist es, während der Einführungsphase in regelmäßigen Sitzungen die aufgetretenen Probleme zu besprechen.

Das langfristige Ziel für die Arbeit des Teams ist, ein Know-how-Zentrum für Projektmanagement im Unternehmen zu werden. Die Erfahrungen aus verschiedenen Projekten können so im Austausch diskutiert werden. Die Aufgabe ist, die Verbesserungsvorschläge für das Projektmanagement in die Praxis umzusetzen und damit eine laufende eigenständige Optimierung der Abläufe zu erreichen.

Schwachstellen im Projektablauf, die in Projektaudits oder Treffen des Projektunterstützungsteams gefunden werden, können im Unternehmen durch die Einrichtung von Schnittstellenzirkeln verbessert werden.

6.2.5 Abgrenzung der Befugnisse und Kompetenzen zwischen Projekt und Linie

Die Anforderungen und Interessen der Projekt- und Linienverantwortlichen treten häufig in Konflikt zueinander. Je nach Situation des Unternehmens ergeben sich für die Abgrenzung der Kompetenzen unterschiedliche Anforderungen. Ein gleichzeitiges Vorhandensein einer Projekt- und Linienorganisation ist nur dann sinnvoll, wenn für beide Bereiche gewährleistet ist, daß es die gestellten Aufgaben auch wirklich erfüllen kann.

Hierzu sind geeignete organisatorische Strukturen zu schaffen, die eine sinnvolle Abgrenzung der Kompetenzen ermöglichen. Aus der Situation, daß das Projektmanagement meist von einer bestehenden Linienorganisation überlagert wird, entsteht oft der Eindruck, daß den Linienfunktionen Kompetenzen weggenommen werden. Gerade deshalb ist eine eindeutige Regelung und Abgrenzung der Zuständigkeiten bei zentralen Fragen erforderlich:

- ❏ Entscheidung über Projektdurchführung.
- ❏ Vorgehensweise bei der Teamzusammenstellung.
- ❏ Terminplanung des Projektes.
- ❏ Feinplanung der Einzelaktivitäten.
- ❏ Lösungsfindung und Lösungsentscheidung.
- ❏ Festlegung der Aufgaben des Projektteams.
- ❏ Festlegung der Aufgaben der Linienvorgesetzten und des Projektleiters.

6.2.6 Teameinbindung der Querschnitts-/ Dienstleistungsabteilungen

Ausgehend davon, daß gerade die Dienstleistungsabteilungen von vielen verschiedenen Projekten betroffen sind, ist eine angepaßte organisatorische Einbindung notwendig. Einerseits ist es sinnvoll, daß auch die Anforderungen und Anregungen dieser Abteilungen früh im Projektverlauf berücksichtigt werden, andererseits ist es oftmals nicht möglich, Mitarbeiter dieser Abteilungen vollständig als Projektteammitglied an der Projektarbeit zu beteiligen. Hier liegt eine wichtige Schnittstelle zwischen Projektarbeit und Teamarbeit. Zu groß gefaßte Projektgrenzen behindern die Fach- und Tagesarbeit, zu klein gefaßte Projektgrenzen lassen den Projektcharakter verschwinden und die gemeinsame Lösung der Aufgabe im Team ist in Frage gestellt.

An dieser Stelle können in besonderem Maße Hilfsmittel und Werkzeuge die Arbeit unterstützen. Folgende Punkte sind dabei zu beachten:

- ❏ Informationsmanagement.
- ❏ Beteiligung der Fachmitarbeiter an Projektsitzungen.
- ❏ Weitergabe der Aufgaben in die Abteilungen.
- ❏ Bildung von Unterteams und Arbeitsgruppen durch Teammitglieder.
- ❏ Berücksichtigung der Anforderungen der Abteilungen.
- ❏ Aufrechterhaltung einer Arbeitsfähigkeit der Abteilungen neben der Teamarbeit.
- ❏ Abrechnung der Leistungen.

6.2.7 Organisatorische Aufhängung des Projektleiters und Rückführung in die Linie

Bei der Bestimmung des fähigsten Projektleiters für ein Projekt wird es in den meisten Fällen zu Verschiebungen der Kompetenz- und Weisungsverhältnisse zu den bisherigen Linienvorgesetzten kommen. Der Projektleiter muß beim Übergang in seine neue Funktion eine klare organisatorische Zuweisung haben, die ihm diese Kompetenzen sichert. Die gleichen Schwierigkeiten treten auf, wenn ein Projektleiter zurück in die Linie eingegliedert wird oder im nächsten Projekt vielleicht nicht als Projektleiter eingesetzt wird. Hierzu ist ein Klima im Unternehmen notwendig, das die Leistung nicht allein durch die eingenommene Position bewertet und belohnt. Anforderungen an die Organisation des Projektmanagements resultieren aus:

- ❑ organisatorische Einbindung der Projektfunktionen in die Aufbauorganisation des Unternehmens,
- ❑ Promotorenkonzept,
- ❑ Honorierung von Projektleistung und
- ❑ Stellung des Projektleiters vor, während und nach dem Projekt.

6.2.8 Planung von Kapazitäten und Tätigkeiten

Beim Übergang von einem Projekt zu einer »normalen« Mehrprojektsituation in einem Unternehmen ist darauf zu achten, daß die einzelnen Abteilungen einheitliche Bedingungen bezüglich der Organisation und den Geschäftsabläufen haben. Auch wenn für die einzelnen Produktbereiche und Projektarten teilweise unterschiedliche Aufbau- und Ablaufformen sinnvoll sind, ist es wichtig, daß an den Berührungsstellen weitgehend einheitlich vorgegangen wird:

- ❑ Planung der Termine für Aufgaben und Ergebnisse.
- ❑ Planung der Arbeitspakete und Kapazitäten.
- ❑ Integration der Projektplanung und der Arbeitsplanung der Bereiche.
- ❑ Sicherstellung der durchgängigen Planung und Information.

Große Probleme bei der zeitorientierten Projektplanung und Steuerung bereitet immer wieder die Festlegung von Prioritäten bei den auftretenden Kapazitätsengpässen, besonders im personellen Bereich. Oftmals ist es Aufgabe der Fachabteilungen, über die Reihenfolge der Tätigkeiten zu entscheiden.

Hierbei bekommen automatisch die informellen Strukturen und Känale eine große Bedeutung. Die persönliche Stärke des Projektleiters ist dabei wichtiger als die sachliche Einschätzung der Gesamtsituation.

Es ist sinnvoll, für wichtige Projekte und Aufgaben eine klare Regelung für die Entscheidungsfindung bei Entscheidungen über strittige Prioritäten vorzusehen. Dies gilt nicht nur für Kapazitätsentscheidungen, sondern auch für alle sachlichen Entscheidungen des Aufwandes, der Funktionen und der Kosten. Lösungen im Organisationsansatz sind:

- ❑ Stufenweise Kompetenzregelung.
- ❑ Zuordnung der Projekte in der Unternehmensstruktur.
- ❑ Gremien zur Prioritätsentscheidung.
- ❑ Erfassung »kritischer« Tätigkeiten.

6.2.9 Info- und Steuerungsmöglichkeiten für Linie und Projekt

Zur reibungslosen Realisierung der integrierten Vorgehensweise muß die Informationsübergabe zwischen den Führungskräften der Linie und dem Projekt funktionieren. Nur mit vollständiger und schneller Information können die einzelnen Bereiche und das Projekt gesteuert werden. Hierbei ist zu beachten, daß die Informationen zielgerichtet aufbereitet werden sollten, damit sie effizient nutzbar sind. Die Organisation der Informationskanäle muß schon in der Aufbaustruktur berücksichtigt und möglichst weit automatisiert werden:

- ❑ Bring-Schuld anstelle von Hol-Schuld für wichtige Informationen.
- ❑ Automatisierung des Informationsflusses.
- ❑ Klare Zuordnung der Verantwortung für Informationen.
- ❑ Informationsbedarf für Linie und Projekt.

6.2.10 Bewertung der Leistung

Schwierigkeiten durch den organisatorischen Aufbau in Projektteams entstehen häufig bei der Personalbeurteilung der Mitarbeiter und Projektmitglieder. Auch in diesen Punkten sollte die herkömmliche Vorgehensweise den neuen Rahmenbedingungen angepaßt werden.

- ❑ Karriereplanung der Projektfunktionen,
- ❑ Beurteilung von Leistungen (gesamte Teamleistungen und Einzelleistungen im Team),
- ❑ Belohnung von Teamfähigkeit sowie
- ❑ neue Anreizsysteme.

6.3 Projektplanung und -verfolgung

Eine gute Planung und der Projekterfolg stehen in einem engen Zusammenhang. Die Komplexität heutiger Projekte und die zunehmende Dynamik aller Projektparameter zwingen zu gezielter und bewußter Planung.

Projektplanung kann man bezeichnen als die systematische Informationsgewinnung über den zukünftigen Ablauf des Projektes und die gedankliche Vorwegnahme des notwendigen Handelns im Projekt.

Die Planung beginnt mit dem Ermitteln aller zukünftigen Aktivitäten, die zur Erreichung des Projektzieles beitragen. Dabei ist es wesentlich, die besonders wichtigen Aktivitäten zu erkennen. Da Planung in die Zukunft gerichtet ist, beruht sie grundsätzlich auf unvollständigen Informationen und ist daher immer mit Unsicherheit behaftet. Planung im Projekt findet auf vier Ebenen statt:

- Organisation des Projektes,
- technischer Inhalt des Ergebnisses,
- technischer Prozeß der Ergebnisstellung und
- Ablauf des Projektes.

Unter »Projektplanung« wird hier die operative Planung des Ablaufs mit der Ermittlung von Aufwand, Kapazitäten und Terminen verstanden. Zu den Schwerpunktaufgaben zählen:

- Projektstrukturplanung (Zerlegung der Gesamtaufgabe in sinnvolle Teilaufgaben),
- Definition von Arbeitspaketen,
- Ablaufplanung (Festlegung der logischen Ablauffolge für die Arbeitspakete) und
- Planung von Sachleistungen (End-, Zwischenergebnisse), Ressourcen (Personal etc.), Terminen und Kosten.

Das wichtigste Prinzip der Projektplanung ist die Strukturierung. Damit ein so komplexes System, wie es eine innovative Produktentwicklung ist, beherrschbar wird, muß sie in kleinere Einheiten untergliedert werden, die überschaubar, planbar und steuerbar sind. Dabei sollte allerdings nicht der Gesamtzusammenhang verloren gehen. Art und Güte dieser Strukturierung bestimmen die Zuverlässigkeit der Planung.

Ein weiterer Grundsatz der Projektplanung ist das Prinzip der Ergebnisorientierung. Die Projektplanung sollte auf klar definierten Ergebnissen des Einzelprozesses aufbauen. Nicht die Tätigkeiten an sich sondern direkt überprüfbare Zustände der Bearbeitung werden geplant. Die Projektplanung arbeitet mit einer Kette logisch aufeinander aufbauender Einzelergebnisse, die jeweils nur einen einzigen neuen Planungsaspekt berücksichtigen. Damit wird der komplexe Vorgang der Projektabwicklung beziehungsweise der Projektplanung in eine logische Bearbeitungskette zerlegt, bei der für jedes Glied das Ergebnis vorgegeben ist.

Oberstes Ziel der Projektplanung ist die Ermittlung realistischer Sollvorgaben für Aufwand, Kapazität und Termine des Projektes sowie von Einzelschritten der Projektdurchführung im Rahmen der gegebenen Randbedingungen.

Der Steuerung des Projektes kommt eine besonders große Bedeutung zu. Während Projektorganisation, Phaseneinteilung und Zieldefinition schwerpunktmäßig zu Beginn des Projektes liegen und die Planung von Aufwand und Terminen an bestimmten Fixpunkten erfolgt, beschäftigt die Projektsteuerung den Projektleiter während der gesamten Laufzeit des Projektes.

Die Planung kann den Projektablauf nur theoretisch vorwegnehmen, daher wird sie immer mit Fehlern behaftet sein. Diese führen zu Abweichungen zwischen dem realen Projektablauf und der Planung. Ein Projektziel kann daher nur erreicht werden, wenn die wirkungsvolle Steuerung die Abweichungen zwischen Projektplan und realem Projektablauf permanent ausgleicht. Die Projektsteuerung bezieht sich auf die drei Zielgrößen »Ergebnis«, »Kosten« und »Termine« und auf die Produktionsparameter »Produktivität« und »Kapazität« des Projektes.

Die Erfassung des Ist-Zustandes eines Projektes ist Aufgabe der Projektdokumentation. Der Vergleich der Planung mit einem Soll/Ist-Vergleich führt gegebenenfalls zur Festlegung von Abweichungen, die wiederum im Rahmen des Soll/Ist-Vergleichs auf ihre zugrundeliegenden Ursachen hin analysiert werden. Notwendige Maßnahmen, die zur Korrektur einzuleiten sind, aber auch die Freigabe der nächsten Arbeitspakete und gegebenenfalls der Anstoß zu einer Neuplanung werden dadurch ausgelöst.

6.3.1 Projektstrukturierung

Der Projektstrukturplan ist ein Hauptinstrument für die Projektplanung, Projektsteuerung und Projektkontrolle. Zur Erstellung des Projektstrukturplans muß das Projekt in überschaubare Teilaufgaben gegliedert werden. Die Ziele des Projektstrukturplans sind:

- ❏ vollständige Übersicht über das ganze Projekt
- ❏ kleine, möglichst eigenständig zu bearbeitende Teilaufgaben
- ❏ Rahmen für Planung, Steuerung und Überwachung
- ❏ Basis für die Kontrolle der Termine, Leistungen und Kosten
- ❏ Festlegung aller für die Projetabwicklung notwendigen Ressourcen
- ❏ Überblick über die Projektkosten

Die Projektgliederung orientiert sich an den Objekten, Funktionen oder sonstigen Gesichtspunkten. Das Ergebnis ist eine hierarchische Struktur, in der die Teilaufgaben (TA) weiter untergliedert werden. Auf der jeweils untersten Ebene sind in sich geschlossene Aufgaben definiert, die einem verantwortlichen Teammitglied zugeordnet werden können. Diese Aufgaben werden als Arbeitspakete (AP) bezeichnet.

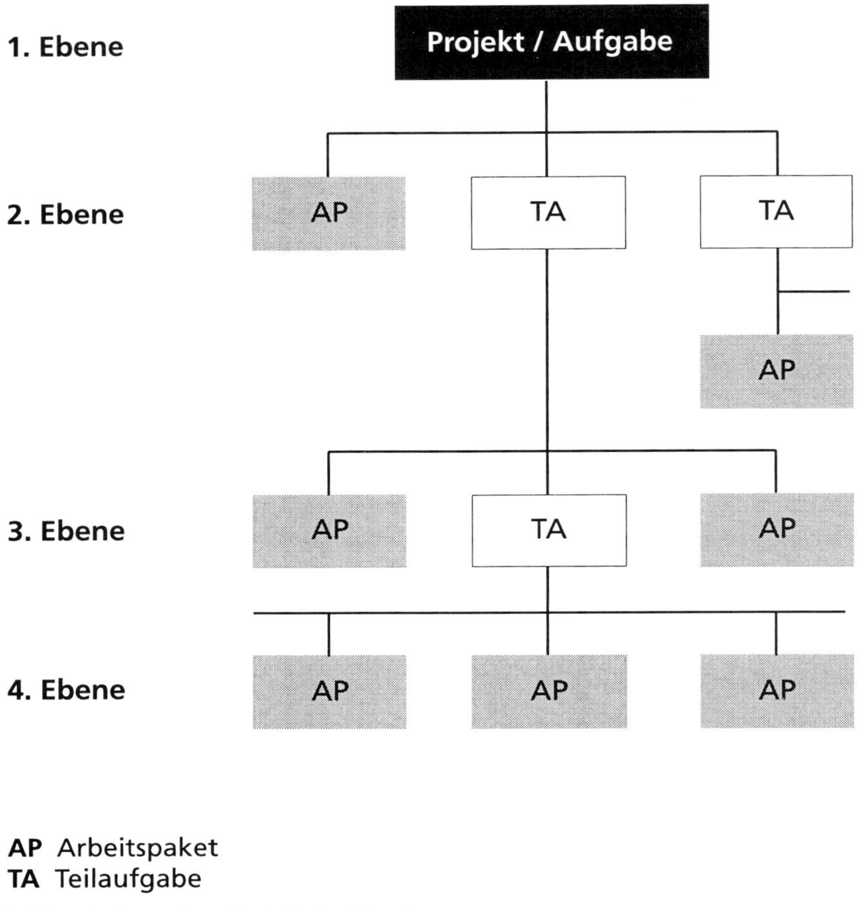

Bild 6.9: Aufbau eines Projektstrukturplans

Art und Umfang eines Projektstrukturplans sind projektspezifisch. Gliederungskriterien dafür sind:

- Unternehmensstruktur,
- Komplexität und Größe des Projekts,
- Auftraggeber und
- Kosten.

6.3.1.1 Funktions- bzw. verrichtungsorientierter Projektstrukturplan

Bei einem funktionsorientierten Projektstrukturplan stehen Aufgaben zur Projektplanung und Realisierung im Vordergrund. Diese werden untergliedert. Der Projektgegenstand verliert seine Konturen (GPM/RKW Lehrgang Projektmanagement-Fachmann 1990).

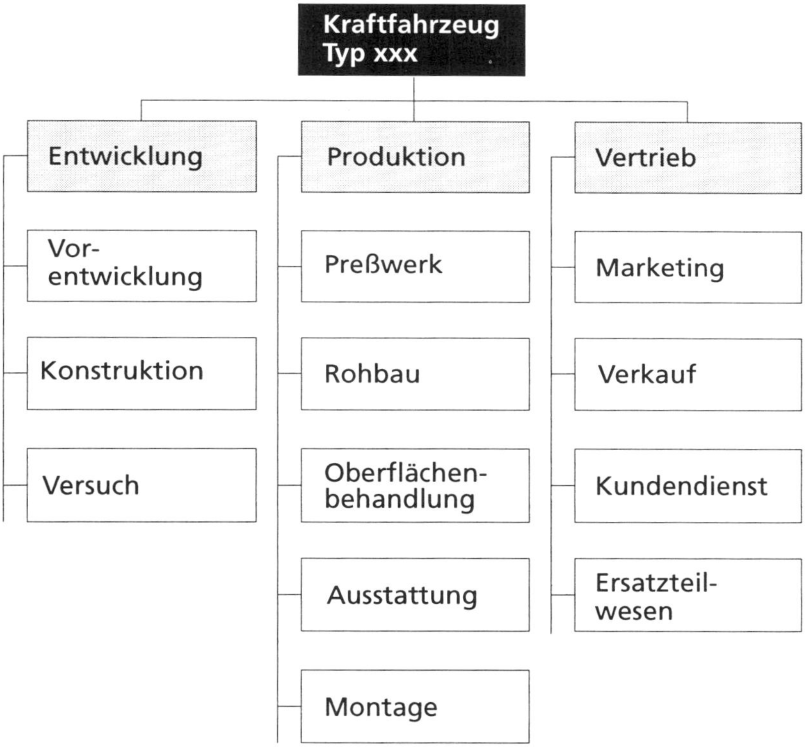

Bild 6.10: Funktionsorientierter Projektstrukturplan (Projektmanagement Handbuch MB AG,1990)

6.3.1.2 Objektorientierter Projektstrukturplan

Der Projektgegenstand wird entsprechend seiner Systemgliederung in Teil- und Untersysteme, Hauptbaugruppen, Baugruppen und so weiter unterteilt. Die objektorientierte Struktur wird auch als ergebnis- oder erzeugnisorientiert bezeichnet.

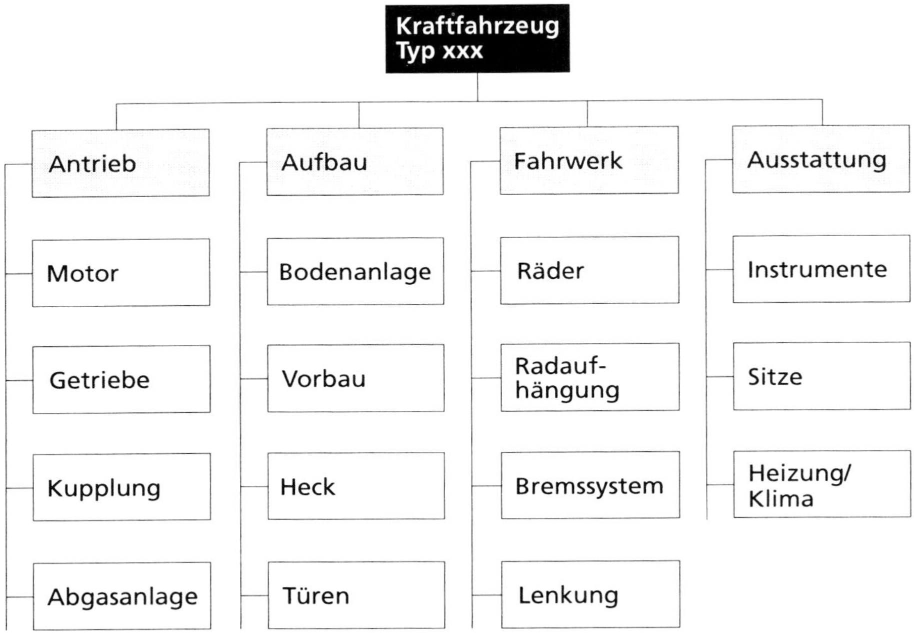

Bild 6.11: Objektorientierter Projektstrukturplan (Projektmanagement Handbuch MB AG, S. 58 /4/)

6.3.1.3 Gemischt-orientierter Projektstrukturplan

Meist wird jedoch eine Kombination von objekt- und funktionsorientierter Struktur angewandt. Sie bietet den höchsten Erfüllungs- und Anpassungsgrad. Der Projektstrukturplan wird vom Projektleiter gemeinsam mit dem Projektteam erarbeitet. Dabei kann ein Standard-Projektstrukturplan oder der Projektstrukturplan eines Vorgängerprojektes als Ausgangsbasis dienen, darf aber nicht ohne weiteres übernommen werden, da jedes Projekt spezifische Eigenheiten aufweist.

In der Grobplanungsphase genügen zunächst wenige Gliederungsebenen. Es muß aber die Aufgabenstellung in ihrer Gesamtheit erfaßt werden. Im Laufe des Planungsprozesses wird der Projektstrukturplan weiter detailliert, bis alle Arbeitspakete festgelegt sind.

Für jedes Arbeitspaket sollte ein Verantwortlicher bestimmt werden. Die Arbeitspakete dienen als Basis für die Auftragserteilung. Die Arbeitspakete stellen den Orientierungspunkt für die Projektplanung, Projektüberwachung und Projektsteuerung der Termine, Kosten und Leistungen dar.

Bild 6.12: Gemischtorientierter Projektstrukturplan (Projektmanagement Handbuch MB AG, 1990)

Aufgaben, die eine mögliche Gefährdung des Projekts darstellen, müssen soweit untergliedert werden, daß eine Risikoanalyse möglich ist. Daraus resultiert auch die Größe der Arbeitspakete.

Die Anzahl der Arbeitspakete beeinflußen den Steuerungsaufwand. Eine zu große Menge von Arbeitspaketen läßt sich zeitlich nicht mehr bearbeiten, selbst mit dem Hilfsmittel EDV nicht. Deshalb sollten Großprojekte in übersichtliche Teilprojekte untergliedert werden, die besser handhabbar sind. Dies erfordert auch eine entsprechende Projektorganisation, in der die Teilprojektleiter bzw. die Verantwortlichen für größere Aufgabenpakete zum einem mit der gleichen Arbeitssystematik und Hilfsmitteln ausgestattet werden und zum anderen, daß die Koordination dieser Schnittstellen – dies gilt besonders bei standortübergreifenden Aufgaben – durch entsprechende Regularien erreicht wird.

Aufbauend auf den Projektstrukturplan wird die Projektplanung, Projektsteuerung und Projektüberwachung errichtet. Er stellt die Basis für den Projektmanagement-Regelkreis dar.

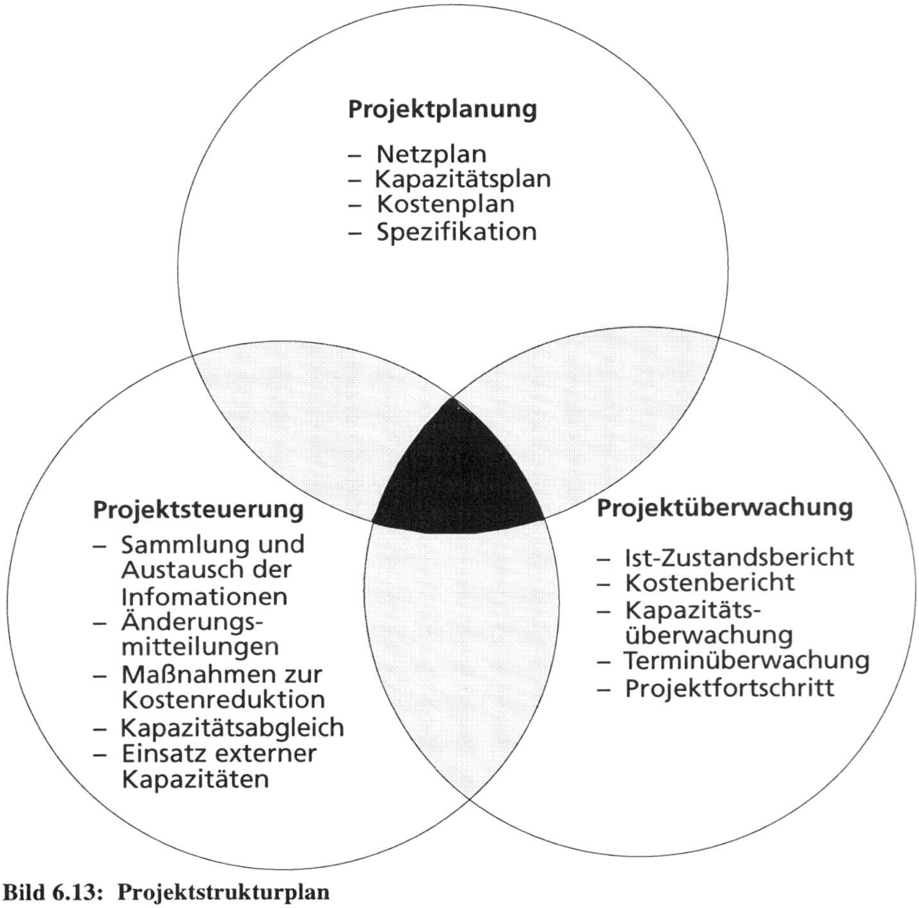

Bild 6.13: Projektstrukturplan

6.4 Hilfsmittel und Werkzeuge

Die Vorgehensweise einer integrierten Produktentwicklung kann nur dann effizient im Unternehmen umgesetzt werden, wenn geeignete Hilfsmittel und Werkzeuge zur Verfügung stehen. Je nach Komplexität der Projekte und der Gesamtstruktur der Unternehmen bieten sich verschiedene Unterstützungsmöglichkeiten an:

- ❑ Checklisten.
- ❑ Strukturiertes und dynamisches Pflichtenheft (Produktdatenblatt).
- ❑ Projekthandbuch.

- ❑ Projektmanagementsystem (PMS).
- ❑ Management-Informations-System.

Diese Unterstützungswerkzeuge sind im ersten Schritt als manuelle Hilfsmittel in Form von Formularen denkbar. Handbücher und Checklisten sind in kurzer Zeit an die jeweiligen Bedingungen des Unternehmens anzupassen und damit schnell verfügbar. Der Kosten- und Zeitaufwand für Änderungen ist gering. Erst wenn sich die Vorgehensweisen und Unterstützungsmethoden im Unternehmen bewährt haben, ist es sinnvoll, eine Rechnerunterstützung einzuführen.
Zum Aufbau einer umfassenden Projektunterstützung bietet sich folgende Vorgehensweise an:

- ❑ Analyse marktverfügbarer Hilfsmittel und Systeme nach unternehmensrelevanten Gesichtspunkten.
- ❑ Anpassung der Hilfsmittel und Werkzeuge.
- ❑ Abstimmung des Einsatzes herkömmlicher Hilfsmittel und rechnergestützter Systeme.
- ❑ Aufbau einer sorgfältig abgestimmten Einführungsstrategie.

6.4.1 Projekthandbuch

Als ein wesentliches Werkzeug zur Planung, Verfolgung und Steuerung von Entwicklungsprojekten hat sich das Projekthandbuch bewährt. Es ist ein Hilfsmittel für den Projektleiter, welches im ersten Schritt in Form von Formularen auf Papier unternehmensspezifisch gestaltet wird. Es zeichnet sich durch sieben Merkmale aus. Das Projekthandbuch...

- ❑ soll eine frühzeitige, abteilungsübergreifende Teambildung und eine durchgehende Projektleitung unterstützen. So wird gewährleistet, daß zu Projektbeginn jeder Bereich seine Anforderungen in die Planung des Projektes einbringen kann.
- ❑ gewährleistet eine durchgehende Planung der Teilaufgaben und des Gesamtprojekts anhand von Meilensteinen. Planungsschwerpunkte sind Meilenstein- und Endtermine, Risikoaufgaben, Herstell-, Produkt- und Projektkosten, Kapazitäten und Entwicklungsaufwände sowie die Stückzahlvorgaben.
- ❑ unterstützt eine durchgehende Verfolgung dieser Größen. An jedem Meilenstein sowie an jeder größeren Änderung werden die aktuellen Zahlen des Projektverlaufs mit den ursprünglichen Planvorgaben verglichen und Abweichungen sichtbar gemacht. Ziel ist es, einen kritischen Projektverlauf frühzeitig zu erkennen, um gegensteuernd eingreifen zu können.
- ❑ dient einer einheitlichen Informationsaufbereitung für alle Beteiligten sowie einer Informationsverdichtung für die Führungsebene des Unternehmens. Da es gleichzeitig als Planungswerkzeug auf Projektebene eingesetzt wird, stehen zuverlässige Daten für das Entwicklungscontrolling bereit.

- unterstützt bei anstehenden Änderungen die Entscheidungsvorbereitung, ob die Änderungen im Projektverlauf möglich sind. Bei unvermeidlichen Änderungen visualisiert es die Konsequenzen der Änderung.
- unterstützt die Kapazitätserfassung und -verfolgung.
- verdichtet im Projektaudit alle Daten und Zahlen, um bei nachfolgenden Projekten eine einfach handhabbare Planungsgrundlage zu haben.

6.4.1.1 Anforderungen an das Projekthandbuch

Betrachtet man ein Projekt als ein zeitlich befristetes System, so lassen sich die Hauptaufgaben des Projekthandbuchs in die vier Funktionsbereiche Systembildung, Systemüberwachung, Systemsteuerung und Systemauflösung unterteilen. Im folgenden sollen nun die Anforderungen an das Projekthandbuch in den einzelnen Funktionsbereichen aufgeführt werden:

Anforderungen in der Phase der Systembildung
Zu einem sehr frühen Zeitpunkt im Produktentstehungsprozeß wird beschlossen, daß ein bereits grob spezifiziertes Produkt auf den Markt gebracht werden soll. Dieser Zeitpunkt bildet den Abschluß der Vorentwicklung und den Übergang zur Produktentwicklung. Spätestens jetzt sollte der Produktentstehungsprozeß in einem Projekt organisiert und ein Projektleiter ernannt werden.

Dieser steht zunächst vor der Aufgabe, sein Projekt abzugrenzen und zu beschreiben. Hieraus leitet sich die zentrale Anforderung an ein Projekthandbuch in dieser Phase ab: die Gewährleistung einer rechtzeitigen und umfassenden Projektdefinition zum Projektstart.

Dabei muß das Projekthandbuch folgende vier Hauptaufgaben des Projektleiters unterstützen:

- Es müssen übergeordnete Projektziele festgesetzt werden. Hierbei müssen die entscheidenden Größen des Projekts angegeben werden. Solche können z.B. sein:
  - ein fixer Messetermin als Markteinführungszeitpunkt,
  - eine Zielkostenvorgabe als Obergrenze für die Herstellkosten und
  - die Optimierung einer bestimmten Spezifikation oder Qualität.
- Weiterhin kann es sinnvoll sein, die Priorität des Projekts anzugeben, um bei Kapazitätsengpässen durch mehrere parallel auf eine Ressource zugreifenden Projekte eine Entscheidung treffen zu können.
- Der organisatorische Rahmen des Projekts muß abgesteckt werden. Zentrale Aufgabe ist dabei die Zusammenstellung des Projektteams.
- Die Projektteambildung legt den Grundstein dafür, daß die Informationen später direkt im Projekt fließen und nicht den Umweg über die Linienfunktionen

nehmen müssen. Durch die Definition eines Projektteams zu Projektbeginn soll eine frühestmögliche Einbindung der nachgelagerten Bereiche in die Produktentwicklung erreicht werden.

Der Arbeitsinhalt des Projekts muß strukturiert werden. So müssen die notwendigen Arbeitsschritte aufgelistet und die Zusammenhänge verdeutlicht werden. Dies erfolgt durch eine Einteilung in grobe Musterschritte und eine nachfolgende Aufgliederung der komplexen Übergänge zwischen den einzelnen Mustern in steuerbare Arbeitspakete. Dabei müssen jeweils Arbeitspakete beschrieben, Termine festgesetzt und technische Sachziele definiert werden. Das Ergebnis sollte eine ursprüngliche Planung des Gesamtprojekts sein.

In einem weiteren Schritt sollte der strukturierte Arbeitsinhalt einer Risikoanalyse unterzogen werden. Schwierige Arbeitsschritte und negative Entwicklungen, die den Erfolg des Projektes gefährden können, sollten im voraus erkannt werden. Durch diese Vorwegnahmen können bereits vorbeugende Gegenmaßnahmen eingeleitet oder zumindest vorbereitet werden.

Anforderungen während der Systemüberwachung und -steuerung

Diese Phase bildet den Hauptblock des Projekts, da sie die gesamte Projektdurchführung umfaßt. Daher leitet sich in dieser Phase auch der Großteil der Anforderungen an die Wirksamkeit des Projekthandbuchs ab.

Während des Ablaufs des Projekts hat die Planung und Steuerung die Aufgabe, eine zielgerichtete Projektdurchführung zu gewährleisten. Dies geschieht mit Hilfe des Projektcontrollings. Das Projekthandbuch muß alle Funktionen dieses Projektcontrollings unterstützen.

Flexible Zeitplanung

Im Bereich der Zeitplanung müssen die beiden im Widerspruch zueinander stehenden Ziele »langer Planungszeitraum« und »hohe Plangenauigkeit« berücksichtigt werden. Daher muß das Projekthandbuch eine frühe und im Projektverlauf verfeinerte Planung ermöglichen.

Die groben Ecktermine (Meilensteine) müssen zu Beginn für das gesamte Projekt festgelegt werden. Mit fortschreitendem Projektverlauf muß die Planung zunehmend konkretisiert werden, so daß die Feinplanung immer nur kurzfristig erfolgt. Damit kann gewährleistet werden, daß die Planung keine nicht vorhandene Sicherheit vortäuscht. Das Projekt erhält einen größeren Spielraum. Es wird durch eine ergebnisorientierte Festlegung von langfristigen Zielen gesteuert, die nur kurzfristig in konkrete Schritte (Zwischenergebnisse) gegliedert werden.

Die detaillierten Planungsinformationen werden zumeist nur kurzfristig benötigt. Eine Ausnahme hiervon bilden Langläuferteile. Solche Teile müssen speziell geplant werden, da eine Berücksichtigung in der kurzfristigen Feinplanung oft keine ausreichende Vorbereitungszeit zulassen würde.

Umfassende Projektverfolgung
Die wichtigsten Ziele einer Produktentwicklung lassen sich in Zeit-, Kosten- und Qualitätsgrößen beschreiben. Nur in der gleichzeitigen Verfolgung aller drei Größen dieses »magischen Dreiecks« kann der Projektfortschritt überwacht werden. Daher muß im Projekthandbuch die bisher allein beachtete Zeitkontrolle um die Faktoren »Aufwand« und »technische Sachziele« erweitert werden.

Ist-Erfassung
Voraussetzung für die effiziente Steuerung eines Projektes ist, daß die ursprünglichen Plandaten den realisierten Ergebnissen gegenübergestellt werden können. Daher muß das Projekthandbuch im Verlauf der Produktentwicklung stets die Ist-Stände erfassen

Ganz im Sinne der umfassenden Verfolgung der Produktentwicklung müssen die Ist-Stände der drei Größen des magischen Dreiecks erfaßt werden. So müssen nicht nur die Einhaltung der gesetzten Termine überwacht, sondern auch der realisierte technische Sachfortschritt beobachtet und die verbrauchten Kapazitäten erfaßt und projektbezogen kumuliert werden. Durch eine Gegenüberstellung mit den Plandaten können Planabweichungen sichtbar gemacht werden. Auf deren Basis werden dann Gegenmaßnahmen zur Steuerung getroffen.

Der Detaillierungsgrad der Erfassung muß auf die gewünschte Information abgestimmt sein. So sollte eindeutig der Steuerungscharakter und nicht die Kontrolle im Vordergrund stehen. In einem kreativen Umfeld wie einer Produktentwicklung ist sonst die Akzeptanz des Projekthandbuchs gefährdet.

Grobcontrolling an eindeutigen Meß- und Steuerungspunkten
Zum Ermöglichen eines Grobcontrolling müssen eindeutige Meß- und Steuerungspunkte definiert werden. Diese sollten an Meilensteinen im Produktentwicklungsprozeß festgemacht werden. An solchen Meilensteinen wird ein Soll/Ist-Vergleich durchgeführt. Die Controlling-Informationen sollten so aufbereitet werden, daß sie einschneidende Entscheidungen zur Steuerung oder gegebenenfalls über Abbruch oder Weiterverfolgung des Projekts zulassen.

Eine betriebswirtschaftliche Überwachung des Projekts ist dazu notwendig. So muß das Projekthandbuch die Verfolgung und die Trendprognose kritischer Rahmenbedingungen an Meilensteinen unterstützen. Solche Rahmenbedingungen sind:

- ❑ Geschätztes Absatzvolumen,
- ❑ erzielbarer Marktpreis,

- ❑ vorkalkulierte Herstellkosten,
- ❑ prognostizierte Fixkosten und
- ❑ geplanter Markteintrittszeitpunkt.

Mit diesen Daten lassen sich Prognosen für eine Projekt-Deckungsrechnung durchführen. Dies bildet die Basis für eine Wirtschaftlichkeitsbetrachtung der Produktentwicklung, einer zentralen Anforderung des Managements. Der Großteil dieser Rahmendaten wird von den betriebswirtschaftlichen Bereichen des Unternehmens ermittelt. Ziel des Projekthandbuchs muß es daher sein, den Informationsaustausch zwischen betriebswirtschaftlichen und technischen Bereichen im Verlauf der Produktentwicklung zu verbessern.

Meilensteine sollten somit einschneidende Zeitpunkte des Rückblicks über den Projektverlauf sein. An ihnen wird die weitere Entwicklung gesteuert und der bisherige Verlauf überdacht und gegebenenfalls vervollständigt.

Gewährleistung der Transparenz des Projektstands

Das Projekthandbuch kann eine ständige Transparenz über den Projektstand gewährleisten. Dies soll vor allem dadurch erreicht werden, daß bei der Überwachung von einer Orientierung ausschließlich am Endresultat zu einer Orientierung am Prozeß übergegangen wird.

Der Aspekt der Orientierung am Ergebnis kann lediglich als Grobcontrolling an den Meilensteinen beibehalten werden. Zur Verbesserung der Projekttransparenz wird das Projekt ansonsten auf detaillierter Ebene durch Überwachung der Zwischenergebnisse verfolgt.

Bei großen Projekten treten häufig umfangreiche Baugruppen und kritische Module auf. Zu deren besseren Überwachung ist es in den meisten Fällen sinnvoll eine getrennte Planung der Teilprojekte vorzusehen.

Der Überblick über das Gesamtprojekt kann bei Überwachung auf detaillierter Ebene leicht verloren gehen. Außerdem erfordern die verschiedenen Bedürfnisse der Nutzer eine unterschiedlich detaillierte Betrachtungsweise des Entwicklungsprozesses. Daher muß das Projekthandbuch mehrere Verdichtungsstufen der Informationen bereitstellen, die dann eine korrektere Steuerung ermöglichen.

Unterstützung der bereichsübergreifenden Zusammenarbeit

Ein entscheidender Gesichtspunkt bei der integrierten Produktentwicklung, welcher vom Projekthandbuch unterstützt werden soll, ist eine intensive bereichsübergreifende Zusammenarbeit. Daher ist eine Zeitplanung zu verwenden, die sich an den Schnittstellen orientiert. Dies bedeutet, daß bei der detaillierten Planung vor allem diejenigen Zwischenergebnisse berücksichtigt werden, die Übergabepunkte markieren. Den Querschnittsbereichen, die mit mehreren Geschäftsfeldern parallel

Projekte abwickeln, soll dadurch die Einplanung ihrer Aktivitäten in einen fließenden Projektablauf erleichtert werden.

Ein Schwerpunkt des Projekthandbuchs muß auf dem bereichsübergreifenden Informationsfluß liegen. Der rechtzeitige Informationsfluß an den Übergängen soll durch folgende Maßnahmen gewährleistet und überwacht werden:

- Sicherstellung der Informationsbringpflicht durch klare Definition von Verantwortlichkeiten auf der Ebene von Zwischenergebnissen.
- Planung und Überwachung der Zwischenergebnisse, die bereichsübergreifende Informationsflüsse markieren.
- Vorverlagerung von Informationsübergängen durch den schrittweisen Informationstransfer nach Zwischenergebnissen.

Sicherung durchgängiger Informationsqualität
Eine immer wieder zu beobachtende Schwierigkeit der bisherigen Vorgehensweise waren die sich bei ihrer Übermittlung verändernden Informationen. Daher muß es eine wichtige Aufgabe des Projekthandbuchs sein, eine durchgängige Qualität der Information zu sichern.

Die Umsetzung dieser Forderung erfolgt durch die Gewährleistung eines direkten Informationsaustauschs im Projekt. Dafür sollen die notwendigen einheitlichen Informationskanäle bereitgestellt werden.

Ein weiteres Mittel ist eine detaillierte Dokumentation der Planung. Durch die Verlagerung der Informationen von den Köpfen (der Hauptbeteiligten) auf Papier soll eine Verfälschung bei der Übermittlung ausgeschlossen werden.

In der Stärken- und Schwächen-Analyse zeigt sich, daß immer wieder Änderungen der Spezifikationen verspätet eintreffen. Sie bedeuten ein erhebliches Potential zur Verringung des Aufwandes an Zeit und Sachmitteln. Das Projekthandbuch muß diese Möglichkeiten nutzbar machen.

Späte Änderungen sollen durch verbesserte Planung verringert werden. Trotzdem auftretende verspätete Änderungen werden einer Überprüfung unterzogen.

Entscheidende Punkte der Überprüfung sind:

- Projektfortschritt am Zeitpunkt der Änderung.
- Abschätzung der Konsequenzen für das Projekt.
- Änderungsbeurteilung (Chancen-Risiken-Analyse).

Anforderungen in der Phase des Projektabschlusses
Ist das Projekt zu einem Abschluß gebracht worden, so sollte die gesamte Organisation möglichst kontrolliert aufgelöst werden.

Einige der dabei auftretenden Probleme (z.B. die Wiedereingliederung der Mitarbeiter und Ressourcen in die Linienorganisation oder auch die Überleitung zu neuen Projekten) kann durch ein Projekthandbuch kaum unterstützt werden. Der zentrale Punkt, den ein Projekthandbuch in der Phase der Systemauflösung unterstützen muß, betrifft das Ergebnis beurteilende Projekt-Abschlußsitzung.

Das Projekthandbuch muß dabei die Datenbasis für ein Projektaudit (Beurteilung, Bewertung) liefern. Zu diesen Daten gehören vor allem:

- die Dokumentation des Projektverlaufs und
- die Erfassung der Entwicklung seiner kritischen Rahmenbedingungen.

Durch vorgegebene Kriterien zur Bewertung des Projektverlaufs wird eine Projektabschlußbeurteilung unterstützt. Darüber hinaus soll durch Anregung einer Diskussion des Projektverlaufs ein Freiraum für kreative Verbesserungsvorschläge geschaffen werden.

Die Projektabschlußsitzung soll zu einer kritischen Auseinandersetzung mit dem abgeschlossenen Projekt anregen. Aus den Erkenntnissen können Lerneffekte für zukünftige Projekte gewonnen werden. Insofern muß ein Projekthandbuch in der Phase der Projektauflösung vor allem dazu beitragen, die gewonnenen Erfahrungen zu strukturieren und in einen Prozeß der ständigen Selbstverbesserung der Organisation einfließen zu lassen.

6.4.1.2 Funktionen des Projekthandbuchs

Im folgenden wird beispielhaft der Aufbau und die Funktionsweise eines Handbuches dargestellt. Dessen einzelne Kapitel können je nach Unternehmen abweichen und sind in ihrem endgültigen Aufbau an die jeweiligen Bedürfnisse der Unternehmen und Benutzer anzupassen.

Das Projekthandbuch ist modular aufgebaut. Die einzelne Module können meist speziellen Phasen zugeordnet werden.

Die Phase des Projektbeginns beinhaltet vor allem die Projektdefinition. Allerdings müssen in dieser Phase auch bereits die ersten Planungen für die Phase der Systemüberwachung und -steuerung durchgeführt werden. Insofern werden in dieser Phase die Zeitplanung, Aufwandsplanung und Meilensteinverfolgung zum erstenmal verwendet.

Die Phase der Systemüberwachung und -steuerung umfaßt die Zeitplanung, Aufwandsplanung, Meilensteinverfolgung, Änderungsdokumentation und Kapazitätserfassung. Die Phase der Systemauflösung wird durch die Projektabschlußbewertung und Dokumentationsanhang unterstützt.

Projektdefinition
Die Projektdefinition soll bereits vollständig zu Projektbeginn in einer konstituierenden Sitzung erfolgen. Eine gute und vollständige Projektdefinition hilft bei allen späteren Festlegungen wie zum Beispiel bei den organisatorischen und inhaltlichen Projektstrukturen.

In organisatorischer Hinsicht ist sie nützliches Hilfsmittel zur Bestimmung von Projektleiter und Projektteam. Sie bestimmt damit den Verteiler für den projektbezogenen Informationsfluß. In inhaltlicher Hinsicht unterstützt sie die Projektgrobplanung in den folgenden Punkten:

- ❑ Kurzbeschreibung des Projekts für später einsteigende Mitarbeiter,
- ❑ Projektziel- und Prioritätsfestlegung zur Steigerung des Zielverständnisses,
- ❑ Dokumentation des Zeitpunkts der Herausgabe von Lastenheft und Entwicklungsauftrag als erste Zielvorgaben,
- ❑ Strukturierung des Projektes,
- ❑ Identifikation erkennbarer Engpaßressourcen und
- ❑ Projekt-Szenario: Risiko- und Problemanalyse.

Abbildung der Zusammenhänge des Projekts mit anderen laufenden Projekten als Basis für die Beantwortung projektübergreifender Fragestellungen.

Mit einer gründlichen Projektdefinition wird somit die Grundlage für eine erfolgreiche Planung und Steuerung des Projekts gelegt.

Zeitplanung
Im Abschnitt »Zeitplanung« sind alle für die Zeitplanung und Steuerung des Projekts eingesetzten Methoden zusammengefaßt. Aus der Projektstrukturierung werden zu Projektbeginn die Meilensteintermine in eine ergebnis-orientierte Zeitplanung übernommen. Diese sogenannte Meilensteinplanung stellt die Grobplanung des Projektes dar. Der Planungshorizont der Meilensteinplanung umfaßt dabei das gesamte Projekt.

Die Meilensteinplanung dient als Informationsbasis für alle Verantwortlichen in der Linie und für die Geschäftsleitung. In ihr sind alle Projekte in gleicher Weise zusammengefaßt und daher vergleichbar. Dem Projektteam dient die Meilensteinplanung als Gerüst für Projektverfolgung und -feinplanung. Sie bildet das Raster für einen Soll/Ist -Vergleich des Gesamtprojekts.

Darunter liegt eine Feinplanung, die sich zu einer vergröberten Übersichtsplanung verdichten läßt. Sie dient dem Projektteam zur konkreten Planung und Überwachung des Projekts im täglichen Geschehen. Der Planungshorizont der Feinplanung reicht nur bis zum jeweils nächsten Meilenstein. Durch diese Methode soll dem Projekt ein hoher Freiheitsgrad gegeben werden, der nur kurzfristig eingeschränkt wird. Dadurch wird eine mit der Projektentwicklung fortschreitende Planung erreicht. Der Detaillierungsgrad der Planung wird somit jeweils dem aktuellen Kenntnisstand und auch dem bestehenden Planungsbedarf angepaßt.

Bei der Feinplanung wird das Projektteam durch Ergebnis-Checklisten unterstützt, in denen grundlegende Strukturen des Ablaufs aufgeführt sind. Die Feinplanung ist speziell für eine Unterstützung der integrierten Produktentwicklung ausgelegt. Bei bereichsübergreifender Zusammenarbeit spielen Vorgangszeiten keine entscheidende Rolle. Wichtig sind hier vor allem die Zeitpunkte von Informationstransfers an organisatorischen Schnittstellen, die meist Zwischenergebnisse eines Vorgangs innerhalb eines Bereichs sind. Daher ist die Feinplanung ergebnisorientiert. Sie konzentriert sich auf die kritischen Zwischenergebnisse und die Informationsübergaben an den organisatorischen Schnittstellen. Dort soll ein rechtzeitiger Informationstransfer durch Gewährleistung der Informations-»Bringschuld« sichergestellt werden. Dies erfolgt durch:

- ❑ klare Definition von Verantwortlichkeit auf der Ebene von Zwischenergebnissen und
- ❑ Übergabebestätigung durch Empfänger (Informationsflußkontrolle).

Diese Methode der Feinplanung bietet unter dem Gesichtspunkt der integrierten Produktentwicklung vor allem zwei entscheidende Vorteile:

- ❑ Die Projektfortschrittskontrolle erfolgt ergebnisorientiert auf Ebene der Zwischenergebnisse. Verzögerungen im Projekt können auf diese Weise schnell sichtbar gemacht werden.
- ❑ Die bereichsübergreifende Terminabstimmung mit Querschnittsbereichen wird erleichtert, da die für sie relevanten Start- und Endzeitpunkte für Aktivitäten explizit geplant werden.

Ergebnisse mit langen Vorlaufzeiten, die nicht durch einen Meilenstein gekennzeichnet sind, werden in der Feinplanung nur ungenügend berücksichtigt. Daher wird für diese Ergebnisse eine spezielle Planung angeboten.

Aufwandsplanung

Die bisher im Unternehmen verwendete rein zeitbezogene Steuerung wird um die Größe des Aufwands erweitert.

Zu Projektbeginn wird daher eine nach Entwicklungsphasen und Abteilungen aufgegliederte Aufwandsplanung durchgeführt. Sie dient als Plangröße für eine integrierte Zeit- und Aufwandsverfolgung. Durch Gegenüberstellung mit Daten der Kapazitätserfassung wird ein Soll/Ist-Vergleich an den Meilensteinen möglich. Eine Zeit- und Aufwandsplanung kann nur in Abstimmung mit einer Ressourcen- und Kapazitätsplanung aussagekräftige Ergebnisse liefern:

- Die benötigten Kapazitäten müssen in der Linie abgeglichen und die Engpässe identifiziert werden.
- Die Kapazitäten müssen auf die Projekte zugeteilt werden.
- Bei Engpässen müssen Kapazitäten erweitert oder einzelne Projekte verschoben werden.

Für diese Problemstellung werden zwei Methoden zur projektübergreifenden Planung des Ressourcenbedarfs angeboten:

- Planung der langfristigen Abteilungsauslastung
  Bei der Planung jedes neuen Projekts werden die Aufwandsschätzungen je Phase in Aufwandsblöcke umgewandelt und diese für jede Abteilung in ein Auslastungshistogramm übertragen. Zweck der Methode ist es, die Grundlast der Abteilungen aufzuzeigen und damit bei der strategischen Einplanung neuer Projekte eine fundierte Grundlage zu haben. Zeithorizont der Planung sollte zirka ein bis zwei Jahre sein.
- Planung der Mitarbeiterauslastung für kritische Gruppen
  Die Einplanung eines neuen Projekts erfordert die Rücksprache mit den Linienverantwortlichen. Die Mitarbeiter müssen für die aktuelle Projektarbeit eingeplant werden. Hierfür wird den Gruppen- und Abteilungsleitern eine Methode zur Mitarbeiter-Einsatzplanung angeboten. Sie ist von den übrigen Plandaten unabhängig und kann somit bedarfsgerecht durchgeführt werden.

Meilensteinverfolgung
Bei der Meilenstein-Verfolgung wird an festgelegten Punkten im Projekt ein strukturiertes Gesamtbild des Projektfortschritts gezeichnet. Dies beinhaltet zwei unterschiedliche Schwerpunkte:

- die Überwachung des Entwicklungsstands und
- die Überwachung der betriebswirtschaftlichen Rahmenbedingungen.

Für den jeweiligen Entwicklungsstand des Projekts an den Meilensteinen werden zu Projektbeginn Ziele gesetzt.

Zur Überwachung des realen Projektfortschritts wird an den Mustermeilensteinen ein direkter, am Realisierungsgrad von Baugruppen und der Erfüllung von Spezifikationen orientierter Soll/Ist-Vergleich der technischen Sachziele mit dem erreichten Entwicklungsstand durchgeführt.

Das Ziel ist, den tatsächlichen Fortschritt des Projekts zu erkennen und verdeckte Verzögerungen aufzuzeigen. Treten Probleme auf, so müssen die Zeit-, Kosten- und Aufwandsänderungen möglichst präzise und in realen Zahlenwerten geschätzt werden. Häufig wird unter der Vorgabe weiterentwickelt, daß die Probleme erst in der Serienversion gelöst sein müssen.

Verzögerungen kurz vor Serienanlauf aufzuholen ist jedoch nahezu unmöglich. Ziel ist, durch das Setzen von Zwischenzielen die Problemlösung möglichst weit im Entwicklungsprozeß nach vorne zu verlagern, um eine Problemhäufung kurz vor dem Serienanlauf zu verringern. Daher soll für die Lösung jedes Problems ein Zieltermin gesetzt werden, an dem ein erneuter Soll/Ist-Vergleich durchgeführt wird.

Zur Überwachung der Entwicklung des Projekts aus betriebswirtschaftlicher Sicht ist es je nach Unternehmen sinnvoll, die zentralen Größen zu beobachten:

- ❑ die Stückzahlprognose für den Gesamtabsatz,
- ❑ die aus Sicht des Meilensteins erreichbaren Herstellkosten und
- ❑ die gesamten auflaufenden Fixkosten bis zur Markteinführung (Entwicklungskosten, Serienanlaufkosten, Investitionskosten, Kosten der Qualitätssicherung, usw.) der voraussichtliche Termin der Auslieferung.

Für diese Größen wird ein Soll/Ist-Vergleich mit den Plandaten zu Projektbeginn durchgeführt. Sollte ein zu Projektbeginn festgelegter Rahmen verlassen werden, so können die für die Entscheidung bedeutsamen Informationen zum Beispiel mit Hilfe von Präsentationsgrafiken in übersichtlicher Form für das Management aufbereitet werden.

Die Aufgliederung der Fixkosten in bereits verbrauchte und noch prognostizierte Anteile ermöglicht eine Berücksichtigung der voraussichtlichen Kosten im Falle eines Abbruchs des Projektes. Durch die Hinzunahme des erzielbaren Marktpreises und die Aufgliederung der Stückzahlprognose auf die Perioden der Produktlebenszeit läßt sich die betriebswirtschaftliche Überwachung auf eine dynamische »Break-Even-Time«-Analyse ausweiten.

Dazu sind folgende Eingangsinformationen notwendig:

- ❑ Fixkosten
  Die Prognose der Fixkosten kann aus der Verfolgung der Rahmenbedingungen übernommen werden.

- ❑ Deckungsbeiträge
  Die prognostizierten Deckungsbeiträge ergeben sich nach der Formel (erzielbarer Marktpreis-Herstellkosten) x Absatzprognose.

In die Rechnung gehen bestimmte Größen ein, zunächst die vom Unternehmen (TTM, ME) und die vom Markt (Marktpreis, Stückzahlen, OP). Bezieht man die zeitliche Dimension ein, so kann das Erfolgsrisiko des Projekts deutlich gemacht werden.

Ein gutes Maß für das Risiko stellt das Verhältnis von »Break-Even-Time« und die Produktlebenszeit dar. Nähert sich der Quotient der Zahl 1, so ist die betriebswirtschaftliche Rentabilität des Projekts gefährdet. Diese Methode der Überwachung erfordert wegen der Dynamik der Eingangsgrößen einen großen Aufwand für die Gewinnung der Eingangsdaten. Daher sollte sie nur in wirklich problematischen Fällen als Entscheidungshilfe hinzugezogen werden. Im Regelfall wird die Überwachung der oben genannten vier zentralen Größen ausreichen.

Änderungsdokumentation

Bei einer herkömmlichen Vorgehensweise zur Produktentwicklung wird der Entwicklungsspielraum von Projektstart bis hin zum Serienanlauf ständig eingeschränkt. Dabei kommt es häufig zu zeitlichen Verzögerungen durch oft sehr späte Änderungen der Spezifikationen.

In einer am Faktor »Zeit« orientierten Produktentwicklung wird der Kreativitätsspielraum zu Projektbeginn ausgeweitet. Nach Verabschiedung des Konzepts wird jedoch der Spielraum für Änderungen eingeschränkt und die Arbeiten zur Vorbereitung der Serienreife des Produkts vorangetrieben.

Um diese Einschränkung des Entwicklungsspielraums zu erreichen, sollen die Änderungen nach der Verabschiedung der Spezifikationen einer besonderen Überwachung unterzogen werden, der Änderungsdokumentation.

Ziel der Änderungsdokumentation ist vor allem die Beurteilung später erfolgender Änderungen. Die auslösenden Faktoren (z.B. erwarteter Nutzen, äußere Einflüsse) und die Konsequenzen (z.B. Terminverschiebungen, zusätzlicher Aufwand) sollen systematisch erfaßt und in einer Chancen- und Risiken-Analyse gegeneinander abgewogen werden.

Darüber hinaus soll sichergestellt werden, daß alle von der Änderung betroffenen Stellen umgehend informiert werden.

Die Aufgabe der Methode ist die systematische Informationssammlung für die Bewertung und Dokumentation von späten Änderungen. Und nicht etwa deren Unterbindung. Die Kreativität der Mitarbeiter darf dabei nicht zu sehr eingeschränkt werden. Daher soll die Methode nur bei

- Spezifikationsänderungen nach dem Entwicklungskritikmuster oder
- Designänderungen nach der Langläuferfreigabe angewandt werden.

Kapazitätserfassung

Das Ziel der Kapazitätserfassung ist, einen ständigen Überblick über die aktuelle Verteilung der Kapazitäten zu erlangen. Der Zeithorizont und der Detaillierungsgrad der Erfassung ist auf die gewünschte Information abgestimmt. Der Aufwand der Erfassung darf nicht durch einen unnötig exakten Detaillierungsgrad zu hoch werden. Die Zeiträume der Erfassung dürfen aus Gründen der Aktualität der Daten nicht zu lang ausfallen.

Es wird daher im Normalfall eine einheitliche wöchentliche Ist-Aufwandserfassung auf Tagesbasis sinnvoll sein. Sie kann in den Sekretariaten personenneutral auf die Gruppen und die Projekte umgelegt werden. Damit steht der Aspekt der Steuerung gegenüber der Kontrolle klar im Vordergrund. Wöchentlich erfolgt eine Rückmeldung an Projekt- und Gruppenleiter.

Der Projektleiter erhält seine projektbezogene Rückmeldung aufgeschlüsselt nach den Gruppen. Die erfaßten Kapazitäten werden an Meilensteinen kumuliert und zu einem Soll/Ist-Vergleich verdichtet. Die dabei sichtbar werdenden Planabweichungen liefern die notwendigen Informationen für Gegenmaßnahmen und sind somit Voraussetzung für die Steuerung des Projekts.

Der Soll/Ist-Vergleich an den Meilensteinen stellt die Schnittstelle zur Aufwandsplanung dar.

Der Gruppenleiter erhält eine gruppenbezogene Rückmeldung aufgeschlüsselt nach den Projekten. Er kann daraus ersehen, wieviel Prozent seiner Kapazität auf die einzelnen Projekte verwendet werden. Dies stellt die Basis für eine langfristige Planung dar und bietet Erfahrungswerte für die Aufwandsschätzung folgender Projekte.

Projektabschlußbewertung
Die Schlußbewertung wird am Ende eines Projekts in einer Projektabschlußsitzung des Projektteams erstellt. Sie dient einerseits zur Beurteilung des Projekts, andererseits aber vor allem zur Dokumentation und Zusammenfassung der wichtigsten Daten für die Planung folgender Projekte.

Die Schlußbewertung soll in der Abschlußbesprechung vor allem als Leitfaden für die Diskussion des Projektverlaufs und daher auch Lerneffekte ermöglichen.

Der Projektverlauf soll vom Projektleiter bewertet werden in den Kategorien:

- Genauigkeit der Planwerte,
- Teamzusammenarbeit,
- Zusammenarbeit mit Externen,
- begleitende Kostenkalkulation,
- Koordination mit Linienaufgaben,
- Höhe des Änderungsaufwands und
- Reaktion auf unerwartete Probleme.

Damit soll angeregt werden zu fragen, an welchen Stellen Verbesserungen notwendig sind. Die Planzahlen der zentralen Größen werden mit den tatsächlichen Zahlen des Projekts verglichen. Aus diesen Zahlen und den Abweichungen sollen Schlüsse für die Planung nachfolgender Projekte gezogen werden. Werden größere Abweichungen sichtbar, sollte näher auf die Untersuchung der Umstände und der Gründe für diese Abweichung eingegangen werden, um sie für Nachfolgeprojekte zu dokumentieren. Ziel ist es, ein rückblickendes Projektaudit zu unterstützen und die Erkenntnisse in einen Verbesserungsprozeß einfließen zu lassen.

Dokumentationsanhang
Im Anhang zur Dokumentation sollten alle für das Projekt wichtigen Dokumente gesammelt werden. Solche sind zum Beispiel der Entwicklungsauftrag, das Lasten- und Pflichtenheft oder eine von außen zusätzlich geforderte Projektplanung.

Nach Abschluß des Projekts können dann alle Informationen über das Projekt zentral dokumentiert werden. Dies erleichtert bei späteren Fragen den Zugriff auf Informationen über das Projekt.

Das Projekthandbuch ist somit ein Instrument, das die Produktentwicklung umfassend unterstützt. Es bietet in allen Phasen Hilfestellung für alle Beteiligten eines Projekts. Die Beteiligten werden vor allem in der systematischen Gewinnung, Weiterleitung und Dokumentation der Informationen unterstützt. Der Schwerpunkt liegt dabei auf der Unterstützung einer integrierten Produktentwicklung. Die Methoden der Planung und Steuerung sind speziell darauf zugeschnitten.

6.4.1.3 Einführungsstrategie

Die Einführung des Projekthandbuchs bringt eine veränderte Vorgehensweise bei der Produktentwicklung mit sich. Daher treten zu Anfang bei der Arbeit mit dem Projekthandbuch vermutlich Fragen, Probleme und Widerstände auf. Damit das System an diesen Hindernissen nicht scheitert, soll der Start durch eine Einführungsstrategie unterstützt werden. An diese bestehen folgende Anforderungen:

- Die neue Vorgehensweise muß auf breiter Basis im Unternehmen bekannt werden. Die Mitarbeiter müssen dazu angeregt werden, sich mit der neuen Vorgehensweise auseinanderzusetzen und vertraut zu machen.
- Um Widerstände gegen die neue Vorgehensweise abzubauen und anstelle dessen eine breite Akzeptanz des Projekthandbuchs zu schaffen, muß den einzelnen Anwendergruppen ihr persönlicher Nutzen aus dem Projekthandbuch nahegebracht und die mit Hilfe der neuen Vorgehensweise erzielbaren Verbesserungen dargestellt werden.
- Die Gesamtkonzeption des Projekthandbuchs und die damit zusammenhängenden Änderungen gegenüber dem bisherigen Ablauf müssen allen Beteiligten vermittelt werden. Allen Anwendergruppen muß erläutert werden, in welcher Form sie mit dem Projekthandbuch konfrontiert werden, das heißt welche Daten sie liefern müssen und welche Informationen sie im Gegenzug erhalten.

Nur wenn alle drei Anforderungen erfüllt werden, kann das Projekthandbuch nach der Einführungsphase den gewünschten Erfolg bringen.

Die erfolgreiche Einführung des Projekthandbuchs kann durch folgende Maßnahmen unterstützt werden:

- ❑ Schulungen und Workshops für verschiedene Zielgruppen,
- ❑ Durchführung von Pilotprojekten und
- ❑ Konzept zur Einführungsbegleitung.

Schulungen und Workshops für verschiedene Zielgruppen

Das Projekthandbuch soll die integrierte Produktentwicklung unterstützen. Schulungen und Workshops müssen daher den Einsatz dieser Methode und des Projekthandbuchs vorbereiten. Es ist sinnvoll, alle betroffenen Mitarbeiter in die Schulungen einzubeziehen, um die neue Vorgehensweise möglichst breit im Unternehmen vorzustellen.

Das Einverständnis der Mitarbeiter ist dabei entscheidend. Daher müssen die Schulungen erreichen, daß die Mitarbeiter nicht nur intellektuell mitarbeiten, sondern auch gefühlsmäßig eingebunden sind. Durch das Betonen vor allem der Arbeitserleichterungen und des Nutzens können die Mitarbeiter von der Notwendigkeit des Projekthandbuchs überzeugt werden. Somit kann den Mitarbeitern das Gefühl gegeben werden, daß es »ihr« Hilfsmittel ist und nicht von oben aufoktroyiert wird. Für die unterschiedlichen Zielgruppen:

- ❑ Projektleiter,
- ❑ Projektmitarbeiter und
- ❑ Linienvorgesetzte und Management

müssen jeweils angepaßte Schulungen angeboten werden.

So werden in der Schulung für Projektmitarbeiter vor allem Aufbau und Funktionsweise des Projekthandbuchs sowie das Gedankengut der integrierten Produktentwicklung erläutert. Für Projektleiter wird eine zusätzliche, vertiefende Schulung angeboten, in der anhand von Fallbeispielen die Umsetzung der Vorgehensweise aufgezeigt wird. In Workshops werden anhand von Beispielprojekten die Aufgaben, Möglichkeiten und die neuen Kompetenzen des Projektleiters speziell vertieft.

Die Schulungen sollten nur zu Beginn von externer Stelle unterstützt werden. Parallel zu den Schulungen erfolgt ein »Train-the-Trainer«-Programm für die Vorbereitung interner Ausbilder. Diese sollen langfristig die Schulung der eigenen Mitarbeiter übernehmen.

Durchführung von Pilotprojekten

Die Einführung des Projekthandbuchs erfolgt stufenweise. Durch eine schrittweise Verbreitung dieser neuen Vorgehensweise im Unternehmen soll den Bereichen Zeit gegeben werden, die Arbeitsweise des Projekthandbuchs kennenzulernen. Ziel ist es, eventuell vorhandene Widerstände auf diese Weise abzubauen.

Mit Hilfe der Pilotprojekte sollen die Vorteile der veränderten Vorgehensweise in der Praxis aufgezeigt werden und gegebenenfalls Änderungen und Feinanpassungen vorgenommen werden.

Erst nach erfolgreichem Abschluß der Pilotprojekte wird in einem zweiten Schritt ein flächendeckender Einsatz bei allen Projekten erfolgen.

Promotorenkonzept zur Einführungsbegleitung
Die Einführung eines neuen Planungs- und Steuerungsmittels ist eine unternehmensinterne Innovation. Daher läßt sich zur Überwindung der erwarteten Schwierigkeiten und Widerstände in der Einführungsphase das Promotorenkonzept anwenden.

Der Startschuß der unternehmensweiten Einführung erfolgt über eine Präsentation vor der Geschäftsleitung und den Bereichsleitern. So könnte ein Mitglied der Geschäftsführung die Schirmherrschaft über die Einführung übernehmen. Er wird somit zum »Einfluß«-Promotor für das Projekthandbuch. Durch diese Maßnahme können offene Widerstände größtenteils vermindert werden.

Zur fachlichen Leitung bei der Einführung wird ein Projektunterstützungsteam gebildet. Es setzt sich zusammen aus:

- den Projektleitern der Pilotprojekte und
- Interessenvertretern der anderen Hauptanwender (Management, Gruppen- und Abteilungsleiter und weiterer betroffener Abteilungen).

Die Aufgabe des Teams ist es, während der Einführungsphase in regelmäßigen Zusammenkünften auftretende Probleme zu besprechen und bei der Anwendung des Projekthandbuchs Hilfestellung zu leisten.

Die Bildung dieses Fachpromotorenteams hilft, Widerstände zu überwinden, die aus fachlicher Kritik oder praktischen Problemen herrühren können.

Das langfristige Ziel für das Team ist, ein »Know-How«-Zentrum für Projektmanagement im Unternehmen zu werden. Durch die Umsetzung der Erfahrungen aus Projekten soll es zu einer Verbesserung der Projektabläufe und des Projekthandbuchs beitragen.

6.4.2 Trendanalysen

Bei der Terminkontrolle der Projekte hat sich neben den klassischen Verfahren wie Rückmeldewesen, Rückmeldeliste etc. auch die Termintrendanalyse bewährt. Bei diesem Verfahren wird ein Plan/Ist-Vergleich durchgeführt, die Plantermine werden den tatsächlich eingetretenen Terminen gegenüberstellt.

6.4.2.1 Definition

Unter »Trendanalysen« versteht man die Fortschreibung einer Variablen unter Berücksichtigung der zum Bezugszeitpunkt erkennbaren Relationen im Projektfortschritt. Durch die Visualisierung der Daten (Polygonzug) kann man die Abweichungen festschreiben und geeignete Maßnahmen zur Zielerreichung einleiten. Trendanalysen lassen sich somit für jedes mit einem Termin belegten Arbeitspaket durchführen. Besonders gut eignen sich hierfür wichtige Arbeitspakete im Projektverlauf wie zum Beispiel die Meilensteine. Im Bild 86 werden die Vor- und Nachteile von Trendanalysen am Beispiel der Meilenstein-Trendanalyse beschrieben.

6.4.2.2 Vorgehensweise

In der praktischen Arbeit hat es sich bewährt, auf der waagerechten Achse den Berichtszeitraum von links nach rechts fortschreitend aufzuzeigen, die Zeitspanne sollte die geplante Projektdauer überschreiten. Auf der senkrechten Achse wird der Planungszeitraum von unten nach oben aufgeführt. Die beiden Achsen erhalten die gleiche Einteilung. Durch fortlaufende Aktuallisierung ergibt sich für jeden betrachteten Meilenstein ein Verlauf. Grundsätzlich können drei Verläufe identifiziert werden:

- ❑ Waagerechter Verlauf: der Termin wird eingehalten, es sind keine Korrekturmaßnahmen durch den Projektleiter oder durch das Team notwendig.
- ❑ Ansteigender Verlauf: der Termin wird überschritten, es müssen wirksame Maßnahmen eingeleitet werden, um den vorgegebenen Endtermin nicht zu gefährden. Die Maßnahmen müssen vom Projektleiter in Abstimmung mit dem Projektteam getroffen werden und gegebenenfalls durch die Geschäftsleitung genehmigt werden.
- ❑ Fallender Verlauf: der Termin wird unterschritten, man prognostiziert ein frühzeitigeres Erreichen des Meilensteintermins als ursprünglich geplant. Es müssen, wie beim waagrechten Verlauf, keine Korrekturmaßnahmen getroffen werden.

6.4.3 DV-Unterstützung im Bereich des Projektmanagements

6.4.3.1 Zielsetzung

Die heutige Vielfalt an Projektmanagement-Software erschwert es selbst Fachleuten, einen vollständigen Überblick zu gewinnen. Projektleiter sind für den erfolgreichen Abschluß ihrer Projekte verantwortlich. Hierzu stehen ihnen die beschriebenen Methoden des Projektmanagements zur Verfügung. Diese umfassen Verfahren zur

Projektplanung, -steuerung, -kontrolle und zur Projektauswertung. Darüber hinaus ist Projektmanagement als Denkansatz bezüglich Systematik und Methodik der Projektabwicklung zu verstehen.

Von besonderer Bedeutung im Projektmanagement ist die Kommunikation, deren Qualität wesentlich von der ihr zugrundeliegenden Information abhängt. Der Computereinsatz bei der Gewinnung und Verarbeitung von Informationen kann eine wertvolle Hilfe für den Projektleiter und den Projektbeteiligten sein.

Definition Projektmanagementsystem
Als Projektmanagement-System bezeichnet man die Verbindung einzelner Funktionen in einem Gesamtsystem zur Unterstützung des Projektmanagements.

In einem Projektmanagement-System werden Informationen bearbeitet und verwaltet, die sich auf Aktivitäten einzelner oder mehrerer Projekte beziehen. Dem rechnergestützten System kommt somit die Bedeutung eines Werkzeuges zu, das einen Beitrag zur effizienten Abwicklung von Projekten leisten kann. Projektmanagement-Systeme lassen sich hauptsächlich für folgende Anwendungsgebiete einsetzen:

- Terminplanung und -kontrolle,
- Ressourcenplanung und -kontrolle,
- Kostenplanung und -kontrolle,
- Verknüpfungen zwischen Terminen, Tätigkeiten, Kosten und Ressourcen,
- Berichterstattung,
- Prognosen und
- Dokumentation.

Immer wiederkehrende Planungs- und Kontrolltätigkeiten lassen sich durch die Rechnerunterstützung beschleunigen. Bei großen Datenmengen besteht allerdings eine überaus hohe Komplexität der anfallenden Informationen, die vom Projektleiter ohne Reduktion nicht mehr beherrscht werden kann. Ein Werkzeug, das die notwendige Übersicht herstellt, ermöglicht ein rechtzeitiges Erkennen der Projektsituation und damit ein frühzeitiges Eingreifen in den Ablauf.

So kann durch den Rechnereinsatz eine zuverlässige Dokumentation des Projektablaufs erstellt werden, die jederzeit einen Rückgriff auf alle Projektinformationen und Daten möglich macht.

6.4.3.2 Grundsätzlicher Aufbau von Projektmanagement-System-Komponenten

Wie bereits eingangs erwähnt, erschwert die große Vielfalt der auf dem Markt vorhandenen Projektmanagement-Systeme einen umfassenden Überblick. Es läßt sich aber feststellen, daß die Systeme, die mit Netzplanmodulen ausgerüstet sind, einen Funktionalitätskern besitzen, der weitgehend ähnlich ist.

Daneben sind Softwarepakete zu finden, die nur über Graphikprogramme und Programme zur Tabellenkalkulation verfügen. Diese sollen im folgenden nicht in Betracht gezogen werden. Sie können in keiner Form die Planung und Steuerung von Projekten aktiv unterstützen und dienen nur als »Editor« zur Aufbereitung der anfallenden Daten.
Stellt man den Aufbau von Projektmanagement-Systemen schematisiert dar, dann kristallisieren sich die folgenden wesentlichen Komponenten heraus:

- Benutzerschnittstelle,
- Berichts- und Dokumentationsmodul,
- Netzplanmodul und
- Datenbank bzw. Datenschnittstelle.

Einen wesentlichen Anteil daran, ob ein Projektmanagement-System vom Anwender aktzeptiert wird, hat die Benutzeroberfläche. Bei ergonomisch günstiger Ausgestaltung kann sie den Benutzer wesentlich unterstützen.

- Benutzerschnittstelle
  Meist ist ein menügesteuerter Dialog bei den bestehenden Systemen möglich. Einem geübten Anwender wird zusätzlich mittels Funktionstasten-Kombinationen die schnelle Auswahl erleichtert. Die älteren Software-Pakete besitzen oft noch eine Planungssprache, mit der der Dialog kommandogesteuert abläuft. Weiter fortgeschrittene Projektmanagement-Systeme haben Benutzeroberflächen, die auf Basis der Window-Technik aufgebaut sind und den derzeitigen ergonomischen Anforderungen eines Mensch-Computer-Arbeitsplatzes besser entsprechen.
  Besitzt das Projektmanagement-System eine eigene System- oder Planungssprache, können Systemkomponenten nach Wünschen des Anwenders verändert werden. Im Idealfall wird über eine »windows-orientierte« Benutzeroberfläche auf die Systemsprache zugegriffen.
  In den meisten Systemen sind zur Anwenderunterstützung umfangreiche Hilfefunktionen integriert, sowie einfache Plausibilitätskontrollen, die vor fehlerhaften Eingaben schützen.
- Berichts- und Dokumentationsmodul
  Zur Verbesserung dieses Bereichs haben die Software-Hersteller in den vergangenen Jahren große Anstrengungen unternommen. Daher liegen die Stärken der heute bestehenden Software in der Erstellung und Verwaltung von Graphiken zur begleitenden Projektdokumentation.
  Viele Systeme verfügen über einen Berichtsgenerator, der eine Erweiterung von Standardgraphiken und eine Neugenerierung von Graphiken ermöglicht.

Die Graphiken umfassen Listen, Tabellen und Diagramme, in denen vor allem Ist-Werte und Soll-Werte gegenübergestellt werden. Zwei Klassen von Graphiken können dabei unterschieden werden: Projektgraphiken, die insbesondere dem Projektleiter genaue Analysen zum Projektverlauf liefern und Managementgraphiken, die der Geschäftsleitung eine aussagekräftige Projektübersicht bieten. Abbildung 109 listet die Darstellungsformen der jeweiligen Graphikklasse auf.

- ❑ Netzplanmodul

  Grundlage für ein Projektmanagement-System, das über die Funktion eines »Editors« hinausreicht, ist die Existenz des Netzplanmoduls. In ihm ist der Projektablauf in Form des Netzplans modelliert.

  Ein Projekt wird in einzelne Aktivitäten zerlegt, für die die Dauer, die Ressourcen, die Kosten und die zeitlich vorausgehenden oder die nachfolgenden Aktivitäten bestimmt werden.

  In der Netzplantechnik, die Anfang der sechziger Jahre entwickelt wurde, existieren verschiedene Modellierungsformen. Bei den herkömmlichen Modellen, wie CPM (Critical Path Method <=> Vorgangs-Pfeil-Darstellung) oder MPM (METRA - Potentional Method <=> Vorgangs-Knoten-Darstellung), setzt man einen statischen und deterministischen Projektverlauf voraus. Für die Software-Realisierung erweist sich die Modellierungsart MPM als geeignet, da sie im Gegensatz zu CPM auf Scheinvorgänge verzichtet. Sie wird daher in den meisten Software-Paketen verwendet.

  Geht man von einem stochastischen (zufallsabhängigen) Ablaufmodell aus, so können PERT (»Program Evaluation Review Technique«) oder die PERT-Erweiterung GERT (»Graphical Evaluation and Review Technique«) eingesetzt werden. Während in PERT nur die Wahrscheinlichkeiten von Vorgangsdauer (pessimistische, optimistische, realistische Zeitschätzung) in die Netzplanrechnung einfließen, wird in GERT die Unsicherheit im Projektablauf durch Entscheidungsknoten abgebildet. Beide Verfahren haben sich aber bei der DV-Umsetzung nicht durchsetzen können, da sie lange Rechenzeiten erfordern. Gleichzeitig erschweren sie dem Anwender die Ergebnisinterpretation.

  Nach dem Start des Projekts können die Planwerte im Netzplan um die realen Ist-Werte ergänzt werden. Die Daten in den Netzplänen werden durch Rechnung aktualisiert, auf deren Basis Trendrechnungen möglich sind.

6.4.3.3 Individuelle Auswahl eines Projektmanagement-Systems

Da der Markt für Projektmanagement-Systeme sehr unübersichtlich ist und der Bewertungsprozeß möglichst in allen Bereichen transparent gestaltet werden sollte, ist ein planmäßiges und systematisches Vorgehen bei der Softwareauswahl anzustreben. Der Einsatz von Projektmanagement-Systemen ist nur dann effizient, wenn sowohl branchenspezifische als auch spezifische Merkmale des Einsatzbereichs bei der Auswahl berücksichtigt werden.

6.5 Führungsstile im Projektmanagement

6.5.1 Führungsstile

Als »Führungsstil« wird ein auch in unterschiedlichen Situationen relativ stabiles Verhaltensmuster bei der Wahrnehmung von Führungsaufgaben bezeichnet. Dieses Verhalten ist durch persönliche Grundeinstellungen geprägt und drückt sich in den Extremen in einem »autoritären« oder in einem »demokratischen« Führungsstil aus.

Im allgemeinen treten jedoch nicht nur diese beiden Extremfälle auf, sondern auch eine Reihe von Zwischenformen, die entweder mehr auf die herausragende Person der Führungskraft oder aber mehr auf die zu führenden Mitarbeiter ausgerichtet sind. Traditionell werden fünf Grundtypen von Führungsstilen unterschieden. Diese in modellhafter Form dargestellten Führungsstile treten abhängig von der Persönlichkeit des Vorgesetzten, der Stärke seiner Positionsmacht, den Kompetenzen der Mitarbeiter und ähnlichem eher als Mischformen auf.

6.5.1.1 Patriarchalischer Führungsstil

Grundlage des vor allem Ende des 19. Jahrhunderts und zu Beginn des 20. Jahrhunderts oft vorzufindenden »patriarchalischen Führungsstils« ist das persönlichkeitsbezogene Leitbild der »Vaterfigur«. Die Autorität fußt auf dem Generationen- und damit Reifeunterschied zwischen Führer und Geführtem. Der Patriarch geht davon aus, daß der Untergebene unmündig ist und daher geführt werden muß. Zudem übernimmt er als Patriarch soziale Verantwortung für seinen Untergebenen.

Im Extremfall werden zwischen dem Patriarchen und dem Geführten keine Zwischeninstanzen aufgebaut, daher ist ein unmittelbarer Zugang jederzeit vorhanden. Die Geführten müssen jedoch alle bis ins Detail gehenden Anforderungen befolgen.

6.5.1.2 Charismatischer Führungsstil

Der »charismatische Führungsstil«, ebenfalls stark persönlichkeitsabhängig, beruht auf der Ausstrahlungskraft des Führungsberechtigten. Diese Ausstrahlungskraft, verbunden mit besonderen Fähigkeiten, wird auf eine Berufung, Auserwähltheit oder Begabung (Charisma) des Führenden zurückgeführt. Daher beruht das Verhältnis zwischen Führer und Geführtem auf dem sozialen Phänomen einer gläubigen Gefolgschaft aus Begeisterung.

6.5.1.3 Autokratischer Führungsstil

Beim »autokratischen Führungsstil« geht - wie bei den beiden vorangegangenen Führungsstilen - die Führung von einem souveränen Alleinherrscher aus. Dieser bedient sich eines stark hierarchisch gegliederten Machtapparates. Grundlage ist eine strikte Trennung von Entscheidung und Ausführung.

6.5.1.4 Bürokratischer Führungsstil

Der »bürokratische Führungsstil« gilt als Fortführung des autokratischen Führungsstils. Die Führung wird versachlicht und auf mehrere spezialisierte Entscheidungsträger aufgeteilt. Entscheidungen und Ausführung der Entscheidungen sind stark reglementiert. Dies hat zur Folge, daß Kooperation oder Kommunikation zwischen den Geführten formell nicht vorgesehen ist.

6.5.1.5 Kooperativer Führungsstil

Im Kernpunkt des »kooperativen Führungsstils« steht die Motivation der Mitarbeiter. Die Geführten werden als vollwertige Mitarbeiter und nicht als rein »ausführende Organe« behandelt und sind daher auch an Führungsentscheidungen mitbeteiligt. Diese Mitbeteiligung reicht von einer rein beratenden Funktion bis zu einer direkten Beteiligung am demokratischen Willensbildungsprozeß, an dem die Führungskräfte und die Mitarbeiter unmittelbar mitwirken. Der Vorgesetzte muß dabei einen Teil seiner Kompetenzen an die unteren Ebenen abtreten.

6.5.2 Anforderungsprofil Projektleiter

Der Leiter ist diejenige Person, die eine Gruppe oder Organisation repräsentiert und die die Entscheidungsbefugnis besitzt. Er hat die Aufgabe, die Ziele der Gruppe zu formulieren und für deren Verwirklichung zu sorgen. Dazu hat er für die Bereitstellung der Mittel durch das Unternehmen zu achten. Die Leiter- oder Führungsposition ist in jeder Gruppe vorhanden.

Als »Rolle« werden Verhaltenserwartungen definiert, die an bestimmte Positionen in einem sozialen System gebunden sind.

Somit bedeutet die Rolle des Projektleiters »eine Person, die eine Gruppe repräsentiert, mit der sie ein komplexes Vorhaben durchführen will und die durch das Vorhaben und die Position an bestimmte Bereiche gebunden ist«.

Bild 6.14: Aufgaben eines Projektleiters

Durch seine Leitungs- bzw. Führungsposition obliegt dem Projektleiter definitionsgemäß die Entscheidungsbefugnis. Das heißt praktisch, er benötigt zunächst einmal Kompetenzen, die von der jeweiligen Organisationsform des Projektes abhängen. Die Kompetenzen werden durch einen Katalog an Mindestkompetenzen ergänzt, über die der Projektleiter verfügen sollte und die von der Projektorganisationsform losgelöst sind.

Sind die Kompetenzen des Projektleiters und die Kompetenzverteilung zwischen dem Projekt und den Linienverantwortlichen geklärt, dann gibt das Projekt, die Projektgröße und die Projektart seine Aufgaben vor.

Ziel dieses Abschnittes soll es sein, die Aufgaben des Projektleiters zu bestimmen. Wichtig hierfür sind für ihn vor allem eine genaue Planung des Projektes am Projektanfang und eine zielstrebige Steuerung und Überwachung der einzelnen Projektphasen während des Projektes. Welche Methoden und Werkzeuge er zur Bewältigung der Projektmanagement-Aufgaben braucht, muß hier ebenfalls angesprochen werden.

Bild 6.15: Anforderungsprofil eines Projektleiters

Eng verbunden mit den Aufgaben und Kompetenzen ist natürlich die Verantwortung des Projektleiters, denn er muß für sein Handeln die Folgen tragen und insgesamt bei der Bearbeitung der Aufgaben für einen guten Ablauf sorgen. Ziel soll es sein, die Verantwortung des Projektleiters zum einen gegenüber dem Auftraggeber und zum anderen gegenüber dem Projektteam zu erfassen.

Als weiterer Gesichtspunkt stellt sich die Persönlichkeit des Projektleiters dar. Um den Aufgaben gerecht zu werden und seine Kompetenzen richtig auszunutzen, muß das persönliche Anforderungsprofil betrachtet werden. Hierbei wirken seine projektunspezifischen und projektspezifischen Eigenschaften zusammen.

Das persönliche Anforderungsprofil steht in einem engen Zusammenhang zur Unternehmens- und Projektkultur. Hierfür sollen Szenarien zur Verfügung gestellt werden, die die unterschiedlichen Anforderungsprofile verdeutlichen.

Weiterhin müssen für die Person des Projektleiters Anreizsysteme vorhanden sein. Hierzu zählen finanzielle Aspekte, seine berufliche Entwicklung im Unternehmen und die Beurteilung seiner Leistung.

6.5.2.1 Kompetenzverteilung und Befugnisse des Projektleiters im Rahmen der Aufbauorganisation

Sobald das Projektmanagement im Unternehmen eingeführt ist und der erste Projektleiter seine Arbeit aufnimmt, sind Konflikte mit der Hierarchie und der Kompetenzverteilung »vorprogrammiert«:

- Die Kompetenzen des Projektleiters sind häufig unklar oder gar nicht definiert. Der Projektleiter trägt die Verantwortung, die Kompetenzen sind aber nicht geregelt.
- Der Projektleiter und sein Team haben Probleme mit Verhaltensweisen der Führungskräfte in der oberen Hierarchie, dies kann die Projektarbeit behindern.
- Der Projektleiter muß aus unternehmenspolitischen Gründen Rücksicht auf andere nehmen, vor allem auf die Führungskräfte der Linie. Der Informationsfluß und die reibungslose Kommunikation leiden darunter.

Die Problematik der Hierarchie und Autorität muß hierbei unter zwei Aspekten betrachtet werden:

- ihre strukturelle Ursachen und
- die verhaltensbedingte Ursachen.

Strukturelle Ursachen
Meist existiert ein widersprüchliches Verhältnis zwischen der traditionellen, hierarchischen Aufbauorganisation und der hierarchie- und bereichsübergreifenden Projektorganisation.

Verhaltensbedingte Ursachen
Hierunter fallen diejenigen Probleme, die dem Projektleiter und seinem Team die Arbeit erschweren, indem sich die Mitglieder der Linienorganisation weiterhin hierarchisch und im »Abteilungsdenken« verharrend verhalten (Hansel, J. 1987).

Es ist also eine Organisationsstruktur zu suchen, die es allen Mitgliedern ermöglicht, kooperativ, effizient, reibungslos und geregelt miteinander zu arbeiten. Oft verlaufen Projekte ineffizient oder scheitern gar, weil eine Projektorganisation oder die Kompetenzen für den Projektleiter fehlen oder »nur auf dem Papier« bestehen.

Der Projektleiter benötigt also für seine Aufgabenstellung ausreichende Entscheidungsbefugnisse, um verantwortlich arbeiten zu können. Es wäre allerdings ein Irrglaube, daß sich solche Kompetenz zum Beispiel in einem Formblatt standardisieren läßt, das für alle Unternehmen gleich ist. Dazu sind die Unternehmen, die Projekte, die Projektorganisationsformen und auch die Projektleiter zu unterschiedlich.

Es gibt allerdings eine Reihe von »Minimalkompetenzen« für den Projektleiter, die eine Art Ausgangsbasis für die Kompetenzregelung darstellen. Die weitere Kompetenzverteilung zwischen Projekt und Linie hängt in sehr starkem Maße von der Form der Projektorganisation ab.

Für den Projektleiter zeichnet sich eine gute Projektorganisation dadurch aus, daß er

- die Informationen bekommt, die er benötigt.
- die Entscheidungsträger einbindet, um Entscheidungen zu erhalten, die von allen Führungskräften mitgetragen werden.
- akzeptable Lösungen erarbeitet, wobei die Teammitglieder rechtzeitig und umfassend informiert werden.
- Entscheidungen sach- und zielorientiert treffen kann.

Seine Kompetenzen oder Handlungsrechte müssen sich auf Entscheidung, Weisung, Delegation, Überwachung, Information, Mitsprache, Beantragung und Vertretung beziehen (Platz, J. 1986). Am vordringlichsten ist die Regelung der Entscheidungs- und Weisungsbefugnis.

Innerhalb der Projektorganisation sollte der Projektleiter mehr durch seine fachliche, soziale, administrative und persönliche Autorität überzeugen, als durch seine formale Kompetenz »Kraft Amtes« (Keplinger 1992).

Mindestkompetenzen des Projektleiters

Die generelle Aufgabenstellung des Projektleiters läßt sich als am Projektziel orientierte Leitung und verantwortungsübergreifende, das Projekt ganzheitlich betreffende Koordination der Planung und Steuerung der im Projekt auftretenden Aufgaben umschreiben.

Daraus ergibt sich die Gesamtprojekt-Verantwortung des Projektleiters, die sich im Erreichen der Projektziele messen läßt und sich insbesondere auf eine sichere Beherrschung der Koordinationsaufgaben bezieht. Davon zu unterscheiden ist die Fachverantwortung der einzelnen beteiligten Fachabteilungen, die sich als Verantwortung für die fachgerechte Durchführung der jeweils übertragenen Aufgabenteile aus dem Projekt im gesetzten und vereinbarten Termin- und Kostenrahmen darstellt.

Die Ausgestaltung der Kompetenzen des Projektleiters, um seiner Gesamtprojektverantwortung gerecht zu werden, stellt sich in der Praxis häufig schwierig dar. Wie schon gezeigt wurde, haben die Regelungen aufgrund der genannten Faktoren eine große Bandbreite, vom nahezu »ohnmächtigen« zum »allgewaltigen« Projektleiter. Es existieren jedoch ein paar Mindestkompetenzen, die als relativ unabhängig zu bezeichnen sind.

Als Mindestkompetenzen des Projektleiters können angesehen werden:

- Mitwirkung bei der Zieldefinition des Projektes, sowohl im Hinblick auf die Produktziele wie auch auf Kosten und Termine.
- Projektbezogenes Informationsrecht auch über die regelmäßige Berichtspflicht der Beteiligten hinaus.
- Projektbezogenes Weisungsrecht, das sich auf die Rahmenangaben der jeweils an die Fachabteilungen übertragenen Projektteilaufgaben, nicht jedoch auf die Art und Weise der Durchführung der Teilaufgaben bezieht. Dazu gehören insbesondere die Abgrenzung der Teilaufgaben, die Abstimmung von Nahtstellen, die Weitergabe von Arbeitsergebnissen und die Zurverfügungstellung von projektbezogenen Informationen.
- Projektbezogenes Entscheidungsrecht, wenn sich bei unterschiedlichen Auffassungen nach eingehender Beratung keine einvernehmliche Regelung erzielen läßt.
- Mitspracherecht bei der Bestimmung der durch die Fachabteilungen zu benennenden Verantwortlichen für die Teilaufgaben und Vorschlagsrecht bei der Vergabe von Teilaufgaben an externe Stellen.
- Berechtigung zur verbindlichen Vereinbarung von Teilaufgaben entsprechend der Projektdefinition mit projektbeteiligten Stellen.
- Freigabe der Bearbeitung von Teilaufgaben mit der Autorisierung der Fachabteilungen, anfallende Kosten auf das Projekt zu berechnen.
- Berechtigung, die Zurückweisung von Projektteilergebnissen, z.B. an Meilensteinen, zu akzeptieren.
- Recht auf Anhörung und Stellungnahme vor Entscheidungen, die das Projekt in besonderer Weise betreffen.
- Recht zur Einberufung und Leitung des Projektteams.

Diese Kompetenzen des Projektleiters sollten nur im Zusammenwirken mit den übrigen Projektbeteiligten in Anspruch genommen werden.

Die auch als »Stabs-Projektmanagement« bezeichnete Organisationsform ist häufig verbreitet. Dabei wird ein Projektkoordinator oder Projektverfolger in Stabsfunktion (des oberen Managements oder der Geschäftsführung, der Bereichsleitung oder anderen Stellen in der Organisation) eingesetzt.

In der Regel haben diese Stellen kein Direktions-, Weisungs- und Entscheidungs- oder Mitspracherecht (Reschke, H. 1989). Das heißt, der Projektleiter schlägt Maßnahmen vor, um Sach-, Termin- und Kostenziele zu erreichen. Hierzu muß er mit den Stellenverantwortlichen über die projektinternen Aufträge »verhandeln«. Dabei werden Leistungen, Termine und Randbedingungen festgelegt. Wird keine befriedigende Einigung zwischen Projektleitung und Linienstelle erzielt, muß der Projektleiter von einer anderen Stelle Hilfe erlangen (übergeordnete Instanz). Dies sollte allerdings nur in den äußersten Notfällen geschehen. Somit beeinflußt der Projektleiter den Projektablauf lediglich über den Austausch koordinierender Informationen und arbeitet der übergeordneten Linieninstanz zu, die allerdings ein Direktionsrecht hat.

Ein Projektleiter in Stabsfunktion hat damit auch keine Verantwortung für das Erreichen der Projektziele. Er hat lediglich Entscheidungen rechtzeitig zu beantragen und vorzubereiten. Seine Rechte sind formal auf den ungehinderten Zugang zu den projektspezifischen Informationen beschränkt, während die formale Kompetenz für Projektentscheidungen allein bei der Linieninstanz liegt.

Da diese jedoch häufig zeitlich überlastet ist und sich dem Projekt nicht mit der nötigen Aufmerksamkeit widmen kann, füllt der »Stabs-Projektleiter« dieses Vakuum oft selbst auf und nimmt unter der Hand doch die Projektleitung wahr, um das Projekt zügig voranzutreiben. Somit übt der Stabs-Projektleiter tatsächlich oft einen wesentlich größeren Einfluß aus, als es ihm seiner Stellung gemäß zustände.

Es besteht allerdings die Gefahr mangelnder Akzeptanz und Nichtbeachtung seiner informellen Kompetenzen durch die Fachabteilungen. Des weiteren könnte sich für das Projekt niemand voll verantwortlich fühlen, was die Projektziele gefährden würde.

Kompetenzverteilung in der Matrix-Projektorganisation

In vielen Unternehmen sind gleichzeitig eine Reihe von Projekten nebeneinander und zusätzlich zu den regulären Aufgaben abzuwickeln. Die Projekte (Entwicklungs-, Vertriebs- und Organisations-Projekte) variieren meist auch sehr stark hinsichtlich Größe, Komplexität, Umfang und Dauer. Damit steht die Forderung nach möglichst flexibler Integration mehrerer Projekte in die Unternehmensorganisation im Vordergrund, eine Forderung, die meist in Form einer »Matrix-Projektorganisation« gestaltet wird. Sie stellt eine Übergangsform zwischen Einfluß- und reiner Projektorganisation dar. Sie verhindert eine zu einseitige Interessendurchsetzung. Dies verlangt vom Projektleiter eine gute Verhandlungstechnik, wenn die Entscheidungen nach seinen Zielsetzungen ausfallen sollen.

Bei der Matrix-Organisation wird das für die Linienorganisation wichtige Prinzip der

»Einheit der Auftragserteilung« durch jeweils nur eine Stelle zugunsten kürzerer Informations- und Koordinationswege aufgegeben. Die Mitarbeiter für die Durchführung der verschiedenen Projektaufgaben verbleiben in ihren Fachabteilungen. Sie bleiben dann auch ihrem jeweiligen Vorgesetzten weiterhin unterstellt.

Projektbezogene fachliche Weisungen erhalten sie von der Projektleitung, die an anderer Stelle der Organisation eingeordnet ist. So entstehen zwei sich überlagernde und ergänzende Leitungssysteme. Zuerst die Linienorganisation mit ihren Untergliederungen, in denen Kapazität und Fachkompetenz enthalten sind und dann die quer und über die beteiligten Fachstellen koordinierende Projektorganisation.

Die Matrixorganisation ist dadurch gekennzeichnet, daß zwei grundsätzlich gleichwertige Leitungssysteme ineinander wirken. Die Gefahr besteht, daß der Projektleiter und das Projektteam für ihre Leistungen »gefeiert« werden, das Linienmanagement aber die Arbeit machen muß. Als Gegenmaßnahme empfiehlt sich, dem Linienmanagement Perspektiven zu geben (Hirzel, M. 1988).

Am Zusammentreffen beider Leitungssysteme, also bei den einzelnen Facharbeitsanteilen und konkreter, bei den damit betrauten Mitarbeitern, entstehen Kompetenzschnittstellen, die einer Regelung bedürfen. Hier orientiert man sich daran, daß der Projektleiter stärkeren Einfluß auf das

- ❑ WAS,
- ❑ WANN und
- ❑ WO,

also die Aufgabenumschreibung, ihre Terminierung und die Frage der Fremd- oder Eigenfertigung ausübt. Die Linienvorgesetzten bestimmen für ihren jeweiligen Fachbereich primär die Fragen des

- ❑ WIE,
- ❑ WER und
- ❑ WOMIT.

Die Ausgestaltung der oben beschriebenen prinzipiellen Einteilung bringt in der Praxis meist erhebliche Schwierigkeiten mit sich. Letztlich geht es um das Verhältnis zwischen der Projektleitung und den Fachabteilungen.

Zwangsläufig muß bei der Matrixorganisation ein Leitungssystem in das andere eingreifen. Erfolgreiches Zusammenwirken setzt gegenseitiges Verständnis, Achtung und Berücksichtigung voraus, also die Bereitschaft, partnerschaftlich zusammenzuarbeiten. Verantwortliche in Organisationen, die in relativ strengen Linienbeziehungen zu denken gewohnt sind, haben hier Probleme, umzudenken.

Die Realisierung der Beziehungen in der Matrixorganisation setzt relativ aufwendige organisatorische Regelungen voraus. Dies ist nicht in Form einer einfachen Organisationsanweisung zu erreichen. Zusätzlich muß für den Fall von ergebnislosen Diskussionen eine übergeordnete Instanz bestimmt sein. Die notwendigen Absprachen müssen entweder für das spezielle Projekt oder generell für das Unternehmen, in meist aufwendigen Organisationsmaßnahmen (Seminaren, Workshops, Klausursitzungen) erarbeitet werden.

Nachteilig bei der Matrixorganisation ist die Gefahr von Konfrontationen oder von der Dominanz der Projektleitung über die Fachabteilungen oder der Fachabteilungen über die Projektleitung.

Kompetenzverteilung in der reinen Projektorganisation
In dieser Organisationsform wird für die Bearbeitung eines Projektes eine eigene Organisationseinheit (Abteilung, Bereich) gebildet, die nur und ausschließlich die Bearbeitung des Projektes zur Aufgabe hat. Alle für das Projekt benötigten personellen und materiellen Kapazitäten werden in der Organisationseinheit zusammengezogen, entweder durch Neuanwerbung oder Neuaufbau oder durch Rekrutierung aus der Stammorganisation.

Der Leiter der Organisationseinheit fungiert auch gleichzeitig als Projektleiter. Da ihm alle benötigten Mitarbeiter und andere Ressourcen direkt unterstellt sind, treten keine Prioritätsprobleme mit anderen Projekt- oder Routineaufgaben auf. Die projektinterne Koordination geschieht auf der Basis der gebräuchlichen und vertrauten Hierarchiebeziehungen und erfordert insoweit kein Umdenken der Mitarbeiter. Der Projektleiter ist eindeutig für das Erreichen aller Projektziele in qualitativer, kostenmäßiger und terminlicher Hinsicht voll verantwortlich. Eine Stellenbeschreibung für den Projektleiter ist daher auf jeden Fall erforderlich.

Dieses Modell kann auch als »Unternehmen im Unternehmen« bezeichnet werden. Nach Abschluß des Projektes wird die gesamte Organisationseinheit wieder aufgelöst oder, bei Vorhandensein anderer Projekte, umorganisiert.

Sehr von Vorteil bei der reinen Projektorganisation ist, daß Aufgabenteilung, Kompetenzen und Verantwortung weitgehend transparent sind.

6.5.2.2 Aufgabenspektrum des Projektleiters

Die Aufgabe ist zunächst als Arbeit, die erledigt werden muß, definiert. Die Aufgabe des Projektleiters ist das Erreichen des definierten Projektzieles unter Einhaltung des Kosten- und Terminrahmens bei voller Erfüllung des geforderten Leistungsumfanges und der geforderten Qualität. Der Projektleiter bestimmt hierbei vornehmlich den spezifizierenden und planenden Projektanteil, wogegen die Fachverantwortlichen den realisierenden Anteil übernehmen. Zu seinen grundsätzlichen Aufgaben gehören:

- ❑ Er muß in großen Teilen das Projektteam organisieren.

- ❑ Er muß prüfen, welche Hauptschritte für die Durchführung des Auftrages notwendig sind (Strukturierung der Aufgaben). Außerdem hat er festzulegen, welche Instanzen für die Bearbeitung des Auftrages herangezogen werden müssen.
- ❑ Er muß mit allen beteiligten Stellen einen Durchführungsplan aufstellen und mit ihnen die Teilaufgaben abklären. Die Abklärung muß in materieller, terminlicher und kostenmäßiger Sicht erfolgen. Außerdem muß er veranlassen, daß sämtliche Teilsysteme auf die Gesamtzielsetzung des Auftrages abgestimmt sind.
- ❑ Er veranlaßt, daß für die Durchführung der Teilaufgaben ein jeweils verantwortlicher Sachbearbeiter bestimmt wird.
- ❑ Der Projektleiter hat die Einhaltung des Durchführungsplanes entsprechend den kostenmäßigen, terminlichen und sachlichen Zielen zu überwachen.
- ❑ Der Projektleiter muß den Auftraggeber, die Projektgremien und alle beteiligten Stellen über den Durchführungsplan, die Unterteilung der Teilaufgaben sowie sämtliche Änderungen der Planung regelmäßig informieren.
- ❑ Er hat alle beteiligten Stellen regelmäßig über den Projektfortschritt zu informieren.
- ❑ Er ist für den Projektabschluß zuständig.
- ❑ Er hat bei Projektsitzungen die Aufgabe eines »Moderators« zu übernehmen.

6.5.2.3 Verantwortung des Projektleiters

Die Verantwortung des Projektleiters steht natürlich in sehr engem Zusammenhang zu seinen Kompetenzen. Je weniger Kompetenz er besitzt, desto weniger Verantwortung muß er übernehmen. Die Verantwortung ist somit stark bezogen auf die Projektorganisation. Er oder die Unternehmensführung können diese Verantwortung auch auf andere Personen und Stellen verteilen, wie z.B. Teilprojektleiter, Linienstellen oder auch Projektgremien.

Die Verantwortung, die der Projektleiter trägt, bezieht sich auf die Aufgaben. Er muß für einen guten Ablauf sorgen und die Verantwortung für die Folgen der Aufgaben tragen. Diese Art der Verantwortung ist jedoch bisher in der Literatur immer nur zum Auftraggeber hin gerichtet (vgl. Scheuring, H.: Die Projektorganisation muß transparent sein, in: io Management Zeitschrift, Bd.66, 1987, S.289). Hier soll aber auch die Verantwortung des Projektleiters gegenüber dem Projektteam in Betracht gezogen werden, wie sie eigentlich von jeder Führungsperson erwartet werden sollte. Diese Verantwortung basiert mehr auf sozialen Aspekten.

Verantwortung gegenüber dem Auftraggeber
Wie schon angedeutet, hängt die Verantwortung des Projektleiters gegenüber dem Auftraggeber stark von seinen Kompetenzen ab. Diese Verantwortung muß genauso wie die Kompetenzen oder Aufgaben des Projektleiters in realistischer, nicht zu eng gefaßter Weise, formuliert werden (genauso wie die der beteiligten Linienstellen). Sie

sind aus der jeweiligen Form der Projektorganisation und den damit verbundenen Kompetenzen und Aufgaben abzuleiten.

So hat er zum Beispiel innerhalb einer Matrix-Projektorganisation die Verantwortung, daß die sachlichen, terminlichen und wirtschaftlichen Projektziele erreicht werden. Das heißt aber nicht, daß er diese Ziele unter allen Umständen erreichen muß. Auch ein Projektleiter handelt verantwortungsvoll, wenn er ein Projekt vorzeitig abbricht, weil er größere oder zum Teil unüberwindbare Hindernisse erkennt.

Weiter geht man davon aus, daß der Projektleiter alle Mittel und Möglichkeiten ausschöpft, um die planmäßige Realisierung des Projektes sicherzustellen. Sind die Projektziele aufgrund veränderter Voraussetzungen (z.B. Entzug personeller oder sachlicher Mittel, Änderungen der Randbedingungen) gefährdet oder nicht mehr zu erreichen, hat der Projektleiter dem Auftraggeber oder einem Projektgremium umgehend Bericht zu erstatten und diesem geeignete Maßnahmen vorzuschlagen.

Verantwortung gegenüber dem Projektteam

Anders als bei der Verantwortung gegenüber dem Auftraggeber, die von den Kompetenzen des Projektleiters abhängt, gründet die Verantwortung gegenüber dem Projektteam auf seinem persönlichen Anforderungsprofil. Diese Art der Verantwortung rührt aus einem neuen Führungsstil, neuen Arbeitsformen und einem intensiven Informationsaustausch zwischen den Projektmitarbeitern her. Der Projektleiter sollte sich verantwortlich fühlen, daß die Projektmanagement-Organisation funktioniert. Er muß vor allem dafür sorgen, daß die Projektmitarbeiter in geeigneter Weise ihren Aufgaben im Projekt gerecht werden können. Gibt es Konflikte zwischen einem Mitglied des Projektteams und einer Führungskraft der Linie, so wird von ihm erwartet, daß er sich hinter seinen Mitarbeiter stellt.

Durch seine überzeugende Sach- und Sozialkompetenz und seinen Führungsstil sollten die Projektmitarbeiter motiviert und zur Kooperation angeregt werden. Bei der Abstimmung der Arbeitspakete muß er darauf achten, ganzheitliche, zeitlich realisierbare Aufgaben zu stellen und für eine ausgewogene Belastung zu sorgen.

Und nicht zuletzt muß er sich für die Kommunikation und Information im Team verantwortlich fühlen. So können Aufgaben besser und schneller bewältigt werden und es lassen sich oft produktive Synergien (gegenseitige kreative Anregungen) im Team nutzen.

6.5.2.4 Persönliches Anforderungsprofil

Die Rolle des Projektleiters erfordert neben den Kompetenzen, den Aufgaben und der Verantwortung auch Eigenschaften, die ihn fachlich, methodisch und sozial bei seiner Arbeit unterstützen. Sie beeinflussen seine Arbeitsweise und die Beziehungen zu den

Fachbereichen, zu den Mitarbeitern aus dem Projektteam und auch zu den Entscheidungsträgern des Unternehmens.

Der Projektleiter ist »Diagnostiker«, der das Feld der Veränderungen analysiert, er ist »Stratege«, der ein Veränderungsdesign entwirft, und er ist »Gruppenleiter«, der aus Individuen, die aus verschiedenen Fachbereichen kommen, eine arbeitsfähige und lernfähige Gruppe machen soll.

In der Gruppe selbst muß er nicht selten auch als »Konfliktmanager« wirken. Häufig ist er auch Berater für die Fachabteilungen, wenn es gilt, Projektergebnisse zu klären. Natürlich ist er auch der »Sündenbock« für gescheiterte Projekte und muß dann der Puffer zwischen den Entscheidungsträgern und den Projektmitarbeitern sein.

Beim Umgang mit Widerständen in Veränderungsprozessen erfordert die Aufgabe des Projektleiters auch die Aufgaben eines Psychologen, eines »Seelsorgers«, der die Bedenken und Unsicherheiten der Betroffenen erkennt und erkennen läßt, daß er sie ernst nimmt.

Er kann auch als »Architekt« einer Organisationsentwicklung gesehen werden, der die strukturellen Voraussetzungen für die Beteiligung der Betroffenen schafft. Während seiner gesamten Tätigkeit ist er Planer, Organisator und Kontrolleur. Er ist sowohl häufig der Experte für die Sachfragen oder auch der vermittelnd auftretende Diplomat, der die manchmal schwierigen politischen Prozesse einschätzen und steuern muß.

Alle diese Verhaltensweisen werden durch die jeweilige Unternehmens- und Projektkultur geprägt und erfordern bestimmte Fähigkeiten vom Projektleiter (Abbildung 94). Die »Projektkultur« hängt stark davon ab, ob in einem Unternehmen mehr die kooperativen und kommunikativen Mitarbeiter und Führungspersonen anzutreffen sind oder mehr die Mentalität des Einzelkämpfers oder Egozentrikers gefördert wird. Je nach der vorherrschenden Projektkultur verändern sich die benötigten Fähigkeiten des Projektleiters. Hier kann man »projektunspezifische« und »projektspezifische« Eigenschaften unterscheiden.

- Bei den projektunspezifischen Eigenschaften können vor allem die Führungsfähigkeit, die Teamfähigkeit und die sozialen Fähigkeiten hervorgehoben werden.
- Zu den projektspezifischen Eigenschaften zählen technische Fähigkeiten, aber auch konzeptionelle und administrative Fähigkeiten.

Zu den Führungsfähigkeiten zählen die Fähigkeit zur Anleitung und Führung einer Gruppe von Menschen, die Fähigkeiten, Teams zu bilden und zu formen, die sozialen Fähigkeiten und auch die psychologischen Fähigkeiten des Umgangs mit Menschen.

Aus den projektunspezifischen und projektspezifischen Eigenschaften kristallisieren sich die Kernfähigkeiten heraus. Unabhängig von der Art des durchzuführenden Projektes verändert sich dieser Kern nicht. Die projektspezifischen Fähigkeiten hängen stark mit dem Projekt zusammen. Sie sind ausschließlich fachlicher Natur.

Projektunspezifische Eigenschaften

In projektunspezifischer Hinsicht muß ein Projektleiter über eine Reihe von Eigenschaften verfügen, die mit der Projektkultur aber in der Verteilung und der Intensität variieren. Diese Eigenschaften sind im wesentlichen:

- Beurteilungsvermögen,
- die Fähigkeit, mit Mitarbeitern umgehen zu können,
- Geduld, Beharrlichkeit und Gelassenheit,
- gute Zeiteinteilung,
- die Bereitschaft, Verantwortung und Autorität zu delegieren,
- schnelle Entscheidungsfindung,
- Überblick,
- Verhandlungsgeschick,
- Kontaktfreudigkeit,
- Teamgeist,
- antiautoritäre Denkweise,
- Konfliktfähigkeit,
- Risikobereitschaft,
- Kooperationsbereitschaft,
- Einfühlungsvermögen,
- Überzeugungskraft,
- Kreativität und Innovationsfreudigkeit,
- Durchsetzungsvermögen im Team,
- Wirtschaftlichkeitsdenken,
- Organisationsgeschick und
- Motivationsfähigkeit.

Naturgemäß kommt nicht allen diesen Anforderungen die gleiche Bedeutung zu.

Die auftretenden, häufig auch psychologisch bedingten Schwierigkeiten, verbunden mit den umfangreichen sachlichen Problemen, fordern eine reife Persönlichkeit, die sich nicht entmutigen läßt. Weiterhin muß der Projektleiter über Menschenkenntnis verfügen, um das notwendige gute Arbeitsklima aufbauen und erhalten zu können.

Hinzu kommt beim Projektleiter noch die psychische und physische Belastbarkeit, speziell durch den ständigen Termindruck, da Projekte, vor allem in ihrer Endphase, häufig unter Stress-Situationen durchgeführt werden.

Der Hauptfaktor ist allerdings die Führung bzw. das Führungsverhalten, das in psychologischer Hinsicht als »personen- und gruppenbezogene Handlung von Vorgesetzten« gedeutet werden kann. So sind beispielsweise positive Auswirkungen zu erwarten, wenn der Projektleiter ein Vorbild ist, der darüber hinaus auch den Leistungsbegriff der Gruppe beeinflußt.

Entscheidend bei der Frage des Führungsstils ist, wie die Anweisungen gegeben werden oder wie sie nicht gegeben werden. Es ist zu beachten, daß sich hierbei gegenseitige Lernprozesse zwischen dem Projektleiter und seinem Projektteam ergeben, speziell hinsichtlich der Verhaltensform beider Partner. Das bedeutet, daß sich ein Projektleiter insbesondere auch um die Motivation seiner Mitarbeiter kümmern muß.

Projektspezifische Eigenschaften
Unter den fachlich-technischen Fähigkeiten sind inhaltliche und anwendungsbezogene Kenntnisse im Hauptaufgabengebiet des Projektes zu verstehen. Konzeptionelle und administrative Fähigkeiten sind beispielsweise seine Methodenkenntnisse, seine Planungsfähigkeiten im Hinblick auf Zeit- und Kostenpläne und seine Steuerungsfähigkeit. Die wesentlichen Eigenschaften sind:

❑ projektspezifische Fachkenntnisse,
❑ fachliches Durchsetzungsvermögen und
❑ gute Kenntnis des Unternehmens.

6.5.2.5 Personalpolitische Betrachtung des Projektleiters

Das Thema »Personalentwicklung im Projektmanagement« ist ein in der Praxis noch sehr selten beachtetes Feld. Oft ist es so, daß ein Projektleiter zunächst recht vorbereitungslos die Aufgabe übernimmt.

Oft aber ist das Management nicht bereit, dem Projektleiter die Position einzuräumen, die der geschäftspolitischen Bedeutung des Projektes entspricht. Dies zeigt die Praxis, wenn man zum Beispiel die finanzielle Dotierung, die organisatorische Einbettung und die spätere Wiedereingliederung von Projektleitern betrachtet. Die finanzielle Anerkennung entspricht in vielen Fällen nicht der Herausforderung und den Risiken, die Projektleiter auf sich nehmen. Auch die Chancen des Weiterkommens sind in der Regel nicht so günstig, wie bei den »Etablierten« in der Linie.

Die personalpolitische Einbindung und Absicherung des Projektmanagements muß den Projektmitarbeitern die notwendige Sicherheit und Motivation vermitteln, indem angemessene Konzepte entwickelt und alle sie betreffenden Personalentscheidungen, von der Gehaltsfindung bis zur Beurteilung, transparent und nachvollziehbar sind.

Anreizsysteme
Die Art der Aufgabenstellung des Projektes wie auch seine Inhalte, die Möglichkeiten sich zu qualifizieren und auch die Möglichkeit, sich fachlich und persönlich zu profilieren, bietet für viele Mitarbeiter ein hohes Maß an leistungsbezogener Motivation.

Die Unternehmensführung sollte sich immer Klarheit darüber verschaffen, welche Ziele aus unternehmenspolitischer Sicht mit dem Projekt verbunden sind. Erst dann kann man bei der Gestaltung von Anreizsystemen zu folgendem Ergebnis kommen.

Sie sollten transparent sein und für realistische Erwartungen bei den Betroffenen sorgen. Insbesondere muß die dahinter stehende Philosophie deutlich sein.

Finanzielle Aspekte
Hier werden zunächst nur die finanziellen Anreize betrachtet, die mit der Projekttätigkeit verbunden sind. Leistungszulagen oder Prämien für erfolgreich abgeschlossene Projekte gehören zu den wichtigsten Anreizen. Es stellt sich allerdings die Frage, wer in den Genuß der Vergütungen kommen soll, nur der Projektleiter, das Team, die wichtigsten Kooperationspartner in der Linie? Eine zu große Hervorhebung des Projektleiters durch eine völlig auf ihn zugeschnittene Organisation führt leicht zu einer Verweigerung der Kooperation bei den Linienmitarbeitern, die schließlich auch ihren Beitrag leisten und honoriert sehen wollen.

Eine weitere Frage ist, wie verfahren werden soll, wenn das Projekt aus objektiven Gründen heraus scheitert. Für dieses Scheitern dürfen die Projektbeteiligten nicht durch das Vorenthalten von Prämien bestraft werden. Im Gegenteil müßten sie für das frühzeitige Beenden gegebenenfalls auch eine Honorierung, in welcher Form auch immer, erfahren.

Der Leistungsbezug wird durch die punktuelle Zahlung von Prämien, Boni und so weiter am besten sichergestellt, die etwa an definierte Projektfortschritte (Meilensteine) gekoppelt werden können. Damit kann auch unterschiedlichen Bedürfnissen Rechnung getragen werden.

Laufbahnkonzepte
Die Entwicklung von alternativen Wegen des Aufstiegs neben den klassischen senkrechten Wegen ist ein Erfordernis, das vor dem Hintergrund sich verflachender Hierarchien und Mitarbeitern mit hohen Anspruchniveaus von den Personalabteilungen erkannt werden muß. Neben der oft umstrittenen Parallelhierarchie sind Projektlaufbahnen oder Karrierezwischenstufen durch die Betreuung eines anspruchsvollen Projektes eine wichtige Alternative.

Die Mitwirkung in einer solchen Aufgabenstellung, mit der Chance zu experimentieren, sich auszuprobieren und andere Bereiche und Fragen kennenzulernen, ist eine Schulung der Management-Kompetenz, die viele oft theoretisch bleibende Seminare mehr als ersetzen kann.

- Formale Konzepte
  Grundsätzlich stellen sich für die Gestaltung von Laufbahnkonzepten im Zusammenhang mit Projekten folgende Möglichkeiten:

Projekte als Karriere-side-step: Bei diesem Modell wird der vertikale Karriereweg für die Projektdauer unterbrochen, um gleichsam wie in einer Warteschleife eine Tätigkeit im Projekt wahrzunehmen. Dabei bleibt die hierarchische Einordnung des Mitarbeiters unverändert. Dadurch wird die Organisation entlastet, Unzufriedenheit vermieden und es kann sich eine Managementkompetenz entwickeln.

- ❑ Informelle Konzepte
  Bei allen Überlegungen darf nicht aus den Augen verloren werden, daß es vor allem auch auf die generelle Wertschätzung der Arbeit in Projekten durch die verantwortlichen Führungskräfte ankommt. Von besonderer Bedeutung sind hier symbolische Maßnahmen, die auch von der »Unternehmensöffentlichkeit« wahrgenommen werden müssen.

Beurteilung des Projektleiters
Die Beurteilung des Projektleiters ist natürlich zunächst Aufgabe seines disziplinarischen Vorgesetzten. Die Kriterien der Beurteilung richten sich auf der Sachebene nach dem Entwicklungsstand des Projektes, auf der Verhaltensebene danach, wie es gelungen ist, die entstandene Komplexität und die Konflikthaftigkeit der Aufgabenstellung zu handhaben. Entscheidend ist etwa, ob der Projektleiter auch in schwierigen Situationen handlungsfähig geblieben ist und neue, vielleicht ungewöhnliche Wege gefunden hat, um das Projekt im Rahmen der Unternehmensziele voranzubringen.

6.5.3 Anforderungsprofil Projektmitarbeiter

Die Anforderungen an Projektmitarbeiter sind neben der Beherrschung der Technik vor allem durch zwischenmenschliche und persönliche Aspekte geprägt. Teamarbeit verlangt von allen Beteiligten ein großes Maß an Bereitschaft zur Kooperation. Ebenso müssen die persönlichen Belange hinter die des Projekts treten, was nicht bedeutet, daß kein eigener Standpunkt erlaubt wäre.

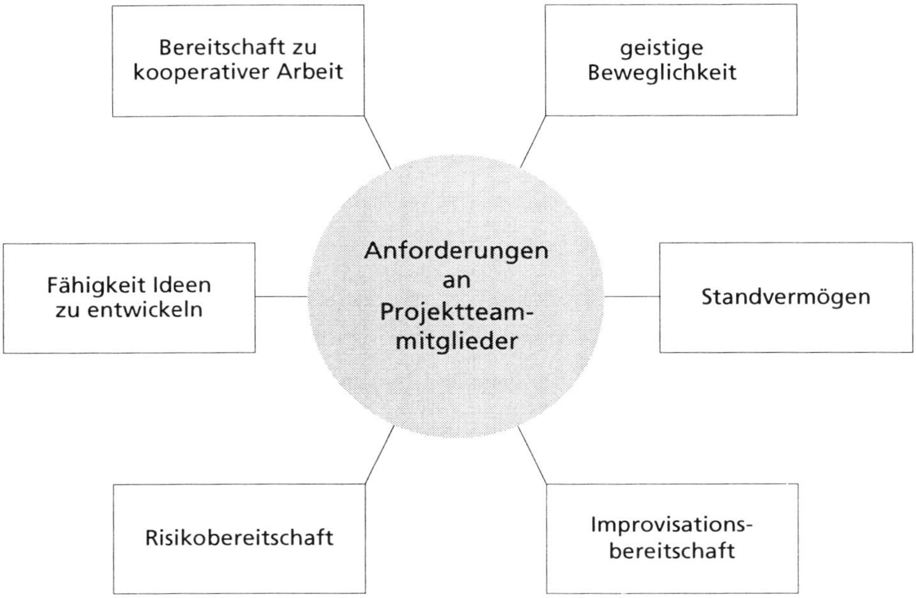

Bild 6.16: Anforderungsprofil Projektteammitarbeiter

7 Computergestützte Werkzeuge zur Prozessmodellierung

Neben den in den vorherigen Kapiteln beschriebenen Methoden und Ansätzen zur Prozeßoptimierung kommen zunehmend computergestützte Werkzeuge als Hilfsmittel zum Einsatz. Zum Teil erfolgt eine direkte Unterstützung klassischer Methoden, indem Arbeitsschritte vereinfacht oder Analyseprozesse unterstützt werden, es kommen aber auch ganz neue Methoden zum Tragen (Scheer 1992). Computergestützte Prozeßmodellierungswerkzeuge finden in den folgenden Abläufen Verwendung:

- Reengineering von Prozessen mittels der Analyse bestehender Prozesse, beispielsweise der Ermittlung von Kapaziätsauslastungen, Prozeßkosten, Prozeßauslöser, v.a. aber zur Gestaltung neuer Arbeitsabläufe (Ayad 1994).
- Qualitätssicherung durch die Dokumentation bestehender Prozesse wie auch im Rahmen der Unternehmenszertifizierung entsprechend DIN/ISO 9000-9004 (Schildknecht 1992).
- Entwicklung unternehmensspezifischer Software mittels CASE (CASE - Computer-Aided Software Engineering) Applikationen aufbauend auf Entity Relationship Modellen, die aus dem Prozeßmodell gewonnen werden (Schmid 1993).
- Einführung von Standardsoftware mittels Vorgangskettendiagrammen oder ereignisgesteuerter Prozeßketten (Scheer 1992).
- Durchführung von Simulationsstudien bestehender oder neuer Prozesse, die meist als Basis für deren Neukonzeption dienen (Wagner 1992).

7.1 Modellierungsmethoden

Ziel aller Versuche zur Modellierung von Geschäftsprozessen ist das Auffinden eines Weges zur effizienten Bewältigung von Arbeitsabläufen, deren Standardisierung und Evaluierung. Prozeßdarstellungstechniken, die aus dieser Zielsetzung heraus entstanden, bilden die Grundlage aller computergestützten Werkzeuge zur Geschäftsprozeßoptimierung (Johansson 1993). Dazu gehören:

- Fluß-Diagramme: Darstellung von Aktivitäten und der Abfolge von Mensch, Maschine, Material die im Prozeß Verwendung finden. Datenflußdiagramme zeigen, an welcher Stelle Daten in ein bestimmtes System eintreten, wie sie das System durchlaufen und wo sie es wieder verlassen.
- Pfeil-Diagramme: Die Dynamik von Mensch und Material wird mit Hilfe von Pfeilen dokumentiert, die es erlauben individuelle Pfade zu verfolgen.

- Multiple Activity Diagramme: Diese Diagrammtyp versucht gleichzeitig ablaufende Aktivitäten oder Prozesse zusammenzufassen und in schematischer Weise deren Parallelität darzustellen.
- Prozeßdiagramme beschreiben die schematische Darstellung eines Prozesses mittels standardisierter Symbole.

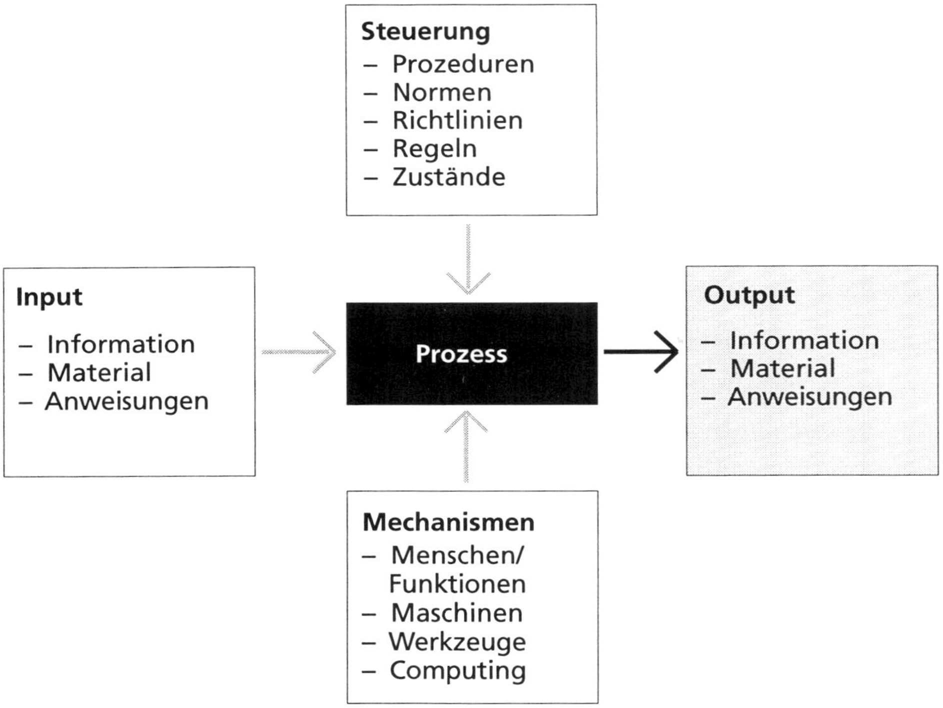

Bild 7.1: Der IDEF Grundgedanke

Mit den aufgeführten Techniken lassen sich Prozesse in einer adäquaten Form darstellen. Sie sind jedoch nicht für die Optimierung von Prozessen geeignet. Dies hatte zur Folge, daß neue Modellierungsmethoden entwickelt wurden. Das am weitesten verbreitete Werkzeug zur Unterstützung der Organisationsentwicklung wurde in den frühen 70er Jahren von der US Air Force unter dem Namen IDEF (International Definition) entwickelt. Es hatte zum Ziel, die Effektivität von Produktionsprozessen mittels verbesserter Transparenz zu erhöhen. Der Ansatz von IDEF, auch SADT (Structured Analysis and Design Technique) genannt, beruht auf einer Darstellung von Inputs und Outputs bzgl. eines Prozesses sowie der Darstellung prozeßrelevanter Mechanismen und Steuerungseinflüsse. Weiterhin bietet IDEF die Möglichkeit zu einer strukturierten Hierarchisierung der Prozesse.

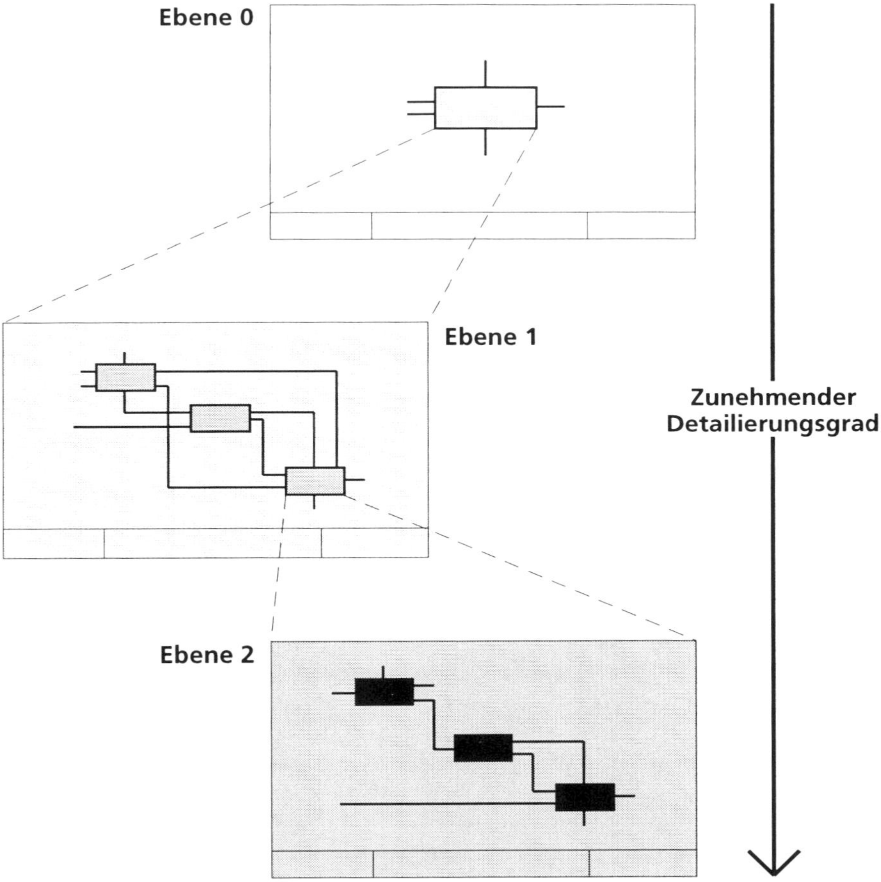

Bild 7.2: Hierarchisches Prozeßmodell mit IDEF

Hauptanwendungsgebiet von IDEF ist die Erstellung von Aktivitätsmodellen für die Organisationsentwicklung sowie das Erzeugen von Datenmodellen für den Entwurf von Softwaresystemen (Balzert 1982). Auf dem Markt befinden sich derzeit unterschiedliche IDEF Varianten. Mit IDEF-0 werden die Funktionen sowie die zwischen den Funktionen ausgetauschten Informationen dargestellt. IDEF-1 bietet zusätzlich die Möglichkeit Informationsmodelle abzubilden. Dabei werden Datenquellen, -flüsse und -beziehungen analysiert, um die erforderlichen Informationsflüsse in Datenstrukturen mit minimaler Redundanz zu speichern. IDEF-2 wurde entwickelt, um die Abbildung des dynamischen Verhaltens von Funktionen, Informationen und Hilfsmitteln in Systemen zu ermöglichen. Dabei wird auf eine Petri-Netz ähnliche Notation zurückgegriffen.

Grundgedanke der Kommunikationsstrukturanalyse KSA von Hoyer (Hoyer 1988) ist die Reorganisation eines bestehenden Ist-Zustandes einer Organisation, d.h. bei einer Sollkonzeption müssen die gewachsenen Strukturen eines Unternehmens berücksichtigt werden, um einen Erfolg bei der Umsetzung zu erzielen.

Zur Abbildung der Organisationsstruktur werden Informationen über Prozesse und Aufgaben, sowie deren Aktoren und Bearbeiter benötigt. Der Schwerpunkt der Betrachtung liegt in einer prozeßorientierten Sicht der zu erfüllenden Aufgabe.

Die Dauer eines Prozesses setzt sich aus dessen Transport-, Bearbeitungs-, Liege- und Rüstzeit zusammen. Zur Beschreibung der Prozesse definiert die KSA eine Kernentität bestehend aus Aufgabe, Information und Stelle. Über die Beziehung zwischen diesen Entitäten wird der Informationsfluß, die Aufgabengliederung, die Unternehmenshierarchie und die Informationsstruktur abgebildet.

Weitere Prozeßschritte im Rahmen der KSA sind die definierte Analyse der abgebildeten Organisationsstruktur und die Planung einer neuen Struktur. Systeme wie BONAPART unterstützten die KSA. Der Anwender ist jedoch nicht an diese Vorgehensweise gebunden, sondern kann mit den vorhandenen Darstellungen und Analysen andere Vorgehensweisen verfolgen.

Die von C.A. Petri 1962 entwicklete Petri-Netz Theorie (Petri 1962) ist Basis zahlreicher neuerer Anwendungen im Bereich der computergestützten Organisationsentwicklung. Petri-Netze besitzen die Eigenschaft, Nebenläufigkeiten, d.h. asynchrone, parallele Vorgänge einfach und übersichtlich darzustellen (Reisig 1982). Sie zählen zur Klasse der gerichteten Graphen und bestehen aus Stellen, Marken und Transitionen. Stellen (places) repräsentieren Bedingungen oder Zustände, die dann gelten, wenn die betreffende Stelle mit einer Marke (token) versehen ist. Transitionen (Zustandsübergänge) und Stellen sind über Markenpfade (Pfeile) verbunden.

Eingangsstellen einer Transition sind alle Stellen, von denen ein Markenpfad zur Transition existiert. Ausgangsstellen einer Transition sind alle Stellen, von denen ein Markenpfad in umgekehrter Richtung existiert. Beim Ausführen (Schalten, Feueren) einer Transition wird von jeder Eingangsstelle eine Marke entfernt und an jede Ausgangsstelle eine Marke hinzugefügt. Transitionen werden nur dann aktiviert, wenn alle Eingangsstellen eine Marke tragen.

Eine Hierarchisierung der Netze wird dadurch möglich, daß einzelne Transitionen in weitere Transitionen und Stellen zerlegt werden können.Von farbigen Petri-Netzen spricht man, wenn Transitionen mit unterschiedlichen Attributen, wie z.B. Kosten und Zeit versehen werden können. Petri-Netze sind daher gut geeignet, gleichzeitig ablaufende Prozesse darzustellen. Basierend auf der Theorie der farbigen Petri-Netze wurden zahlreiche Systeme zur Prozeßmodellierung und -optimierung, wie beispielsweise PACE, ARIS, LEU oder INCOME, entwickelt.

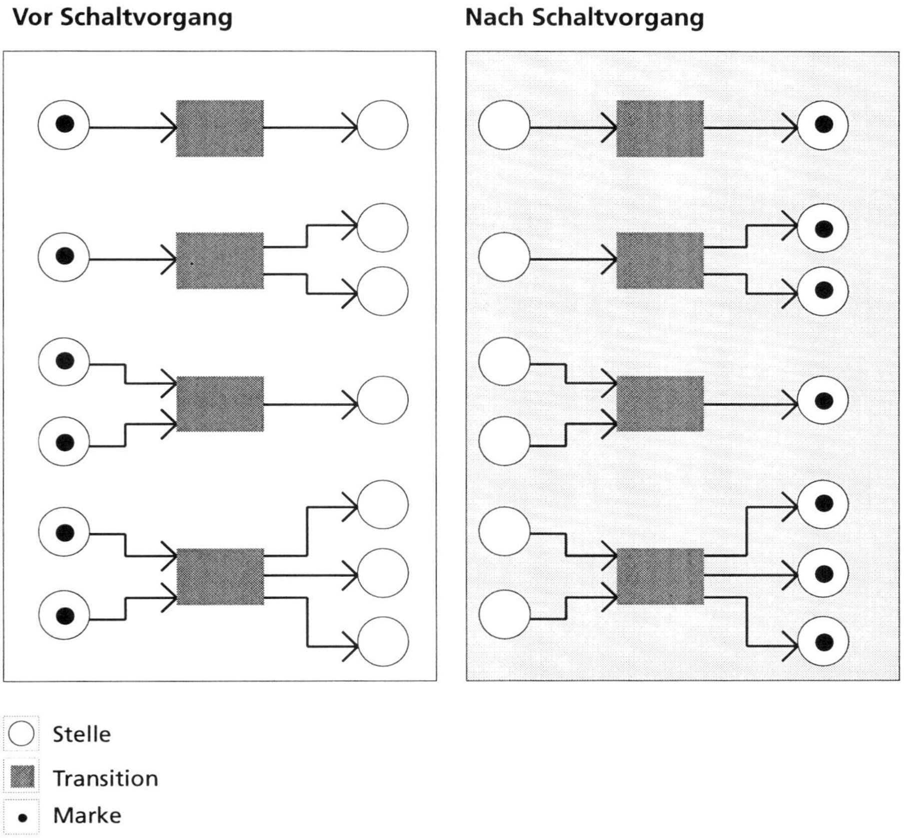

Bild 7.3: Schaltregeln von Petri-Netzen (in Anlehnung an: Rosenstengel, Winand (1982))

7.2 Anforderungskatalog

Nicht immer lassen sich alle Werkzeuge uneingeschränkt einsetzen. Es ist folglich notwendig einen Kriterienkatalog aufzustellen, der es erlaubt, jegliches Werkzeug auf seine Tauglichkeit zu überprüfen. Für die Auswahl eines computergestützten Systems zum Einsatz im Geschäftsprozeßmanagement sind nach Scheer (Scheer 1994) einige Basiskriterien zu beachten. So sind nicht nur eingeschränkte Benutzersichten vorzusehen, um dem Nutzer die Möglichkeit zu geben nur in Teilbereiche eines Modells Einsicht zu nehmen, sondern auch gestaltungsfeldorientierte Sichtweisen. Dabei unterscheidet man Daten-, Funktions-, Organisations- und

Ressourcensichtweisen, die alle jedoch auf dem gleichen Prozeßmodell beruhen. Dementsprechend müssen beim Übergang in andere Modellbereiche Sicherungsmechanismen vorhanden sein. Um Modelle mehreren Benutzern gleichzeitig zur Verfügung zu stellen, sind sogenannte Concurrency Control Mechanismen notwendig (IWI 1994). Nur so ist eine Teamfähigkeit eines Systems möglich. Weiterhin sollte ein entsprechendes Werkzeug die Simulation und Animation der modellierten Prozesse unterstützen. Basiert die Analyse der Geschäftsprozesse auf schon existierenden Datensätzen, so müssen Schnittstellen zu anderen Systemen, wie z.B. Tabellenkalkulationsprogrammen, bereitgestellt werden. Damit ist gewährleistet, daß sowohl Daten importiert wie auch, z.B. für statistische Auswertungsprogramme exportiert werden können. Der Einsatz eines Repositories, das die Modelle mit allen Objekten und Daten verwaltet, ist Voraussetzung für die Modellierung der Prozesse. Wird das Werkzeug zusätzlich zum Softwareentwurf, beispielsweise zur Implementierung eines Auftragsabwicklungssystems eingesetzt, so ist die Durchgängigkeit für alle Phasen des Entwurfs wünschenswert.

7.3 Problematiken in der Praxis

Der Erfolg einer Prozeßoptimierung hängt maßgeblich von der Qualität initialer Informationen ab. Gerade in der Praxis wird jedoch das Sammeln relevanter Prozeßdaten als Ausgangsbasis und notwendige Voraussetzung für alle weiteren Arbeiten unterschätzt. Die zweite, weitaus größere Problematik läßt sich am besten durch »Paralysis through Analysis« beschreiben (Johansson 1993). Es wird auf dem Weg zur Definition und Implementierung eines neuen Prozesses aufgrund der Tatsache, daß das Projektteam während der Analyse der Vergangenheit »Schiffbruch erleidet«, kein Projektfortschritt erzielt. Zudem widerspricht eine ausführliche Analyse bestehender Strukturen den Grundsätzen des Business Reengineering (Hammer 1993).

Bei der Diskussion über die Verwendungmöglichkeiten entsprechender computergestützter Werkzeuge darf deshalb nicht außer acht gelassen werden, daß diese Werkzeuge die Projektarbeit zwar unterstützten und somit die Qualität und Produktivität steigern können, aber die Entwicklung von Lösungen bzw. von optimierten Prozessen bleibt weiterhin eine kreative, intellektuelle Arbeit, die von keinem Tool erbracht werden kann. Tools unterstützen diese Tätigkeiten, übernehmen sie aber nicht.

8 Modelle und Methoden der Neuproduktplanung

Der Einfluß von Produktinnovationen auf das Wachstum, die Konkurrenzsituation und den wirtschaftlichen Erfolg von Unternehmen hat in den letzten Jahren immer mehr zugenommen. Der Umsatzanteil von Produkten, die noch nicht länger als fünf Jahre angeboten werden, beträgt bei Industrieunternehmen durchschnittlich 20 – 30%.

Aufgrund der wirtschaftlichen Relevanz neuer Produkte setzt sich der Gedanke immer mehr durch, daß die Neuproduktentstehung nicht dem Zufall überlassen werden darf, daß Innovation eine Unternehmensleistung ist, die planvoll produziert werden kann (Schulte, Winck 1985). Kreativität und Intuition alleine schaffen keine berechenbare, kontinuierliche Produkterneuerung. Vielmehr muß ein Prozeß der Informationsgewinnungs- und Verarbeitungsaktivitäten eingeleitet werden.

Ziel dieses Kapitels ist die Darstellung von Vorgehensweisen und Methoden, die zur Planung neuer Produkte eingesetzt werden. Hierzu wird zunächst die Neuprodukplanung als zentraler Prozeß in seiner Bedeutung innerhalb des FuE-Managements betrachtet. Anschließend werden die Kernstufen innerhalb der Neuproduktplanung beschrieben. Dabei werden entlang eines systematischen Vorgehens die wesentlichen Schritte und die dazugehörigen Methoden aufgeführt. Modelle der Neuproduktplanung fassen diese Schritte zu einem durchgängigen Ablauf zusammen. Besonders die marketingbezogene Literatur der Betriebswissenschaften hat hierzu eine Vielzahl unterschiedlicher Modelle hervorgebracht. Diese Modelle können auch den Praktiker beim systematischen Planen von Neuprodukten unterstützen. Wesentliche Modelle der Neuproduktplanung werden kurz dargestellt. Eine in der Praxis inzwischen immer häufiger eingesetzte Methode bildet das Quality Function Deployment (QFD), die Anforderungen der Kunden und strategische Ziele systematisch in Produkteigenschaften überführt. Abschließend wird im Sinne einer Arbeitsanweisung das QFD eingehend erläutert.

8.1 Die Notwendigkeit und Bedeutung der Neuproduktplanung im FuE-Management

8.1.1 Produktbegriff

»In der produktionsorientierten Betriebswirtschaft war ein Produkt einfach ein materielles, verkäufliches Gut, eine Kombination physikalischer und chemischer Eigenschaften, zusammengefügt in leicht zu unterscheidender Form« (Grigo 1973). Dieses Produktverständnis ist für heutige Verhältnisse zu eng gefaßt, denn es erklärt lediglich den materiellen Teil eines Produktes, nicht jedoch den immateriellen, der zunehmend für den Käufer wichtiger wird.

»In der neueren Marketingliteratur hat sich weitgehend die Auffassung durchgesetzt, Produkte als Bündel von Eigenschaften zu definieren, die ein Anbieter zusammenstellt, um damit die Wünsche und Bedürfnisse tatsächlicher oder potentieller Abnehmer zu befriedigen«. (Schubert 1991) Aus dieser Definition sind mehrere Auffassungen ableitbar. Es wird zwischen einem substantiellen, erweiterten und einem generischen Produktbegriff unterschieden (Schubert 1991 und Brockhoff 1993):

- Der **substantielle** Produktbegriff umfaßt ein abgrenzbares, physisches Kaufobjekt. Er kennzeichnet die technische Produktleistung bzw. Problemlösung, die das Produkt hinsichtlich seiner objektiv nachweisbaren, technisch konstruktiven und physikalisch-chemischen Beschaffenheit definiert.
- Der **erweiterte** Produktbegriff hat vor allem Bedeutung für das Marketing von Produkten der Spitzentechnik. Solche Produkte sind dadurch gekennzeichnet, daß ihre substantiellen Eigenschaften stark erklärungsbedürftig sind. Um Markterfolge zu erzielen, müssen die »erweiterten« Eigenschaften deutlich hervortreten.
- Im **generischen** Produktbegriff werden alle Nutzen für den Käufer erfaßt. Damit wird die Produktleistung mit der Marktleistung gleichgesetzt, die sich aus dem Wirkungsverband des gesamten absatzpolitischen Instrumentariums ergibt.

Für die Betrachtung des Neuproduktplanungsprozesses ist die Sichtweise des generischen Produktbegriffs angebracht, da diese Dimension im Grundsatz dem Produktkonzept entspricht. Das Produktkonzept wird aus einer Idee entwickelt und stellt ein Ergebnis des Neuproduktentstehungsprozesses dar.

8.1.2 Notwendigkeit neuer Produkte

Jede Unternehmung verfolgt bestimmte Ziele. Gleich wie diese Ziele definiert sind und verfolgt werden; eine Unternehmung kann nur existieren, wenn das Prinzip Gewinnmaximierung an oberster Stelle steht, das heißt, wenn höchstmögliche Erlöse und Gewinne aus dem Verkauf von Produkten erwirtschaftet werden. Das wiederum ist nur möglich, wenn die Produkte den Bedürfnissen der Kunden insgesamt entsprechen und sich durch eine hohe Wirtschaftlichkeit in Herstellung und Anwendung auszeichnen (Sabisch 1991).

Alle Produkte unterliegen dem Gesetz, daß sie zu einem bestimmten Zeitpunkt vom Markt genommen werden müssen. Das ist dann der Fall, wenn sich die Aufrechterhaltung eines Produktes oder einer Produktpalette auf dem Markt für das Unternehmen wirtschaftlich nicht mehr rechnet. Neue Produkte müssen die alten ersetzen.

Als neuerungsbeschleunigende Entwicklungstendenzen sind zwei Gründe zu nennen (Jaspersen 1992):

- **Veränderte Bedürfnisse:** Durch den Wandel der sozialen, soziologischen Sichtweise ändern sich die Wert- und Bedürfnisskalen der Verbraucher. Produkte werden nicht mehr akzeptiert und kommen aus der Mode, so daß sie den veränderten Bedürfnissen der Kunden nicht mehr gerecht werden.
- **Veränderungsprozesse:** Technische Entwicklungen auf dem Gebiet der Wissenschaft bringen neue Erkenntnisse, die zu einer technischen Überholung vorhandener Produkte führen können. Neue Erkenntnisse wirken sich sowohl auf die Produkte als auch auf die Produktionsrealität aus und leiten Veränderungsprozesse ein, die sich in der Produktentwicklung niederschlagen.

8.1.2.1 Lebenszyklus von Produkten

Alle Produkte werden früher oder später vom Markt verdrängt. Sie unterliegen einem bestimmten Lebenszykus. Natürlich hängt dieser in seinem spezifischen Verlauf von den jeweiligen Umständen ab, unterliegt aber stets allgemeingültigen wirtschaftlichen Gesetzmäßigkeiten. Der Lebenszyklus setzt sich aus dem Entstehungs-, Markt- und dem Nutzungszyklus zusammen.

- Der Lebenszyklus umfaßt den gesamten Zeitraum vom Finden einer Idee bis zum endgültigen Ausscheiden des Produkts aus dem Markt.
- Der Entstehungszyklus beinhaltet die Ideenfindung und -generierung, die Ideenauswahl und die sich anschließende Produktentwicklung.
- Der Marktzyklus umfaßt jenen Teil des Lebenszyklus, in dem ein Produkt auf dem Markt zum Kauf angeboten wird. Er beginnt mit dem Zeitpunkt der Markteinführung des neuen Produktes und endet mit der Produktelimination.
- Der Nutzungszyklus entspricht jenem Zeitraum, in dem ein Produkt den größten Nutzen bringt, d h. Gegenstand der Bedürfnisbefriedigung ist.

Die einzelnen Phasen des Lebenszyklus können wie folgt beschrieben werden (Grigo 1973, Siegwart 1974, Sabisch 1991):

- **Konzeptionelle Produktentwicklung:** Die konzeptionelle Produktentwicklung entspricht den einzelnen Phasen der Neuproduktplanung. D.h., Produktideen werden generiert, sondiert und einige bis zu einem fertigen Produktkonzept weiter entwickelt.
- **Materielle Produktentwicklung:** Die materielle Produktentwicklung entspricht der Realisationsphase, in der das Produktkonzept in ein marktreifes Produkt entwickelt wird.
- **Einführungsphase**: Das Produkt wird am Markt angeboten. In der Einführungsphase entstehen aufgrund der heutigen Konkurrenzsituation relativ hohe Verluste, da hohe Marketingkosten, sowie Anlaufkosten (d.h. Kosten für neue Produktionsanlagen) aufzubringen sind.
- **Wachstumsphase**: Spätestens jetzt sollten sich die Anstrengungen bemerkbar machen. Es sollten erste Verbesserungen am Produkt vorgenommen werden, da man die Marktposition verbessern möchte und erste Konkurrenzprodukte auf dem Markt erscheinen.
- **Reifephase:** In der Reifephase zeichnet sich eine Sättigung des Marktes ab. Es machen sich abnehmende Wachstumsraten des Umsatzes und des Gewinnes bemerkbar. Das Unternehmen erzielt in dieser Zeit die höchsten Gewinnbeiträge.
- **Sättigungsphase:** Reife- und Sättigungsphase sind schwer voneinander abzugrenzen, da sie direkt ineinander übergehen. Es beginnt sich ein Rückgang des Umsatzes abzuzeichnen. Spätestens zu diesem Zeitpunkt muß ein Nachfolgeprodukt zur Verfügung stehen.
- **Degenerationsphase**: Diese Phase ist charakterisiert durch einen deutlichen Rückgang der Umsätze. Das Interesse der Käufer läßt stark nach, da sie sich aufkommenden Substitutionsprodukten zuwenden. Um Verluste zu vermeiden, sollte das Produkt vom Markt genommen werden.

8.1.2.2 Planungslücke

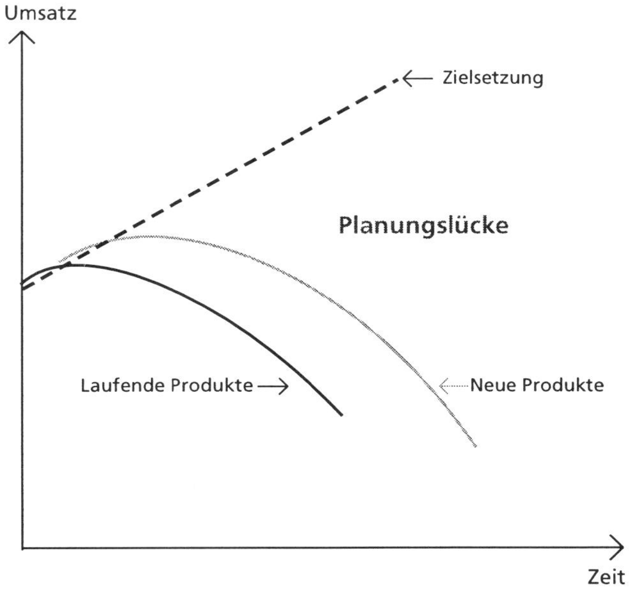

Bild 8.1: Planungslücke (Grigo 1973)

Ein übergeordnetes Ziel jeder Unternehmung ist, nicht nur augenblickliche Standards zu halten, sondern kontinuierlichen Wachstum zu sichern. Eine kontinuierliche Umsatzsteigerung läßt sich aber nur auf dem Wege der Produktinnovation realisieren.

»Aber auch mit den bereits geplanten und in Entwicklung befindlichen Neuprodukten läßt sich das Unternehmenswachstum nur bis zu einem gewissen Zeitpunkt sichern; danach entsteht eine *strategische Lücke*, für deren Schließung neue Produkte und absatzpolitische Überlegungen notwendig sind«(Sabisch 1991).

Wenn diese Produkte nicht zur rechten Zeit zur Verfügung stehen, kommt es zum Einbruch des Umsatzes und damit des Gewinns.

8.1.3 Definition der Neuproduktplanung

Das Überleben im Wettbewerb und die Behauptung gegenüber der Konkurrenz obliegt letztendlich einer komplexen Unternehmensstrategie und kann mit Sicherheit nicht nur mit der Umsatz- und Gewinnbetrachtung des Lebenszykluskonzeptes erklärt werden. Seine Aussagekraft ist lediglich beschreibender Natur. Es dient zur

Erklärung und Veranschaulichung des Gesetzes des »Werdens und Vergehens«. Trotzdem ist es unmittelbar einleuchtend, daß Unternehmen mit zuwenig Innovationen dem relativ schnellen Untergang entgegensteuern und daß die Produktinnovation im Rahmen des Produktmixes eine zentrale Rolle zur Sicherung des Unternehmens und des Wachstums einer Unternehmung spielt.

Eine permanente Erneuerung des Produktprogramms darf aber nicht als Lebensversicherung mißverstanden werden. Dem Überlebensrisiko aufgrund unzureichender Produktinnovationen steht das allen Neuprodukteinführungen immanente Risiko der Fehlentwicklung gegenüber. Die Versagerquote ist sehr hoch. Produkte, die entweder niemals die Marktreife erlangt haben oder zu Flops wurden, verschlingen ca. 70% der für die Einführung neuer Marktleistungen notwendigen Aufwendungen.

Daraus resultiert, daß man das Entstehen neuer Produkte nicht einfach dem Zufall überlassen darf. Vielmehr ist ein System von aufeinander abgestimmten Bewertungs- und Entscheidungprozessen notwendig.

Definition der **Neuproduktplanung** nach Grigo (1973),

> »Produktplanung ist die methodische Integration und Koordination aller produktbestimmenden Informationen aus Markt und Unternehmung, die auf eine optimale Produktentstehung ausgerichtet sind. System und Methode hierfür schließen alle Einflüsse, Entscheidungen und Tätigkeiten ein, die zeitlich und fachlich erfaßt, kontrolliert und gesteuert werden«.

Aufgaben der **Neuproduktplanung** nach Meffert (1991),

> »Aufgabe der Neuproduktplanung ist es, produktpolitische Alternativen zu entwickeln, Chancen und Risiken der Produktinnovation aufzuzeigen und sorgfältig gegeneinander abzuwägen. Im Hinblick auf die Verwirklichung sind alle Maßnahmen zu antizipieren, die geeignet erscheinen, die Risiken einzuschränken, bzw. die Erfolgswahrscheinlichkeiten am Markt zu erhöhen«.

8.2 Kernstufen des Neuproduktplanungsprozesses

Die Neuproduktplanung ist der Ausgangspunkt der Entstehung neuer Produkte. Der Entstehungsprozeß kann sehr unterschiedlich ausfallen, da die zugrundegelegte Strategie, die Art der neuen Produkte sowie die spezifischen Wettbewerbssituationen der Unternehmungen verschieden sind, den Prozeß aber determinieren. Die folgende Beschreibung beschränkt sich daher auf die wesentlichen Tätigkeiten, Entscheidungen und Maßnahmen, um die Allgemeingültigkeit nicht zu verlieren. Das Kapitel versucht die Kernaussagen einer Vielzahl von Autoren praxis- und theoriegeleiteter Beiträge zusammenzubringen und den gesamten Neuproduktplanungsprozeß charakteristisch zu beschreiben. Dabei werden die folgenden Kernstufen hinsichtlich Arbeitsschritte und einsetzbaren Methoden eingehender betrachet:

- Initiierung und strategische Voraussetzungen der Neuproduktplanung,
- Ideenbewertungs- und Auswahlprozeß und
- Produktdefinition.

8.2.1 Initiierung und strategische Voraussetzungen der Neuproduktplanung

Der Neuproduktplanungsprozeß ist ein Vorgang der zunehmenden Konkretisierung. Die Vorgänge werden immer komplexer, der Einsatz an Mittel und Ressourcen immer größer. Es ist unmittelbar einleuchtend, daß Versäumnisse zu Beginn des Prozesses sich gravierend auf die folgenden Prozeßschritte auswirken können. Dem richtigen Einstieg kommt daher besondere Bedeutung zu.

8.2.1.1 Strategische Orientierung

Die strategische Orientierung stellt eine Richtung und keine Beschränkung dar. Neue Produkte haben für Unternehmen immer eine strategische Bedeutung. Es werden die Umsatz- und Gewinnträger der Zukunft geschaffen. Folgende Fragen müssen im Rahmen der Innovationsstrategie geklärt werden:

- Welche strategische Rolle sollen neue Produkte erfüllen? (z.B. Verteidigung einer Marktposition, Sicherung von Arbeitsplätzen, Diversifikation)
- In welche Marktsegmente hinein soll die Innovation zielen?
- Welche technologischen Leitlinien sollen verfolgt werden?
- Wie sind die Suchfelder für neue Produkte abzugrenzen?

Nach Booz-Allen & Hamilton fehlt diese Orientierung häufig bei fehlgeschlagenen Innovationen. In den meisten Unternehmen ist die Innovationsstrategie nicht an die übergeordnete strategische Planung im Sinne bindender Leitlinien gekoppelt. Regelmäßig findet sich nur die Forderung nach einem zukünftigen Umsatzzuwachs bestimmter Größenordnung durch Innovationen. »50% unseres Umsatzes soll mit neuen Produkten realisiert werden, die es vor 5 Jahren noch nicht gab« und »Jedes Jahr sollen zwei neue Produkte auf den Markt gebracht werden« sind zwei häufig verwendete Formulierungen. (Geschka 1989)

Dem Innovationsplaner signalisieren solche Aussagen der strategischen Planung zwar, daß Innovationen einen hohen Stellenwert besitzen, sie geben ihm jedoch für seine konkrete Planung keine Hilfe. Er muß sich häufig selbst durch Analysen die Leitlinien für Innovationsaktivitäten schaffen.

Zunächst ist zu überlegen, welche strategische Rolle die angestrebte Innovation erfüllen soll. Folgende Möglichkeiten kommen hierzu in Frage.

- ❑ Marktposition ausbauen,
- ❑ Gegenüber dem Wettbewerber nachziehen,
- ❑ Neue Umsatzpotentiale schaffen,
- ❑ Kundenwünsche bzw. Erwartungen besser erfüllen,
- ❑ Spezielle Chancen und Potentiale,
- ❑ Vorhandene Produktionseinrichtungen auslasten und
- ❑ Risikoausgleich für gefährdete Produkte und Geschäftsfelder schaffen.

Es stellt sich dann die Frage, welche Technologiefelder und Marktsegmente ins Visier genommen werden sollen. Zur Entscheidungsunterstützung werden eine Reihe von Analyseinstrumenten angeboten. Technologie-Portfolio, Technologieszenarien, Innovations-Portfolio oder Suchfeldmatrix sind nur einige Beispiele.

Das Konzept der *Suchfeldmatrix* sei hier ausführlicher dargestellt:

- ❑ Der Grundgedanke der Suchfeldmatrix geht dahin, den vielfältigen, diffusen Bereich von Möglichkeiten zu strukturieren und damit überschaubar zu machen.
- ❑ Als Parameter der Matrix kommen einerseits markt-bezogene Größen (Marktsegmente, Zielgruppen, Problemfelder, Funktionsfelder) und andererseits technologie-bezogene Größen (Technologien, internes technologisches Know-how, Werkstoffe, Verfahren und ähnliches) in Frage. Für die Neuproduktplanung hat sich eine Suchfeldmatrix, die aus Know-how-Stärken und bestehenden marktbezogenen Stärken sowie aus neuen, attraktiven Marktbereichen gebildet wird, bewährt.
- ❑ Ein Beispiel zeigt nachfolgendes Bild. Die Suchfeldmatrix wird intensiv Feld für Feld durchgearbeitet.

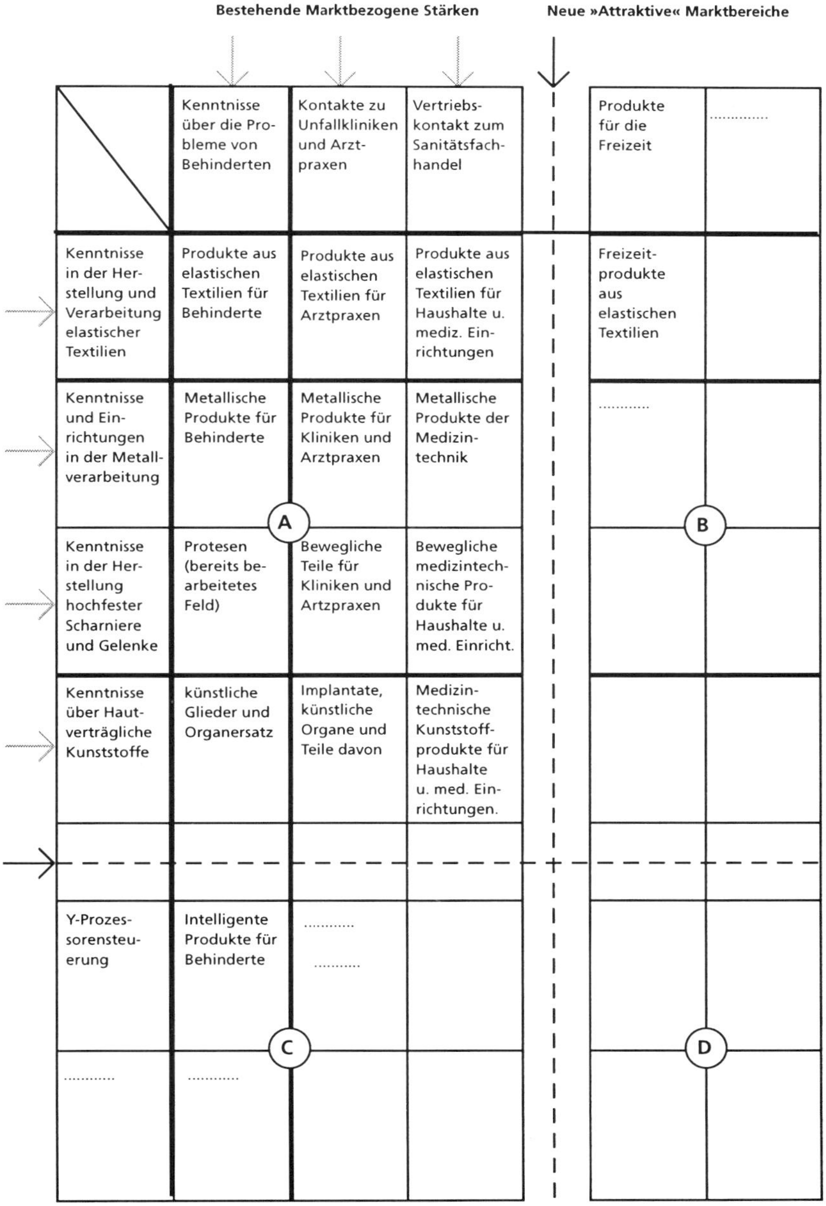

Bild 8.2: Beispiel einer morphologischen Matrix für die Ermittlung von Suchfeldern (Rupp 1988, S. 202)

Die Suche nach erfolgversprechenden Suchfeldern geht von besonderen Stärken der Unternehmung in einem oder mehreren Bereichen ihres Potentials aus.

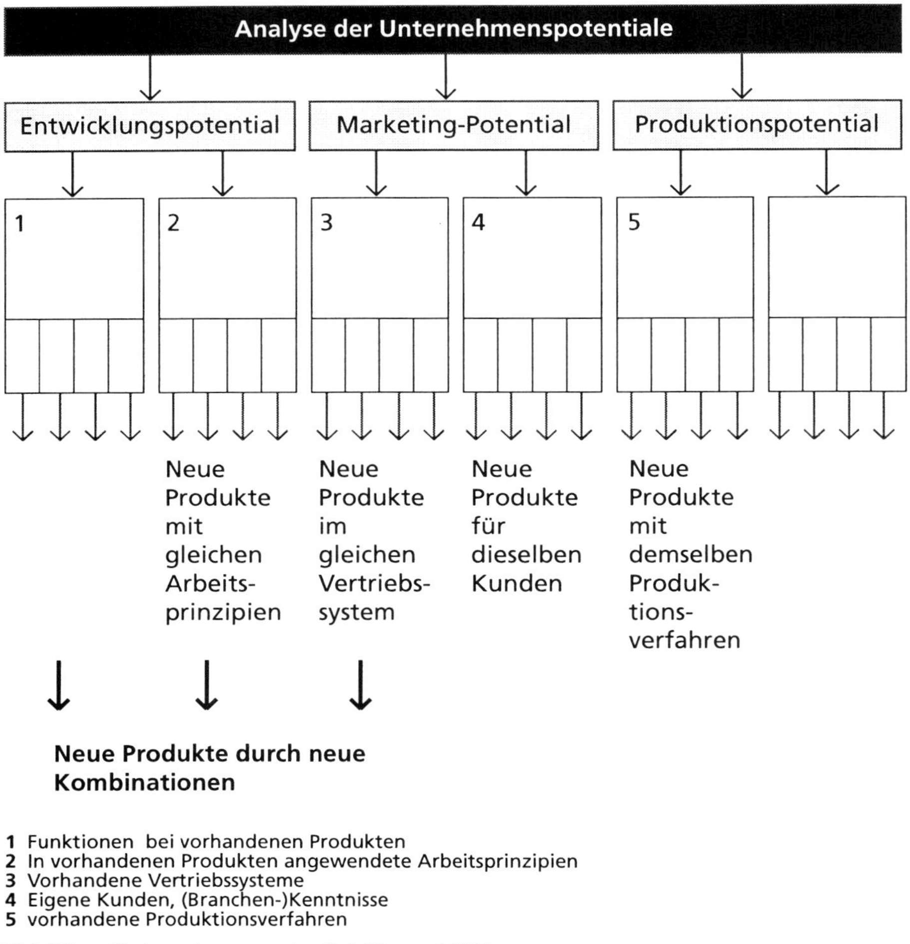

Bild 8.3: Unternehmenspotential (Rupp 1988)

Neue Kombinationen vorhandener Stärken sowie Kombinationen mit neuen, zukunftsträchtigen Märkten oder Technologien können beispielsweise mittels einer morphologischen Matrix zu einer Vielzahl derartiger Suchfelder führen.

Bei einer Formulierung einer solchen Suchfeldmatrix ist auf eine möglichst produktneutrale Formulierung der Stärken zu achten. Es sind dabei nicht einfach sämtliche Marktbeziehungen oder technologische Kenntnisse der Unternehmung zu notieren, sondern gezielt ausgeprägte Stärken herauszugreifen und mit Oberbegriffen zu umschreiben (Rupp 1988):

- ❑ Suchfelder aus neuen Kombinationen vorhandener technologischer Stärken,
- ❑ Suchfelder aus Kombinationen vorhandener technologischer Stärken mit neuen zukunftsträchtigen Märkten und
- ❑ Suchfelder aus Kombinationen vorhandener marktbezogenen Stärken mit neuen Technologien.

8.2.1.2 Ideengewinnung

Ideen sind gedankliche, geistige Anregungen zu einem neuen Produkt. Als Quellen solcher Ideen kommen Informationen, sowie Kommunikations- und Denkprozesse in Frage, die Einfälle auslösen. Nur durch eine umfassende und gleichzeitige Anwendung dieser Quellen wird man einer systematischen und zugleich kreativen Ideengewinnung gerecht.

Zur systematischen Ideengewinnung gehört auch, daß die Ideensuche auf eine möglichst breite Basis gestellt wird. Innovation darf sich nicht in neuen Produkten oder Produktmerkmalen erschöpfen. »Wer sich nicht selbst seine Möglichkeiten unnötig beschneiden lassen will, muß den Blickwinkel ganz bewußt ausweiten, d.h. in der Wertschöpfungskette vom Lieferanten über die eigenen unternehmensinternen Funktionen bis zum Kunden« (Schrader 1991).

Innovationsprobleme führen in aller Regel zu alternativen Lösungen, aus denen die günstigsten auszuwählen sind. Je größer die Anzahl tragfähiger Varianten, um so höher die Wahrscheinlichkeit, daß auch die optimale Lösung des jeweiligen spezifischen Problems gefunden wird. Ausgehend von der strategischen Grundorientierung für die Innovationstätigkeit im Unternehmen gilt es deshalb in dieser Phase des Innovationsprozesses, möglichst viele kreative Ideen zur Problemlösung zu finden. Die Erfahrung vieler führender Unternehmen unterstreichen die Bedeutung der Ideenfindung für hohe Innovationserfolge.

Der einfachste Weg zu Produktideen zu gelangen, ist die systematische Sammlung vorhandener oder leicht beschaffbarer Anregungen und Vorschläge interner und externer Ideenquellen (Meffert 1991):

- ❑ Unternehmensinterne Ideequellen:
  - ❑ Forschungs- und Entwicklungsabteilung,
  - ❑ Patentabteilung,
  - ❑ Produktionsabteilung,
  - ❑ Marketingabteilung und
  - ❑ Betriebliches Vorschlagswesen.

- Unternehmensexterne Ideenquellen:
  - Konsumenten/Kunden,
  - Handel,
  - Forschungsinstitute,
  - Lieferanten,
  - Produkte anderer Branchen,
  - Marktforschungsorganisationen,
  - Verbände und
  - Werbeagenturen und Absatzmittler.

Das betriebswirtschaftliche Problem dieser Sammlung von Ideen liegt in der Auswahl der relevanten Quellen und der Wertschätzung dieser Ideen im Hinblick auf eine erfolgreiche Produktinnovation. Externe Ideenquellen sind in der Regel den Konkurrenten ebenfalls zugänglich. Ein Innovationsvorsprung läßt sich deshalb mit diesen Quellen allein nicht sichern. Im folgenden werden einige relevante externe Ideenquellen eingehender dargestellt:

- Bedürfnisse und Wünsche der Kunden:
  Dem Marketingkonzept zufolge sind die Bedürfnisse und Wünsche der Kunden der logische Anknüpfungspunkt für die Suche nach neuen Produktideen. Für die Entwicklung neuer Produkte kann man viele neue Ideen aufgreifen, indem man eine spezielle Gruppe von Kunden, nämlich die Schlüsselkunden (Lead-User) beobachtet und in die Produktplanung einbindet. Diese Kunden schreiten bei der Anwendung von Industriegütern allen anderen Anwendern voraus und erkennen Verbesserungsbedürfnisse frühzeitig. Zum Lead-User-Konzept wird ein vierstufiges Verfahren vorgeschlagen (Nagel 1993):
  1. Stufe: Identifizierung eines wichtigen marktbezogenen oder technologischen Trends.
  2. Stufe: Identifizierung solcher Kunden, die den Trend hinsichtlich
     (a) Erfahrung und
     (b) Bedürfnißintensität anführen.
  3. Stufe: Analyse der Lead-User Bedürfnisdaten.
  4. Stufe: Projektion der Lead-User Daten auf zukünftige Märkte.
- Verkäufer und Händler:
  Verkäufer und Händler sind eine gute Quelle für neue Produktideen. Sie erfahren die Bedürfnisse und Beschwerden aus erster Hand und hören oft als erste, was die Konkurrenz den Kunden bietet. Immer mehr Unternehmen motivieren ihre Verkäufer und Partner im Handel zur Gewinnung neuer Ideen und stellen eigene Anreizsysteme zur Verfügung.
- Konkurrenzanalyse:
  Die Konkurrenzanalyse stellt durch die Betrachtung der Schwächen und Beschränkungen der Produkte und Leistungen der Konkurrenten eine reichhaltige

Quelle für Innovationsideen dar. Hierfür stehen zwei wirkungsvolle Ansätze zur Verfügung:
Das Revers Engineering hat zum Ziel, Produkte und Leistungen der Konkurrenz zu zerlegen, um ihre Funktions-, Design- und Fertigungsprinzipien zu erkennen. Die Analyse der Wertschöpfungsstruktur dieser Produkte und Leistungen, um Differenzierungsmöglichkeiten zu finden. Sinnvoll ist auch die Analyse über Möglichkeiten zur Innovation in den einzelnen Wertschöpfungsstufen.

Die Phase der Ideenfindung sollte vor allem durch die Förderung kreativen Denkens geprägt sein. Kreativität ist die Fähigkeit von Menschen, Kompositionen, Produkte oder Ideen gleich welcher Art hervorzubringen, die in wesentlichen Merkmalen neu sind und dem Schöpfer vorher unbekannt. Die Kreativität kann in vorteilhaftem Denken bestehen (Phantasie) oder in der Zusammenfügung der Gedanken (Analogienbildung), wobei das Ergebnis mehr als eine reine Aufsummierung des bereits Bekannten darstellt. Kreativität schließt das Bilden neuer Muster und Kombinationen aus Erfahrungswissen und die Übertragung bekannter Zusammenhänge auf neue Situationen ein (Schlicksupp 1988).

In der Literatur werden zahlreiche Methoden und Techniken beschrieben, die die Ideenfindung durch ihre kreativitätsfördernde Wirkung unterstützen.

Im folgenden werden einige Kreativitätstechniken dargestellt (Schlicksupp 1988 und 1988b, Kotler 1992, Nieschlag u.a. 1988, Strebel 1979).

Brainstorming
Grundprinzip dieser Technik ist das Aufgreifen und spontane Weiterspinnen von Ideen, die im Verlauf einer Brainstorming-Sitzung von den Teilnehmern geäußert werden. Auf diese Weise entstehen Assoziationsketten, die möglicherweise bisher nicht gesehene Lösungsmöglichkeiten eines Problems zu Tage fördern.

Eine Brainstorming-Gruppe besteht in der Regel aus sechs bis zehn Personen. Es ist darauf zu achten, daß nicht zu viele Experten beteiligt sind, da sie oft schon eine feste Einstellungen zu einem Problem haben.

Für den Ablauf einer erfolgreichen Brainstorming-Sitzung gelten einige Spielregeln:

- ❑ Kritik ist nicht zugelassen. Negative Kommentare über einzelne Ideen müssen verschoben werden.
- ❑ Man sollte der Phantasie freien Lauf lassen. Je ausgefallener die Idee, desto besser. Es ist leichter, die Vorschläge später zurechtzustutzen als anzureichern.
- ❑ Je mehr, desto besser. Je größer die Zahl der Ideen, desto größer die Wahrscheinlichkeit, daß nützliche darunter sind.
- ❑ Die Verknüpfung und Verbesserung ist zu befürworten. Die Teilnehmer sollten Vorschläge anderer aufnehmen und weiterentwickeln.

Methode 635

Eine Variante des Brainstorming ist die Methode 635. Den sechs Teilnehmern wird hierbei die schriftlich fixierte Problemstellung mit der Bitte vorgelegt, auf einem Blatt mindestens drei Lösungsvorschläge niederzuschreiben. Zur Durchführung dieser Aufgabe stehen fünf Minuten zur Verfügung. Anschließend reicht jeder Teilnehmer sein Lösungsblatt an eine andere Person weiter, die ihrerseits die vorgelegten Ideen weiterentwickelt. Dann wird das Lösungsblatt erneut im Teilnehmerkreis herumgereicht. Auf diese Weise gelingt es bei sechs Gruppenmitgliedern, 18 Lösungsvorschläge fünfmal unter jeweils verschiedenen Gesichtspunkten zu variieren.

Synektik

Diese Methode verwendet besonders aus der Natur gewonnene, bildliche Vergleiche. In ihrem methodischen Vorgehen wird versucht, unbewußt ablaufende kreative Prozesse nachzubilden. Bei der Synektik wird bewußt verfremdet, d.h. vom eigentlichen Problem abgelenkt. Die Synektik ist als die anspruchsvollste Methode der Ideenproduktion zu bezeichnen. Bei einer Synektiksitzung sollen folgende Regeln beachtet werden:

- Keine Kritik und Bewertung der Lösungsvorschläge,
- Stichwortartige Vorschläge,
- Andere Teilnehmer nicht unterbrechen,
- Antipathien, Aggressionen und Statusprobleme vermeiden,
- Moderatorfunktion von verschiedenen Teilnehmern ausüben lassen und
- es sollten 5–7 Personen teilnehmen, die aus verschiedenen Bereichen und hierarchischen Ebenen kommen. Eine Sitzung dauert 30–120 Minuten.

Ideen- Delphi

Bei dieser Brainwriting-Variante läuft die Befragung der Teilnehmer nach folgendem Schema ab:

- *1. Runde:* Welche Lösungsansätze zur Bewältigung des angegebenen Problems sehen Sie? Geben Sie bitte spontan Lösungsansätze an!
- *2. Runde:* Sie erhalten eine Liste von verschiedenen (anonymen) Lösungsansätzen zu dem angegebenen Problem. Bitte nennen Sie weitere Vorschläge, die Ihnen neu einfallen oder die durch die Liste neu angeregt werden!
- *3. Runde:* Sie erhalten die Endauswertung der beiden Ideenbefragungsrunden. Bitte schreiben Sie die Ihrer Ansicht nach besten Vorschläge auf.

Morphologischer Kasten

Die morphologische Methode eignet sich zur Lösung sehr vieler Probleme, bei denen Teilfunktionen oder Untersysteme eines Gesamtsystems miteinander kombiniert werden müssen. Die Anwendung der Methode birgt folgende Vorteile:

- ❑ Das Problem wird verallgemeinert, die Versuche zur Problemlösung werden systematisiert, Lösungsmöglichkeiten werden kombiniert. Dies bringt oft überraschende Ergebnisse.
- ❑ Sie liefert sehr viele Lösungen und gibt eine hohe Wahrscheinlichkeit, daß alle wesentlichen Gesichtspunkte des Problems erfaßt werden.
- ❑ Die morphologische Methode läuft in folgenden Schritten ab:
- ❑ Genaue Beschreibung und Definition des Problems mit zweckmäßigen Verallgemeinerungen.
- ❑ Ermittlung der Problembestandteile aus der Aufgabenstellung.
- ❑ Aufstellen des morphologischen Kastens oder Schemas und Eintragen aller Lösungsvorschläge.
- ❑ Auswahl und Bewertung aller möglichen Lösungen.

Folgende Regeln sollten beachtet werden, wenn man die morphologische Methode anwendet:

- ❑ Das Suchen nach Lösungen wird nicht abgebrochen, wenn die erste befriedigende Lösung gefunden worden ist.
- ❑ Frühzeitige Bewertungen sind verboten.
- ❑ Die Sitzungsdauer sollte höchstens eine Stunde betragen.
- ❑ Der Teilnehmerkreis sollte aus Vertretern verschiedener Betriebsbereiche bestehen und maximal 10 Personen umfassen. Die Methode kann aber auch von einer einzelnen Person angewandt werden.

Reizwortanalyse

Das Prinzip dieser Methode besteht darin, zufällig einige (gegenständliche) Begriffe zu sammeln, deren Struktur, Merkmale, Eigenschaften usw. herauszuarbeiten und mit dem Problem unter der Fragestellung in Verbindung zu bringen, ob sich daraus Lösungsideen ableiten lassen. Die Reizwortanalyse verkörpert eine typische Art kreativen Denkens, da sie unterschiedliche, voneinander unabhängige Wissenselemente zu neuen Elementen verschmilzt. Es kann natürlich nicht erwartet werden, daß jedes Reizwort oder gar jedes Merkmal eines Reizwortes eine Idee zu einem Problem provoziert. Es kann durchaus sein, daß mehrere Einkoppelungsversuche ohne Ergebnis bleiben. Der menschliche Verstand kann in kurzer Zeit sehr viele gedankliche Übertragungen vollziehen. Es kann als Erfolg gewertet werden, wenn sich ein kreativer Lösungsgedanke aus nur jedem zwanzigsten Versuch einer Strukturübertragung vom Reizwort auf das Problem ergibt.

8.2.2 Ideenbewertungs- und Auswahlprozeß

Die Stufe der Bewertung und Auswahl wird häufig in ihrer Bedeutung unterschätzt. Sie wird vor allem bei Innovationsfehlschlägen sehr unprofessionell durchgeführt.

Die Hauptanforderung an den Ideenauswahl- und Bewertungsprozeß ist, mit möglichst geringem Aufwand zielsicher aus einer oft recht großen Zahl von Produktideen die ungeeigneten Ideen zu erkennen und auszuscheiden, damit sich die weitere Betrachtung möglichst früh auf die aussichtsreichsten Ideen konzentrieren kann.

Es zeigt sich, wie wichtig die Informationsbeschaffung und die Systematik eines stufenweisen Vorgehens ist.

8.2.2.1 Vorgehensweise

Im folgenden wird das Modell von Schulte/Winck (1985) für ein stufenweises Vorgehen bei der Bewertung und Auswahl von Neuproduktideen beschrieben.
Für eine systematische und nachvollziehbare Ideenauswahl sollten folgende Leitlinien beachtet werden:

- ❑ Die Auswahl ist in Stufen vorzunehmen. 3 bis 4 Stufen haben sich als zweckmäßig erwiesen.
- ❑ Aufgrund einzelner Bewertungen werden in jeder Stufe Ideen ausgeschieden, so daß man sich in den folgenden Stufen auf die verbleibenden Ideen konzentrieren kann. Während am Anfang viele mehr oder weniger vage Ideen vorliegen, müssen am Ende des Auswahlprozesses eine oder wenige ausgereifte Produktdefinitionen vorliegen.
- ❑ Die Bewertung erfolgt anhand von Kriterien, die aus den Zielen und Randbedingungen abgeleitet werden.
- ❑ Für das Ausscheiden von Ideen werden vorab Entscheidungsregeln aufgestellt.
- ❑ Von Stufe zu Stufe werden zusätzliche und tiefergreifende Informationen herangezogen. Während am Anfang der Informationsstand gering ist und mehr oder weniger spontan bewertet wird, sind am Ende des Auswahlprozesses sorgfältige Analysen über die Realisierbarkeit des Innovationsprojektes sowie über Marktattraktivität und erzielbare Wettbewerbsstärke notwendig.
- ❑ Die Kriterien sollten nacheinander geprüft werden.
- ❑ Zuerst sollte man die Kriterien prüfen, die den geringsten Informationsaufwand erfordern und dann nach und nach zu den aufwendigeren Kriterien übergehen. Während es am Anfang ausreicht, die Erfüllung wesentlicher Grundanforderungen zu überprüfen, ist für Vorschläge, die zur Realisierung gelangen sollen, auch die Beurteilung sehr spezifischer Kriterien notwendig.
- ❑ Außerdem sollten die Kriterien früher im Prozeß zur Anwendung kommen, die eine starke Ausscheidungswirkung haben.

Weitere Modelle sind in der Praxis ebenfalls im Einsatz. Vielfach werden diese Modelle in Abwandlungen, teilweise auch in unternehmensspezifischen Varianten eingesetzt. Die Vielzahl der möglichen Modelle zu beschreiben, würde den Rahmen dieses Beitrags um ein vielfaches sprengen.

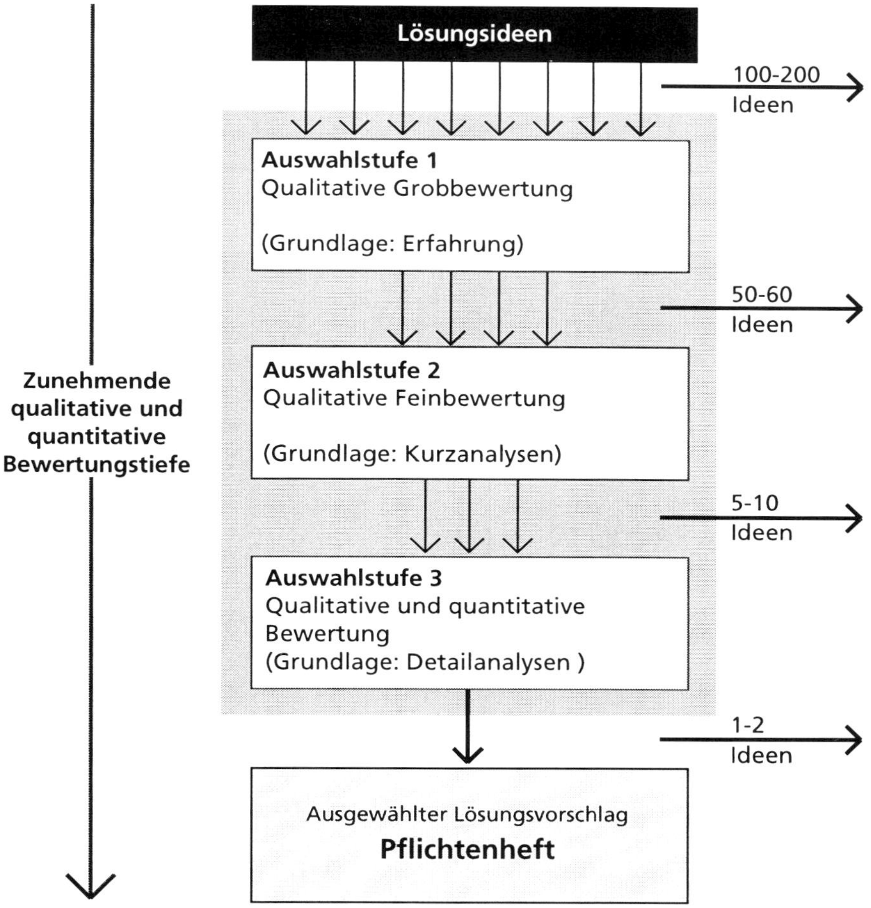

Bild 8.4: Bewertungsstufen der Ideenselektion

8.2.2.2 Qualitative Grobauswahl

Der Zweck der Ideengewinnung ist es, eine große Zahl von Ideen hervorzubringen. In den darauffolgenden Phasen der Produktentwicklung werden dann einige attraktive und umsetzbare Ideen herausgefiltert. Dieser Ausleseprozeß beginnt mit der Ideenvorauswahl. Die Grobbewertung wird in der Regel unmittelbar dem Ideenfindungsprozeß angeschlossen. Man ermittelt in dieser ersten Filterstufe noch keine konkreten Markt- oder Unternehmensdaten, sondern bewertet unmittelbar auf der Grundlage der Erfahrung der Teilnehmer. Es werden Kriterien herangezogen, die auf jeden Fall erfüllt sein müssen. In der Regel handelt es sich um Kriterien, die aus den

Randbedingungen und den Unternehmenszielen abgeleitet sind (Schulte, Winck 1985, Laudel 1992).

Eine große Schwierigkeit ist es, eine Liste solcher praktisch nicht kompensierbarer Muß-Kriterien zu finden. Werden zu wenige Kriterien berücksichtigt, gelangen zu viele Ideen in weitere, aufwendigere Bewertungsphasen. Ist die Liste zu umfassend, können sehr erfolgversprechende Ideen unausgeführt bleiben.

Innerhalb der Grobbewertung können auch Soll- und Wunsch-Kriterien geprüft werden. Sie sind deutlich »weicher « als die Muß-Kriterien. Wird hier ein Kriterium nicht erfüllt, so kann das dann akzeptiert werden, wenn die meisten anderen Kriterien dementsprechend positiv beurteilt werden. Ist die Anzahl der zu prüfenden Ideen nicht zu groß, sind auch einfache Punktwertverfahren wie die Checkliste denkbar. Hier wird die Idee zunächst dokumentiert und dann vom Arbeitsteam nach einem standardisierten Verfahren bewertet. Der Vorteil der unmittelbaren Dokumentation bei diesem etwas aufwendigeren Verfahren ist jedoch beachtlich.

8.2.2.3 Qualitative Feinbewertung

In der Stufe der qualitativen Feinbewertung wird jeder Innovationsvorschlag auf Potentialneigung, Erfüllung der Kundenanforderungen und der zu erwarteten Chancen und Risiken geprüft. Hierzu werden auf der Basis der bereits vorliegenden Unterlagen für die wichtigsten Kriterien unternehmensinterne Kurzanalysen durchgeführt.

Alle Unternehmensbereiche des Unternehmens werden sorgfältig befragt, und die Prüfung eines jeden Vorschlags wird dokumentiert. Für ein Produktvorschlag werden so folgende Bereiche eines Unternehmens detailliert untersucht: Entwicklung, Fertigung, Marketing und Vertrieb, Betriebswirtschaft.

Die Tiefenschärfe der Kriterien sollte auf dieser Stufe differenzierter sein. Ebenso braucht die Bewertung eine größere Differenzierung. Bei der Betrachtung des potentiellen Absatzmarktes für ein Neuprodukt sind bspw. die Marktvolumina zu ermitteln und auch die Daten über die Dynamik des Marktes bereitzustellen. Auch in dieser Stufe erhält man eine Liste der priorisierten Produktvorhaben.

Als Ideenauswahl- und Bewertungsinstrument eigenen sich Scoring-Modelle (Wicher 1991): Scoring-(Punktbewertungs-)Modelle können als Weiterführung der Checkliste verstanden werden. Für die Bewertung und Auswahl des Neuerungsvorschlags wird ein Gremium gebildet, das aus Experten der von den Konsequenzen der zu realisierenden Innovationsidee betroffenen Unternehmensbereiche besteht. Dadurch kann ein fachlich breiteres Spektrum abgedeckt werden, als dies bei den der Checkliste zugrundeliegenden Einzelentscheidungen gegeben ist. Die Festlegung der Punktzahlen und die Ermittlung der Gewichte erfolgen mit Hilfe von Rating-Skalen, auf denen das Urteil über die Kriterien intensitätsmäßig abgestuft zum Ausdruck gebracht wird. In der Regel haben die Skalen fünf bis zehn numerische oder verbale (»sehr gut« bis »sehr schlecht«) Ausprägungsstufen. Die Differenzierung sollte zweckmäßigerweise nur so tief erfolgen, als noch signifikante Bewertungsunterschiede möglich sind. Die Teilurteilswerte werden zu einem Gesamtproduktideenwert aggregiert.

Mathematisch können Scoring-Modelle allgemein wie folgt beschrieben werden:

$$U_j = \sum_{i=1}^{n} a_i * x_{ij}$$

Uj = Urteil über eine Neuproduktidee,
Ai = Bedeutung, die einem Kriterium beigemessen wird und
Xij = Ausmaß, in dem die Neuproduktplanung j das Kriterium i erfüllt.

Auch Scoring-Modelle sind nicht frei von Einwänden. Wie bei der Checkliste ist die Problematik der Wahl des Kriterienkatalogs und der mit der Operationalität der Kriterien zusammenhängenden Fragen sowie der subjektive Charakter des Verfahrens zu nennen.

Hinzu kommt ein Gewichtungsproblem, das mit dem Skalenmeßniveau zusammenhängt. Für Scoring-Modelle werden Kardinalskalen verwendet, obgleich seine Bewertung nur in Form ordinaler Rangfolgen (»besser als« bis »schlechter als«) abzugeben im Stande ist. Es ist nicht auszuschließen, daß Bewertende mit gleichen Beurteilungsvorstellungen hinsichtlich eines Kriteriums auf der Werteskala unterschiedliche Wertungen abgeben. Einiges spricht dafür, daß die Errechnung von Wertezahlen mit subjektiver Gewichtung nicht genauer ist, als die systematische verbale Darlegung des Gesamtergebnisses. Zwar ist ein ausgewogenes Gesamturteil und eine differenzierte Alternativenabstufung möglich. Sie basieren jedoch auch hier auf der Grundlage informationsarmer Entscheidungen.

8.2.3 Produktdefinition

Die Kerntstufe der Produktdefinition stellt einen Prozeß der Konkretisierung dar. Es werden hier bereits sehr arbeitsintensive Methoden angewandt. Der Einsatz an Mitteln und Ressourcen kann bereits beträchtliche Ausmaße annehmen. Während Ideen in der Phase der qualitativen Grob- und Feinbewertung eher nach unternehmensinternen Anforderungen bewertet werden, wird in der Phase der Problemdefinition ausschließlich im Hinblick auf marktbezogene Anforderungen konkretisiert und bewertet. Die »Kundenwunschorientierung« hat oberste Priorität.

8.2.3.1 Von der Produktidee zum Produktkonzept

Aus den verbleibenden attraktiven Produktideen müssen Produktkonzepte entwickelt werden, die durch Testverfahren erprobt werden können. Man unterscheidet zwischen einer Produktidee, einem Produktkonzept und einem Produktimage.

Eine *Produktidee* ist die Idee von einem möglichen Produkt, das vom Unternehmen angeboten werden könnte. Es stellt das Ergebnis der Bemühungen in den Phasen Ideengewinnung und Ideenbewertung dar und ist der Input für die Phase der Problemdefinition.

Ein *Produktkonzept* ist eine im Einzelnen erarbeitete Darstellung dieser Idee und zwar in einer dem Verbraucher verständlichen Ausdrucksweise. Das Produktkonzept stellt eine konsumorientierte Beschreibung möglicher Produkte dar, welche vom Konsumenten als Bündel von Nutzkomponenten interpretiert werden. D.h. Produktkonzepte müssen als »Nutzenbündel« formuliert werden, sie müssen den Nutzen des neuen Produktes dem Konsumenten nachvollziehbar vermitteln. Es definiert den Charakter eines Produktes aus Kundensicht und ist somit im Kern eine projizierte Erfahrung, eine komplexe Botschaft, die durch das neue Produkt in der Hoffnung vermittelt wird, die Zielkunden damit zufriedenzustellen. Meistens ist es verbal ausgedrückt, vielleicht gestützt durch Grafiken und vorläufige Spezifikationen.

Das *Produktimage* ist dann das Vorstellungsbild, das die Verbraucher von einem tatsächlichen Produkt entwickeln.

Die *Konzeptentwicklung* ist die Transformation einer Produktidee in ein Produktkonzept, das die Grundlage für die Konkretisierung der gesamten Marketing-Strategie sowie für die physische Produktgestaltung bildet.

Bei der Konzeptentwicklung handelt es sich um einen mehrstufigen Prozeß, der durch eine Vielzahl ineinandergreifender Gestaltungs-, Beurteilungs- und Auswahlkriterien charakterisiert werden kann. Wichtige Kennzeichen einer konsumorientierten Konzeptentwicklung sind die aktive Einbeziehung von Konsumentenurteilen und die Berücksichtigung wichtiger Marktinformationen in den einzelnen Phasen der Konzeptentwicklung (Schubert 1991).
Aus jeder Produktidee lassen sich mehrere Konzepte entwickeln. Die wichtigsten Fragen sind:

- Wer soll das Produkt nutzen?
- Welcher primäre Nutzen soll mit dem Produkt geliefert werden?
- Was wäre der beste Verwendungsanlaß für das Produkt?

Ein Produktkonzept positioniert also das Produkt im Wettbewerb der Produktkategorien. Das Produktkonzept, nicht die Produktidee, beschreibt also das Wettbewerbsumfeld eines Produktes.

Bei der *Konzepterprobung* werden die Konzepte durch Tests an einer geeigneten Gruppe von Zielkunden erprobt. In dieser Phase reicht eine textliche bzw. bildliche Beschreibung des Konzepts noch aus, obwohl die Zuverlässigkeit steigt, je konkreter und greifbarer die Konzeptdarstellung ist.

Die Beurteilung der Konzepte durch die Zielkunden erfolgt allein aufgrund eines unmittelbaren, subjektiven Eindrucks, bzw. einer unmittelbaren, subjektiven Vorstellung. Folgende Abbildung zeigt die Gestaltungsformen der Testobjekte für die Konzepttests wie sie in der Marktforschungspraxis eingesetzt werden

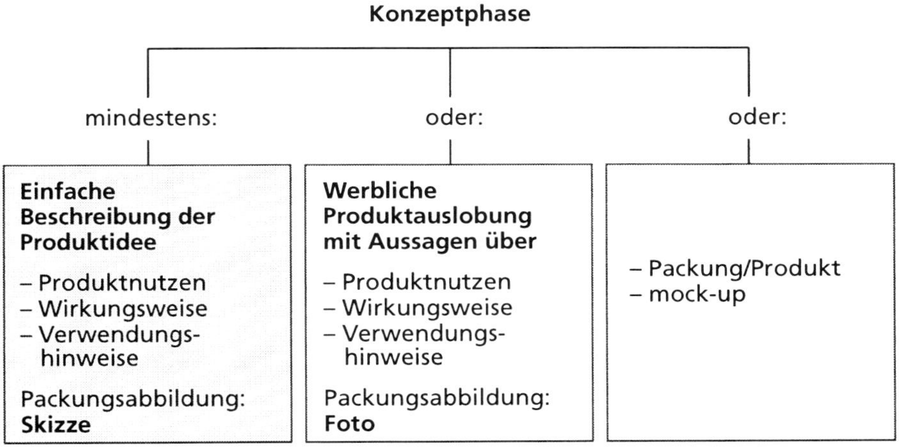

Bild 8.5: Mindestvorraussetzung für Teststimuli in der Konzepttest-Phase (Schubert 1991)

8.2.3.2 Wirtschaftlichkeitsbetrachtung

Die Wirtschaftlichkeitsbetrachtung stellt die letzte Überprüfung einer Produktidee bzw. eines Produktkonzeptes dar. Wenn das Produktkonzept der Wirtschaftlichkeitsanalyse standhält, gelangt es in die Forschungs- und Entwicklungsabteilung bzw. in die Konstruktion und wird zu einem materiellen, vermarktungsfähigen Produkt weiterentwickelt. Natürlich spielen Wirtschaftlichkeitsüberlegungen letzlich in allen Phasen eine Rolle, nicht aber im Sinn einer umfassenden quantitativen Bewertung.

Nachdem neben den Marktdaten der Konzepterprobung nun auch die mit alternativen Marketingstrategien verbundenen Kosten abgeschätzt werden können, wird das Produktkonzept mittels verschiedener Bewertungsverfahren daraufhin beurteilt, inwieweit es geeignet ist, die ökonomischen Zielvorstellungen des Unternehmens zu realisieren. Die Wirtschaftlichkeitsbetrachtung ist die quantitative Bewertung der Produktideen bzw. der Produktkonzepte. Besonderer Bedeutung kommt hier den

Prognosemodellen zu, die eine valide Schätzung der künftigen Umsätze, Kosten und Gewinne ermöglichen.

Das Prinzip einer Wirtschaftlichkeitsrechnung für Produktinnovationen kann wie folgt skizziert werden:

Innovationsprojekte haben den Charakter von Investitionen. Diese Investitionen setzen sich in der Regel wie folgt zusammen:

- ❑ Kosten der Produktstudie (Marktforschungen u.s.w.),
- ❑ investierte Mittel für Forschung, Entwicklung und Konstruktion,
- ❑ erforderliche zusätzliche Investitionen im Produktionsbereich, Kosten für die Produktionsvorbereitung und
- ❑ Kosten für die Marketingvorbereitung sowie für die Markteinführung (z.B. Anpassung der Absatzorganisation, Transport- und Lagerinvestitionen, Sonderaufwendungen für Schulung, Werbung, Verkaufsförderung).

Der durch diese Investitionen erzeugte Nutzen ist quantifizierbar als die Differenz der Einnahmen und Ausgaben (bzw. Erlöse und Kosten), die nach erfolgter Markteinführung durch Beschaffung, Produktion und Absatz des neuen Produkts anfallen.

Für die Bewertung solcher Innovationen (Investitionen) anhand der damit verbundenen Einnahmen- und Ausgabenströme stehen verschiedene Verfahren zur Wirtschaftlichkeitsrechnung zur Verfügung (z.B. Paybackmethode, Rentabilitätsanalyse, Kapitalwertmethode, interne Zinsflußrechnung).

Die verfügbaren Informationen zur Beurteilung der entsprechenden Einnahmen und Ausgaben sind vielfach derart lückenhaft und unsicher, daß exakte rechnerische Methoden nur wenig aussagekräftig sind. Trotzdem empfiehlt es sich, vor Beginn einer kostenintensiven Produktentwicklung zumindest eine Übersicht über die Zahlungsströme evtl. mit optimistischen und pessimistischen Schätzungen im Sinne einer Risikoabschätzung zu schaffen.

Insbesondere sind folgende Punkte zu klären:

- ❑ Umfang und ungefährer Zeitraum der notwendigen Investitionen.
- ❑ Können die erforderlichen finanziellen Mittel freigestellt werden?
- ❑ Wann beginnt der Mittelrückfluß, kann die entstehende Liquiditätslücke durch andere Einnahmen geschlossen werden?
- ❑ Ergibt sich bei einer pessimistischen Entwicklung eine für die Unternehmung ruinöse Situation?

Auch wenn für einzelne Ausgaben oder Einnahmen noch keine Schätzungen möglich sind, lassen sich aufgrund der Datenkonstellation der bereits abschätzbaren Werte oft Entscheidungsgrenzen für die übrigen Werte ableiten, z.B. »Die Produktentwicklung darf maximal ... Mio. DM kosten, wenn ... nicht überschreiten soll.«

	1990	**1991**	**1992**	**1993**	**1994**
Absatzmenge (Stück)	5000	6000	7500	9000	9000
Preis (DM./Stück)	2000	2000	2200	2200	2100
Nettoumsatz (1000 DM)	1100	1200	1650	1890	1980
Ausgaben in % (1000 DM)	900	1000	1200	1400	1400
Einnahmen-überschuß (1000 DM)	100	2090	450	530	490

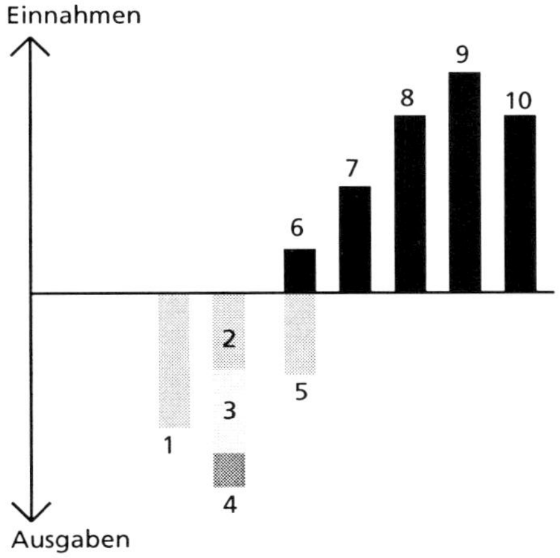

1 EK: 350 000
2 EK: 150 000
3 PK: 250 000
4 MK: 50 000
5 MK: 150 000
6 100 000
7 200 000
8 450 000
9 530 000
10 490 000

EK Entwicklungskosten:
PK Kosten der Produktionsvorbereitung
MR Kosten der Marketingvorbereitung und Markteinführung
* investierte Mittel für Produktinnovation

EK (DM)	500000
PK (DM)	250000
MK (DM)	200000
Total* (DM)	950000

Bild 8.6: Prinzip einer Wirtschaftlichkeitsbetrachtung (Rupp 1988)

Wie bereits beschrieben, stellt jedes Neuprodukt eine Investition dar und ist folglich nach dem erwarteten investiven Erfolg einzuschätzen. In diesem Zusammenhang hat vor allem der interne Zinsfuß neben statischen (Kostenvergleichs-, Gewinnvergleichs,- Rentabilitäts- und Amortisationsrechnung) und weiteren dynamischen Instrumenten der Investitionsrechnung (Kapitelwert-, Annuitätenmethode) Beachtung gefunden. Im Unterschied zu den statischen Rechnungen betrachten dynamische Verfahren die Einzahlungs- und Auszahlungsreihen unter Berücksichtigung ihres zeitlichen Anfallens für die gesamte Lebensdauer der Investition. Zeitliche Unterschiede beim Anfall der Einzahlungen sind wertmäßig erfaßt, indem die Zahlungsströme auf einen bestimmten Zeitpunkt diskontiert werden. Somit ist klar, daß statische Instrumente der Investitionsrechnung den Anforderungen einer umfassenden Wirtschaftlichkeitsbetrachtung nicht gerecht werden. Sie sind im Rahmen einer »Ideenbewertung unter dem wirtschaftlichen Aspekt« anzuwenden. Im Rahmen einer Bewertung von Produktkonzepten, die unmittelbar vor der materiellen Produktentwicklung stehen, bietet nur der interne Zinsfuß die nötige Betrachtungstiefe. Der interne Zinsfuß einer Investition ist der Zinssatz, bei dessen Anwendung der Kapitalwert sämtlicher der Investition zuzurechnenden Einzahlungen und Auszahlungen den Wert Null ergibt. Somit besteht eine Gleichwertigkeit zwischen der Summe der Barwerte der Einzahlungen und derjenigen der Auszahlungen. Der interne Zinsfuß gibt die Höhe der Effektivverzinsung an, die das in einer Investition jeweils gebundene Kapital im Durchschnitt erbringt. Die Definitionsgleichung lautet:

$$C = \sum_{i=1}^{n} \frac{E_t - A_t}{(1 + i)^t}$$

C = Kapitalwert
E_t = Einzahlung in der Periode t
A_t = Auszahlung in der Periode t
i = interner Zinsfuß

Der intern ermittelte Zinsfuß wird mit einem externen Kalkulationsfuß (r) verglichen. Letzterer ist der Zinssatz, den der Investor für die gebundenen Zahlungsmittel mindestens anstrebt. Ist $i \geq r$, so ist die Investition vorteilhaft.

8.2.3.3 Pflichtenheft

Am Anfang der Produktdefinition steht eine Konkretisierung des Produktvorhabens. Aus ausgewählten Ideen wird ein Produktkonzept entwickelt, indem Zielmärkte, Kundengruppen und Marktsegmente festgelegt sowie die Idee im Verhältnis zu konkurrierenden Produkten positioniert wird. Die Ziel- und Aufgabenstellung für die materielle Produktentwicklung, die sich aus den Anforderungen der Umsetzung ausgewählter Produktkonzepte in ein marktreifes Produkt ergibt, findet sich meist in Form eines Pflichtenheftes wieder. Es enthält die wichtigsten technischen, wirtschaftlichen, organisatorischen und sonstigen (z.B. sozialen, ökologischen) Zielsetzungen für das Projekt. Das Pflichtenheft verkörpert das Produktkonzept und erfüllt folgende Funktionen im Innovationsprozeß:

- ❑ Eine Zielfunktion für das Entwicklungsteam.
- ❑ Eine Planungsfunktion für den Ablauf der weiteren Schritte bis zur Marktwirksamkeit.
- ❑ Eine Kontrollfunktion für das Management.

Das Pflichtenheft ist insofern von wesentlicher Bedeutung, als der präzise gefaßte Anforderungskatalog die Entwicklungstätigkeit in die auf der Grundlage des Produktkonzepts vorbestimmte Richtung lenkt. So läßt sich die Gefahr bannen, daß der F&E-Bereich mangels fundierter Informationen die Entwicklung nach eigenem Gutdünken vorantreibt und schließlich ein neues Produkt vorliegt, das weder der gegenwärtigen, noch der zukünftigen Bedürfnisrealität von Unternehmen und Markt gerecht wird.

An die Arbeit mit Pflichtenheften sollten folgende Forderungen gestellt werden:

- Pflichtenheft-Ziele müssen anspruchsvoll, aber zugleich realistisch sein.
- Mit Veränderung der Erfordernisse (Bedingungen) und mit Erkenntnisfortschritt sind Pflichtenheft-Ziele zu präzisieren (aktualisieren).
- Pflichtenheft-Ziele sind durch das Management zu bestätigen. Sie sind verbindlich.

Mindestgehalt des Pflichtenheftes sind in der Regel folgende Angaben (Sabisch 1991):

- Projektübersicht mit Kurzfassung der Zielsetzung, Einordnung in Systemkonzepte usw.
- Funktionskonzept (geforderte Funktionen und Eigenschaften).
- Anforderungen an den Aufbau des Produkts (Abmessungen, Bauteile, Werkstoffe usw.) und Angaben zur Produktqualität und zum Serviceniveau.
- Wichtige Marktdaten.
- Wirtschaftliche Daten.
- Wichtige Ecktermine des Projekts (Termin der Produktions- und Markteinführung, Zwischentermine im Entwicklungsprozeß).
- Zu beachtende Vorschriften und Richtlinien für Herstellung, Lieferung, Montage, Prüfung usw.
- Weiterhin können im Pflichtenheft Ziele für die Formgestaltung, zur angewandten Technologie, zur Qualitätssicherung enthalten sein.

Die Erfahrung führender innovativer Unternehmen bestätigt, daß durch qualifizierte Pflichtenhefte das Niveau der gesamten Planungstätigkeit und des Innovationsmanagements wesentlich beeinflußt wird. So können durch detaillierte Zielsetzungen und ihre laufende Präzisierung infolge veränderter Ausgangsbedingungen oder Erkenntnisse z.B. Probleme oder Risiken möglichst früh erkannt werden. Das zahlt sich ökonomisch aus, da Kosten für notwendige Änderungen mit dem zeitlichen und inhaltlichen Fortschreiten des Entwicklungsprozesses progressiv anwachsen. Weiterhin können eine verstärkte Parallelität der Entwicklungsaktivitäten erreicht und damit Produktinnovationen früher in den Markt eingeführt werden. Schließlich ist es möglich, die erforderlichen Ressourcen sowie Potentiale und finanzielle Mittel termingerecht bereitzustellen.

8.3 Darstellung ausgwählter Modelle der Neuproduktplanung

Produktplanungsmodelle versuchen, den Prozeß der Neuproduktplanung zu beschreiben. Phasenmodelle sind dabei von größter Bedeutung. Andere Modelle wie etwa der Komponentenansatz oder Flußdiagramme bauen auf dem Phasenmodell auf, berüchsichtigen aber noch zusätzliche Komponenten. Im folgenden werden einige Modell dargestellt.

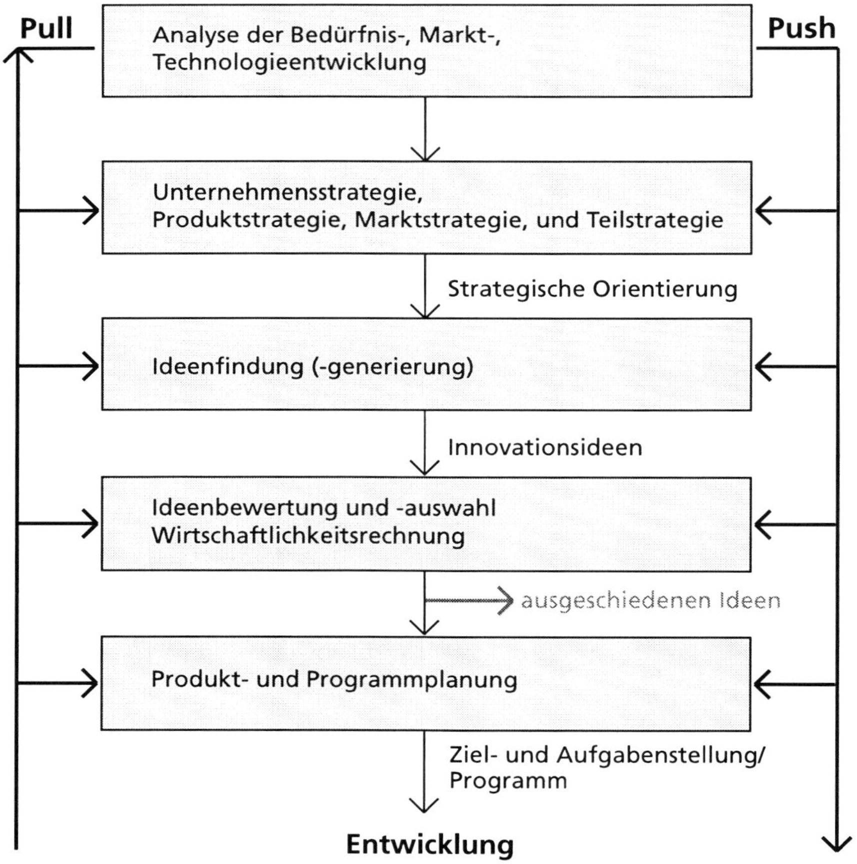

Bild 8.7: Phasenmodell von Schmidt-Grohe (1972, S. 50)

Das Phasenmodell von *Jochen Schmidt Grohe* stammt aus dem Jahr 1972 und findet sich, bis heute richtungsweisend, in modifizierter Form auch in der moderner Literatur wieder. In Stufe 1 (Feld 1.1) erhält das Innovationssystem einen organisationsinternen oder -externen Anstoß, einen Produktinnovationsprozeß einzuleiten. Nur wenn eine Änderungsnotwendigkeit besteht, erfolgt in Stufe 2 eine Festlegung von Zielen, die das neue Produkt erreichen soll. Es sind die angezielten Marktsegmente, die durch das neue Produkt bezweckte neue Problemlösung, ungefähre Einführungszeit, Ergänzung des Sortiments und bestimmte Gewinnstandards festzulegen.

Das Phasenmodell von *Helmut Sabisch* (1991) berücksichtigt in sehr umfassender Weise die Phase der strategischen Orientierung. Als Input für die Generierungsphase findet sich nicht nur eine Analyse des Marktes und eine Berücksichtigung der Technologieentwicklung, sondern auch eine komplexe Abstimmung mit der gesamten Unternehmensstrategie.

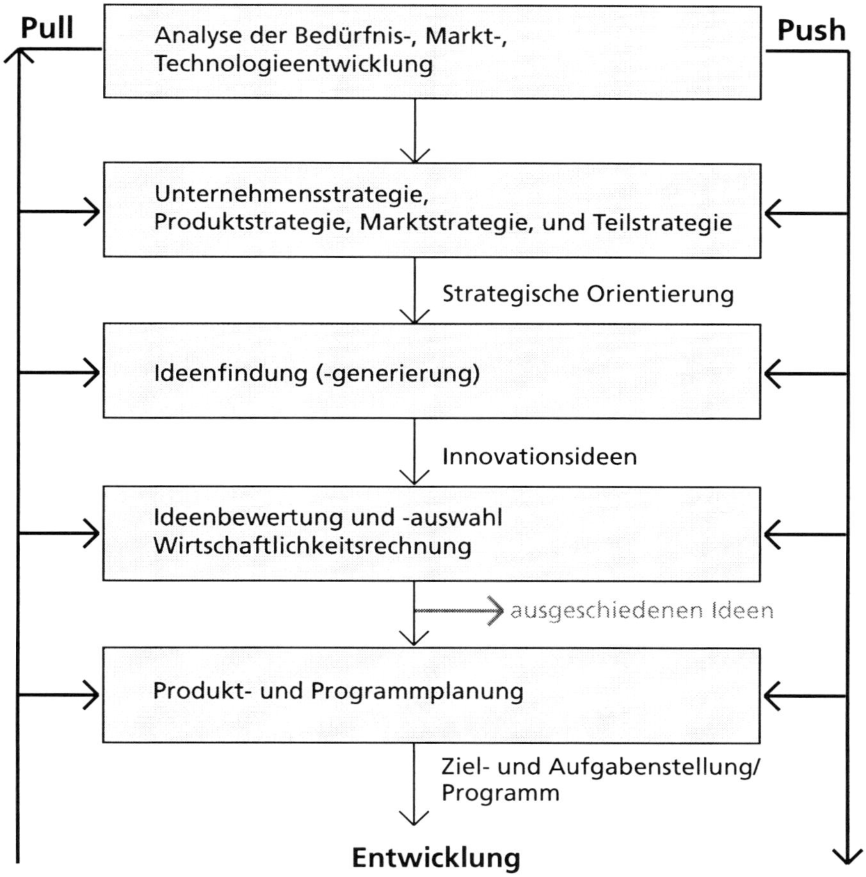

Bild 8.8: Phasenmodell Helmut Sabisch (1991)

Im Phasenmodell von *Bernd Schubert* (1991) handelt es sich um ein neuzeitliches Phasenmodell, das dem Erfolgsfaktor der Kundenwunschorientierung in umfassender Weise gerecht wird. Als neue Konsumentenorientierte Ansätze zum Produktinnovationsprozeß werden die Phasenmodelle bezeichnet, bei denen die Bewertungs- und Auswahlprozesse auf den einzelnen Stufen ausdrücklich von Konsumentenurteilen gesteuert werden. Der Kerngedanke ist, daß die einzelnen Gestaltungsentscheidungen, die vom Management im Verlauf dieses Prozesses zu treffen und umzusetzen sind, direkt mit konsumentenbezogenen Marktinformationen verknüpft werden. Das Ziel dieser Informationsgewinnung besteht darin, in jeder Phase der Konkretisierung der Produktidee bzw. des Produktkonzeptes über Informationen zu verfügen, die eine Prognose der Marktchancen des Produktes im jeweiligen Entwicklungsstadium erlauben.

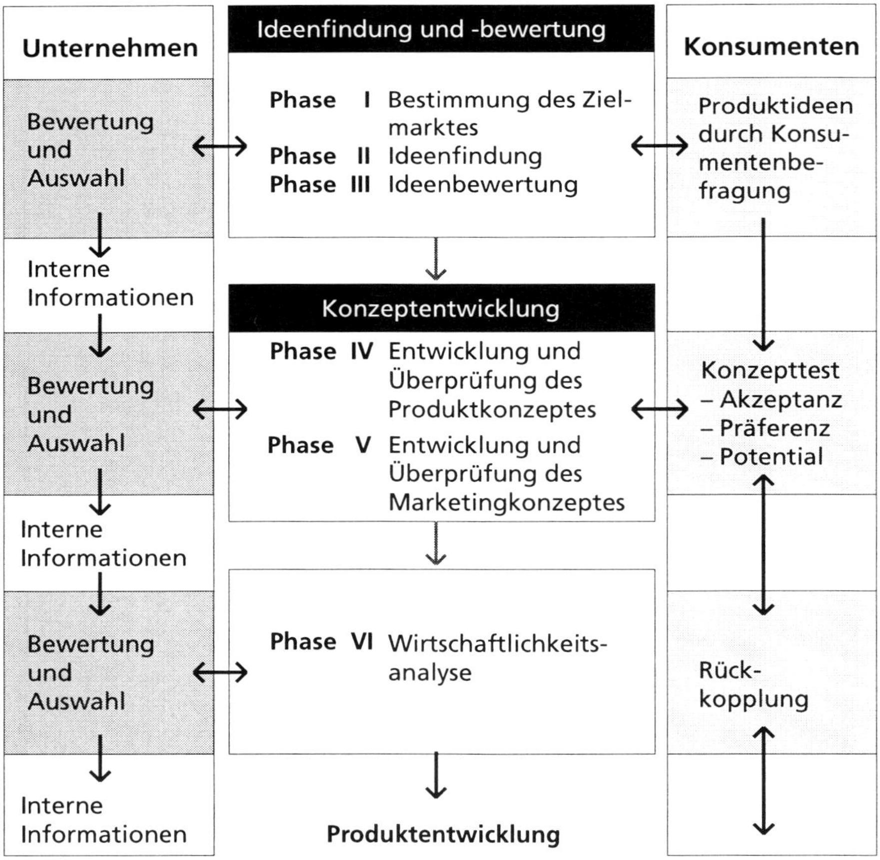

Bild 8.9: Phasenmdell von Bernd Schubert (1991)

Das Neuproduktplanungsmodell von *Meffert* (1991) zeigt die prinzipiellen Rückkopplungsmöglichkeiten bei der konzeptionellen Produktentwicklung auf.

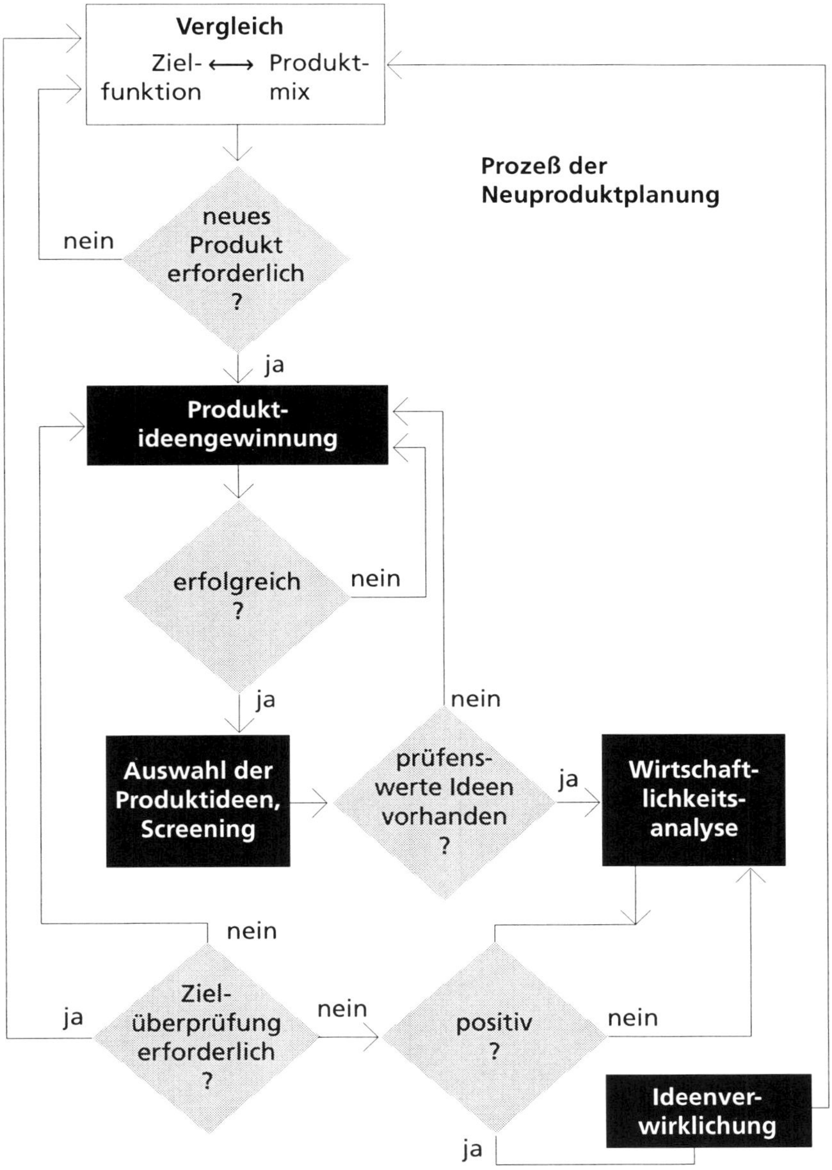

Bild 8.10: Neuproduktplanungsmodell von Meffert (1991)

In der Literatur werden verschiedene Prozeßmodelle vorgeschlagen. Ein Flußdiagramm der rückkoppelnden Neuproduktplanung aber ist ein seltener Gegenstand der graphischen Darstellung. Dauer und Intensität der planerischen Aktivitäten hängen primär von der Art der Produktinnovation ab. Marktneuheiten erfordern im Gegensatz zu Unternehmensneuheiten meist umfassende mehrjährige Planungen. Spezifische Rückkopplungen sind daher schwer darzustellen

8.4 Quality Funktion Deployment (QFD) als Kernmethode der Neuproduktplanung

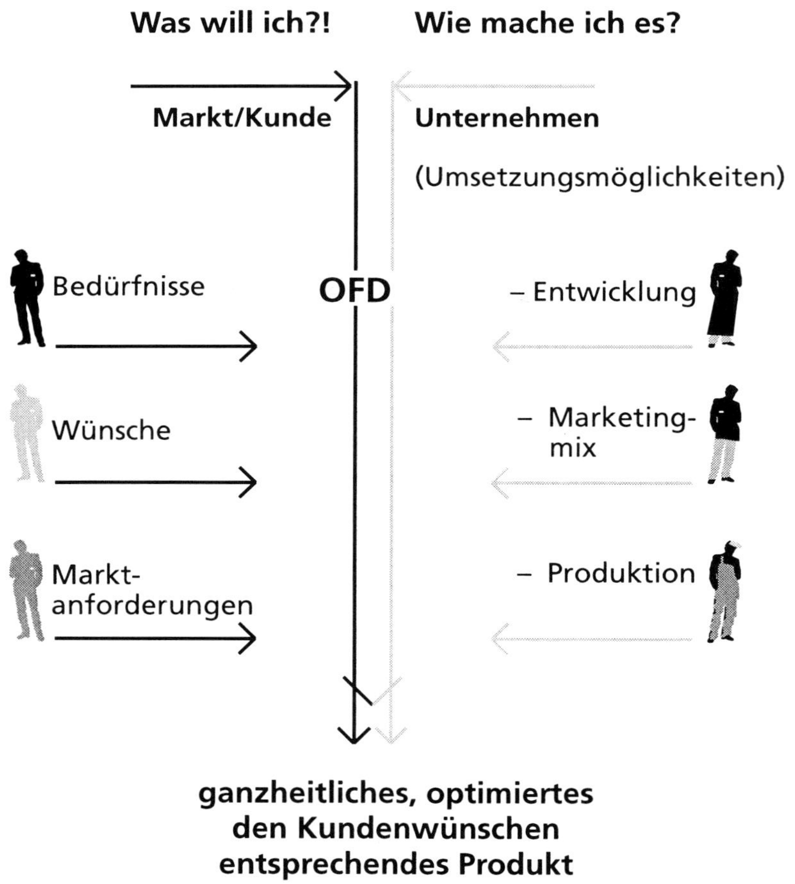

Bild 8.11: Prinzip des QFD

8.4.1 Ziele der QFD

Der Kerngedanke des Quality Function Deployment (QFD) liegt in der gezielten Umsetzung von Marktanforderungen und Kundenwünschen bei der Produktentwicklung. Alle vorhandenen Tätigkeiten innerhalb eines Unternehmens sollen koordiniert werden, daß Produkte kreiert, gefertigt und vermarktet werden, die den Kundenwünschen entsprechen. Mit Hilfe des Quality Function Deployment sollen kundengerechte Produkte über alle Prozeßschritte hinweg unter Vermeidung von Reibungsverlusten an Schnittstellen entwickelt werden.

Die Ziele der Quality Function Deployment sind:

- Strukturierung des Produktentwicklungsprozesses,
- Berücksichtigung der Anforderungen des Kunden,
- Umsetzung der Unternehmensziele und -strategie im Produktentwicklungsprozeß,
- Dokumentation der Ergebnisse,
- Förderung des Prozeßverständnisses der Beteiligten und
- Unterstützung der zielgerichteten Diskussion.

8.4.2 Vorteile des Quality Function Deployment

Der Einsatz der QFD-Methode ist mit einer Reihe von Vorteilen verbunden. Konkret sind dies:

- Kundengerechte Produktentwicklung über sämtliche Unternehmensbereiche,
- Reduzierung der Schnittstellenprobleme,
- Verbesserung der Kommunikation und Kooperation zwischen den Bereichen,
- Einblick der Beteiligten in bisher »fremde« Problembereiche und Förderung des ganzheitlichen Denkens,
- Reduzierung des nachträglichen Änderungsaufwands,
- Geringere Anlaufkosten bei Produktionsbeginn,
- Verbesserung der horizontalen und vertikalen Kommunikation,
- Bessere Planung und Managementinformation,
- Leichtere Dokumentation durch übersichtliche Ergebnisse,
- Effizientere Teamarbeit durch zielgerichtete Diskussion innerhalb des Teams und
- Förderung des Verständnisses gegenseitiger Abhängigkeiten einzelner Variablen.

8.4.3 Methodik des Quality Function Deployment

Das Werkzeug des Quality Function Deployment ist das House of Quality. Dies ist ein auf mehreren Matrizen basierendes Analyse-, Kommunikations- und Planungsinstrument, das in jeder Phase der Produktentstehung die Systematik und den Zusammenhang der Vorgehensweise visualisiert. Der »Bau« des House of Quality ist ein mehrstufiger Prozeß mit zunehmendem Detaillierungsgrad:

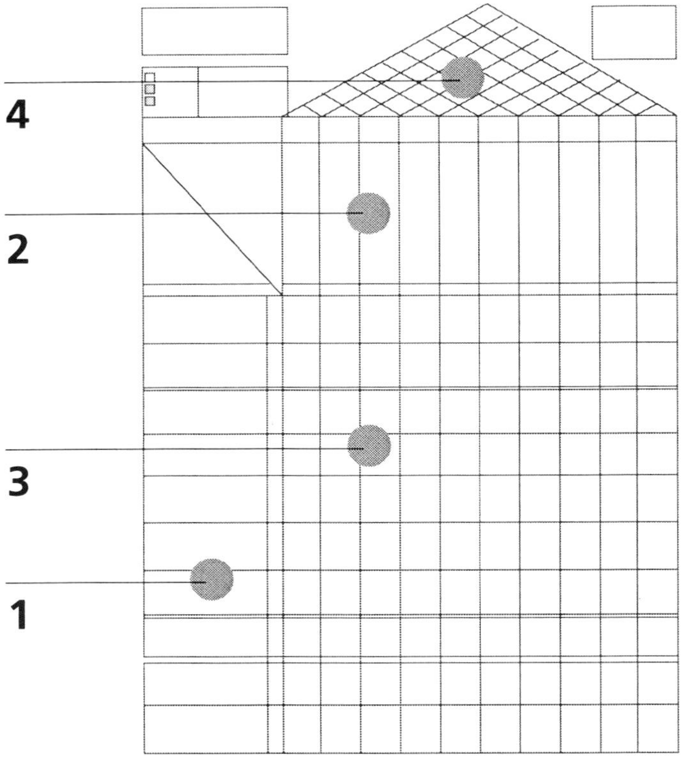

Bild 8.12: Das »House of Quality«

1 Die Y-Achse wird durch die Frage *Was* (soll verwirklicht werden) definiert.
2 Die X-Achse durch die Frage *Wie* (kann die Anforderung umgesetzt werden) definiert.
3 Im Feld 3 wird bewertet, wie gut die Anforderung (*Was*-Komponente) durch die geplanten Umsetzungsmöglichkeit (*Wie*-Komponente) erfüllt werden. Das Ausfüllen der Matrix sollte immer im Rahmen einer Gruppendiskussion stattfinden. Die Gruppe setzt sich zusammen aus den für die Wie- und Was-Komponenten

zuständigen Bereichen. Beispielsweise werden die Marktanforderungen vom Marketing definiert und die technische Umsetzung von der Entwicklung und Produktion dargestellt.

4 Der Bereich 4, das Dach des House of Quality, bietet die Möglichkeit den Zusammenhang und Integrität der einzelnen Wie-Komponenten abzuprüfen und zu bewerten. So ist es möglich, daß beispielsweise beim Produktkonzept die Produktidee nicht zur Selling Idea passen.

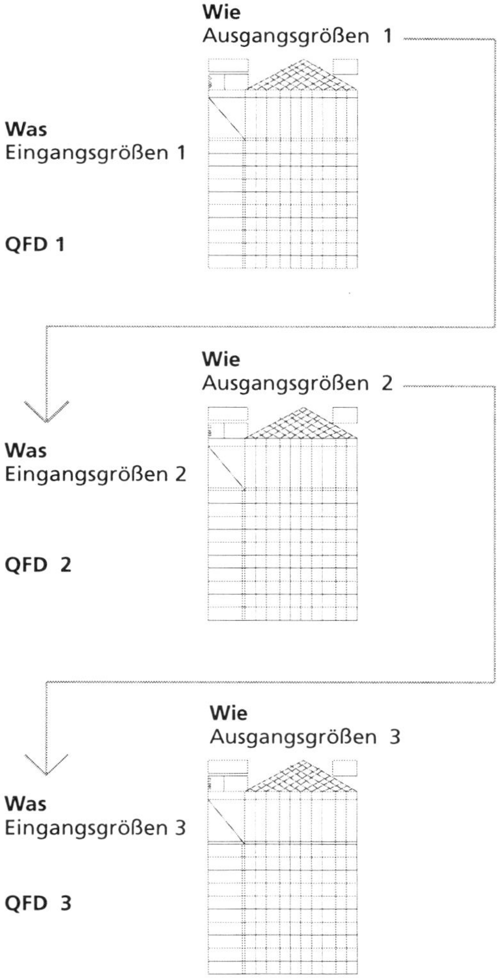

Bild 8.13: Verknüpfung der QFD´s

In einer Serie von Matrizen werden jeweils Anforderungen und Realisierungsmöglichkeiten gegenübergestellt. Folgende Schritte sind durchzuführen:

- Festlegung der Kunden- oder Marktanforderungen / Bestimmung der *WAS* - Komponente.
- Festlegung der Realisierungsmöglichkeiten / Bestimmung der *WIE*-Komponente.
- Hier steht die Überlegung im Mittelpunkt mit welchen Mitteln sich die definierten Anforderungen (WAS-Komponente) verwirklichen lassen.
- Übertragung der Wie-Komponente als Was-Komponente in das nächste House of Quality.
- Die Wie-Komponente wird zur Was-Komponente des nächsten House of Quality. Die Fortschreibung der QFD bewirkt, daß die Anforderungen an alle für den Produktentwicklungsprozeß wichtigen Bereiche weitergegeben werden und in ihre »Bereichssprache« übertragen werden. Marktanforderungen können so bis zu Anforderungen an die Produktionstechnik oder bis zu Anforderungen an die Fertigungsvorbereitung transformiert werden.
- Bewertung der Erfüllung der Anforderungen (Was) durch die Umsetzung.
- Hierfür steht eine Bewertungsskala von –2 (sehr schlecht) bis +2 (sehr gut) zur Verfügung.

8.4.4 Produktentwicklungsprozeß im Beispiel – Unternehmen A

Der Produktentwicklungsprozeß im Beispiel-Unternehmen A beinhaltet vier wesentliche Schnittstellen:

- Markenstrategie/Produktkonzept,
- Produktkonzept/Produktspezifikation,
- Produktspezifikation/Verfahrensentwicklung und
- Verfahrensentwicklung/Produktionstechnik.

8.4.5 Leitfaden zur Durchführung des QFD

Demzufolge sind vier Houses of Quality zur Abstimmung des Entwicklungsprozesses notwendig. Für die fünf aufgeführten Hauptbereiche Markenstrategie, Produktkonzept, Produktspezifikation, Verfahrensentwicklung und Produktionstechnik wurden die jeweiligen spezifischen Elemente ermittelt. Die Elemente stellen typische, unbedingt zu beachtende Aspekte der Bereiche dar, wie z.B. die Anlage, der Investitionsbedarf oder die Leistung bei der Produktionstechnik oder die Rezeptur und der Stückaufbau bei der Produktspezifikation. Die Vorgabe der Elemente stellt sicher, daß erstens diese wichtigen Punkte nicht vergessen werden und zweitens innerhalb des Unternehmens eine einheitliche Planung durchgeführt wird.

8.4.5.1 Bereitstellung der ausgearbeiteten Houses of Quality

- ❑ QFD 1, Markenstrategie/Produktkonzept
- ❑ QFD 2, Produktkonzept/Produktspezifikation,
- ❑ QFD 3, Produktspezifikation/Verfahrensentwicklung und
- ❑ QFD 4, Verfahrensentwicklung/Produktionstechnik.

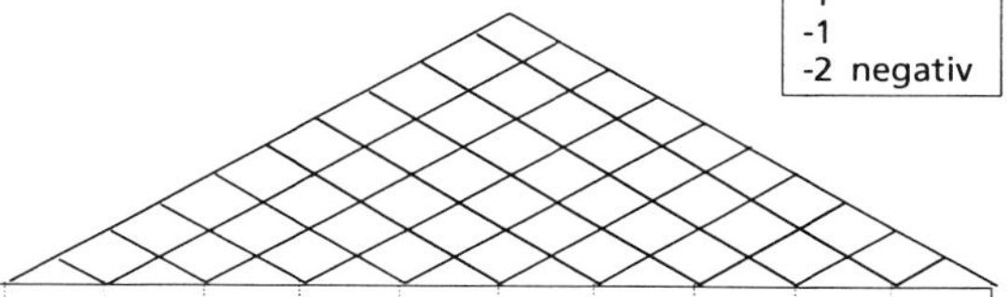

2 positiv
1
-1
-2 negativ

Produktkonzept / **Wie** / **Was** / Marken-strategie/ Vertriebs-anforderungen	Produktidee	Consumer Benefit	Key Visual/Selling Idea/ Promotion	Reason for believe	Character	Verpackung	Qualität	Preis HÄP	Plazierung	
Bedeutung										
Strategie										
Positionierung/ Vision										
Kernzielgruppe										
Volumen										
DB II										
rel. Marktanteil										
Wettbewerbsvorteil										
Place										
Vertrieb										
Preis EVP										
Sortendifferenzierung										
Lesbarkeit des Produkts										

Bild 8.15: Formular des QFD 1

8.4.5.2 Bestimmung der jeweiligen Teammitglieder aus den betroffenen Bereichen zur Bearbeitung der QFD's

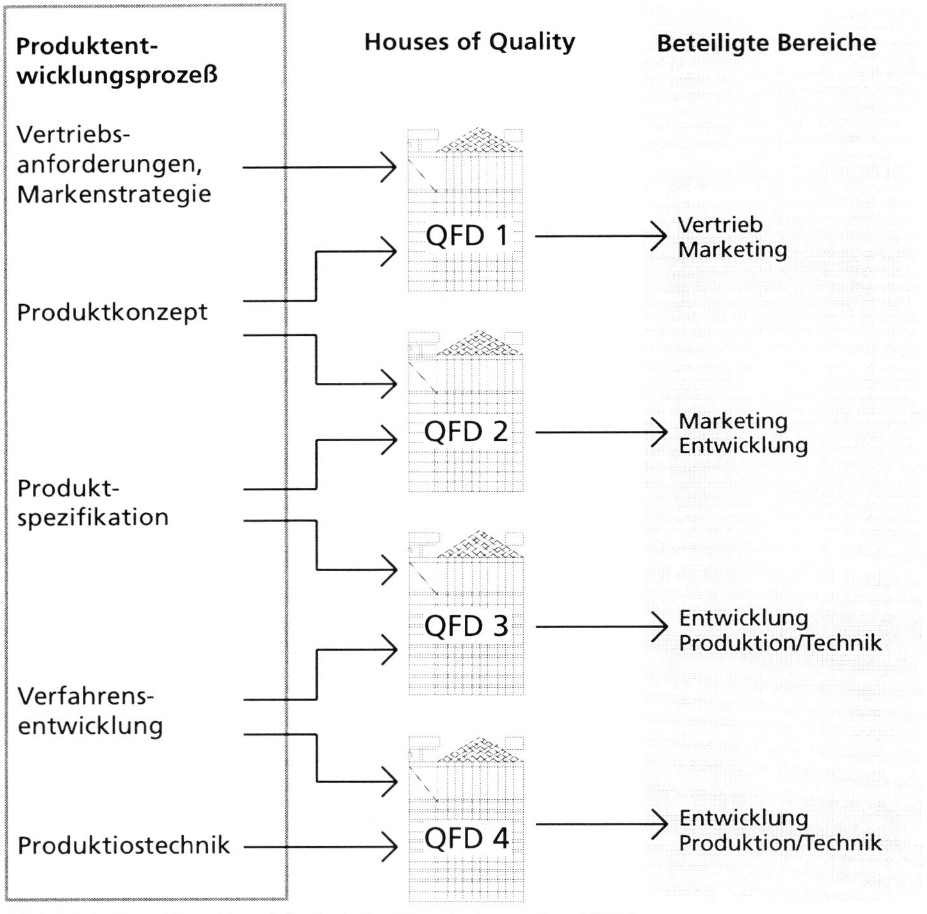

Bild 8.16: Beteiligte Bereiche bei der Bearbeitung der QFD´s

8.4.5.3 Durchführung der Projekt- bzw. Produktkurzbezeichnung

Die Projekt- bzw. Produktkurzbezeichnung dient zur eindeutigen Identifikation, um spätere Unklarheiten und Doppelarbeiten verhindern zu können. Ferner erfolgt in diesem Schritt der Eintrag des Bearbeitungsdatums. Aus dem Bearbeitungsdatum lassen sich in der Projektnachbetrachtung Rückschlüsse über den Zeitaufwand und eventuelle Verzögerungen bei der Durchführung des QFD gewinnen.

Das Feld zur Projekt- bzw. Produktkurzbezeichnung und zur Datumseingabe befindet sich links oberhalb des Houses of Quality.

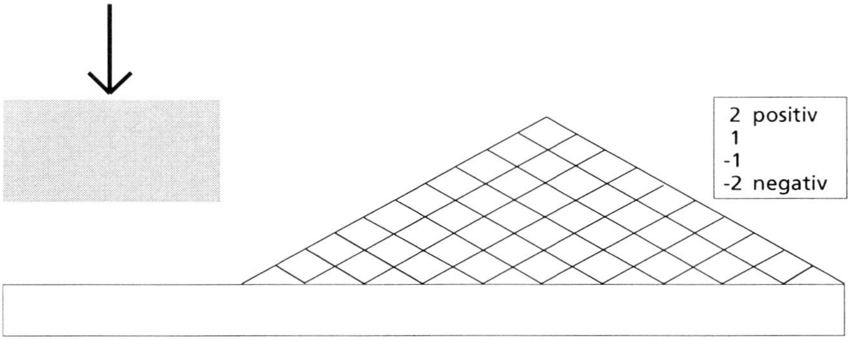

Beispiel

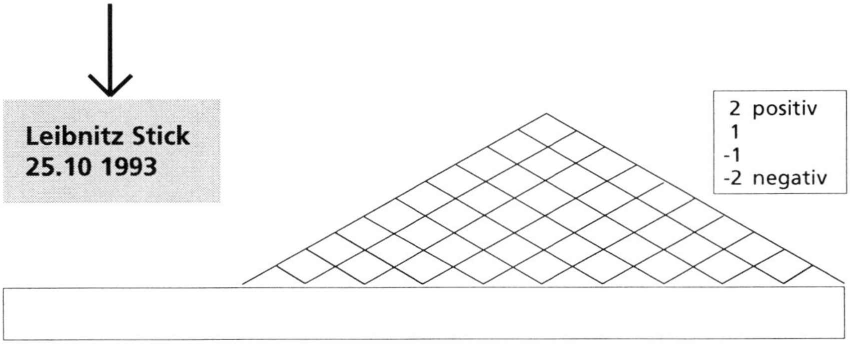

Bild 8.17: Eintragung des Projektnamens und Bearbeitungsdatums

8.4.5.4 Präzisierung der Anforderungen der Was-Komponente und Wie-Komponente

Die für die Hauptbereiche Verantwortlichen spezifizieren die einzelnen Elemente, z.B. Rezeptur bei der Produktspezifikation oder Selling Idea beim Produktkonzept, für die zu bewertende Produktvariante. Die Verantworlichen sind:

- ❑ Vertrieb für Vertriebsanforderungen,
- ❑ Marketing für Markenstrategie und das Produktkonzept
- ❑ Entwicklung für Produktspezifikation und die Verfahrensentwicklung und
- ❑ Produktionstechnik für Produktionstechnik.

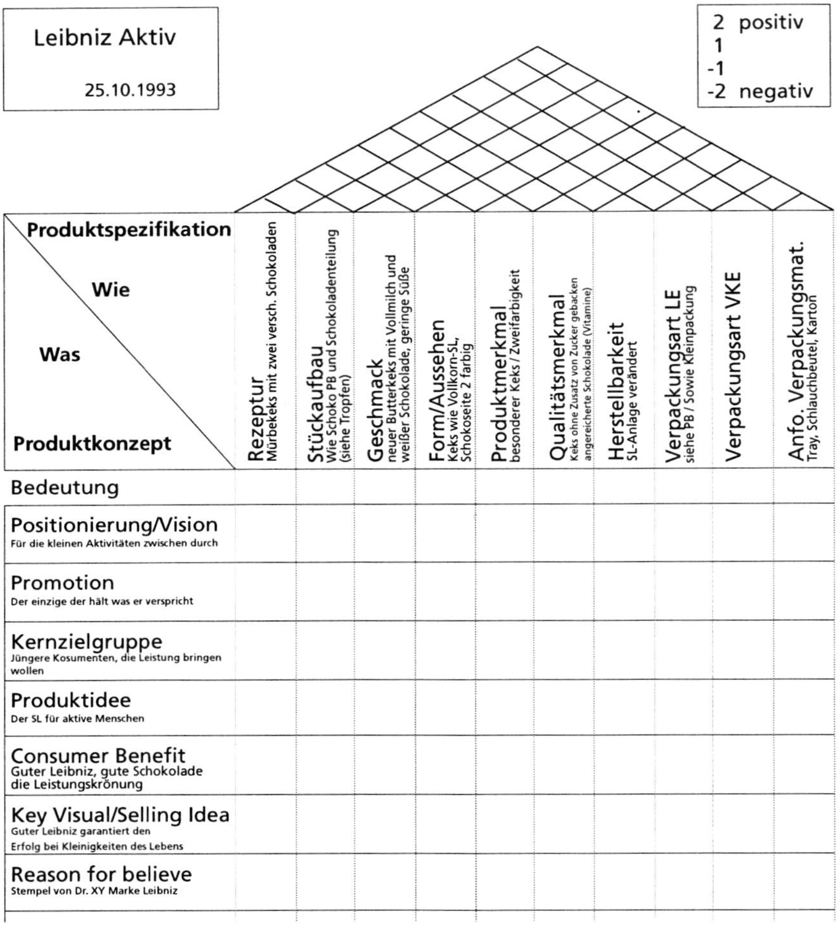

Bild 8.18: House of Quality für die Schnittstelle Produktkonzept und -spezifikation

Diese Ausgangsüberlegungen bilden die Basis der weiteren QFD's und sollten deshalb (wie selbstverständlich die weiteren Schritte auch) mit besonderer Sorgfalt bearbeitet werden. Gerade hier gilt: »Wer ein hohes Haus bauen will benötigt ein festes Fundament!« Auf diese Weise können sämtliche Houses of Quality parallel ausgefüllt werden.

8.4.5.5 Bewertung der Erfüllung der Anforderung (Was) durch die Umsetzung (Wie)

Hierbei geht es darum zu bewerten, wie gut die Wie-Komponente die Anforderungen der Was-Komponente erfüllt. Beim Ausfüllen jedes Feldes der Matrix sind folgende Fragen zu beantworten:

- ❑ Besteht ein Zusammenhang der Wie- und Was-Komponente?
- ❑ Erfüllt die Wie-Komponente die Anforderungen der Was-Komponente?

Vorgehensweise anhand eines Beispiels:

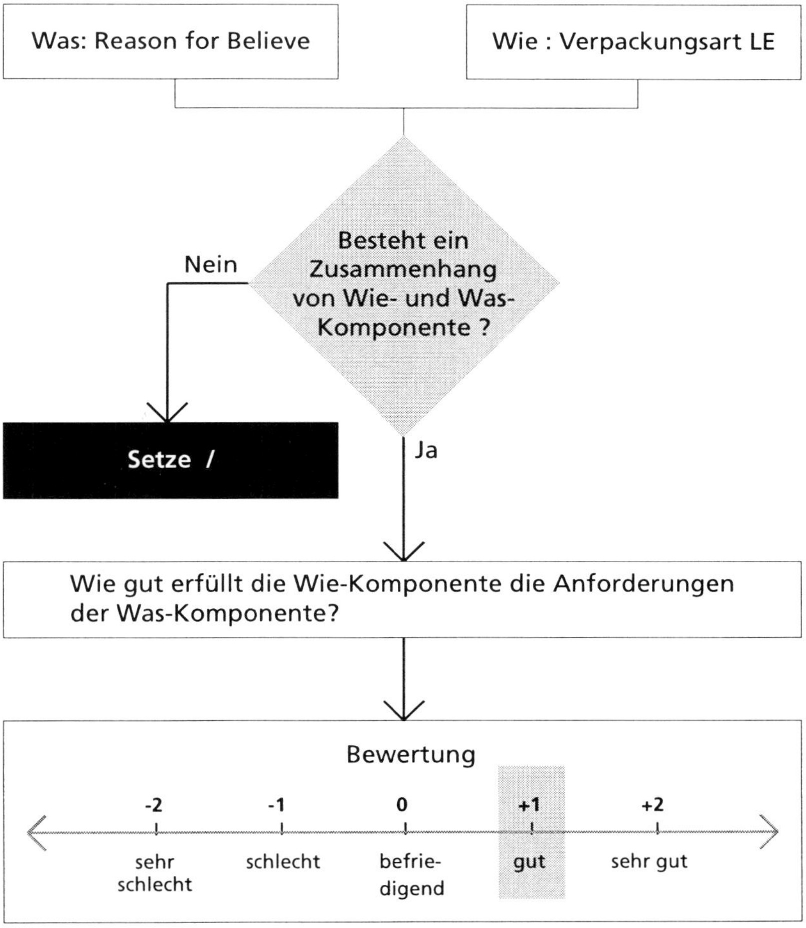

Bild 8.19: Beispielhafte Ableitung einer Bewertung

Diese Vorgehensweise wird für alle WAS-WIE-Beziehungen durchgeführt. Als Ergebnis ergibt sich dann ein ausgefülltes House of Quality 1.

Dieser Schritt muß nun für alle Felder der Matrix durchgeführt werden. Hierfür ist es immer notwendig, daß die Verantwortlichen für die *Was*-Komponente (z.B. Marketing für das Produktkonzept) und die *Wie*-Komponente (z.B. Entwicklung für die Produktspezifikation) sich zusammensetzen und eine Lösung erarbeiten.

8.4.6 Ableitung von Handlungspotentialen

Bei allen Kombinationen deren Erfüllung der Anforderungen mit <1 bewertet wurden besteht Handlungsbedarf. Hierzu müssen Problemlösungen ausgearbeitet werden. Dieser Problemlösungsprozeß kann entweder durch Einzelpersonen oder Teams erfolgen.

Folgende Grundfragen sollten während der Analysephase nicht fehlen:

- ❑ Welche Beziehungen sind negativ/positiv?
- ❑ Mit welchen Maßnahmen könnten die negativen/positiven Beziehungen verbessert werden?
- ❑ Welches Gewicht haben die negaitven Beziehungen?

Aus der Beantwortung der Grundfragen lassen sich verschiedene Aktionen ableiten:

- ❑ Konkrete Lösung an einem Konfliktpunkt
- ❑ Durchführung von Änderungen im Bereich der Wie-Komponente

Besonders beachtet werden muß, daß eine Änderung im Bereich der Wie- und Was-Komponente sich auf sämtliche Beziehungen, die über diese Komponente definiert werden, auswirken kann und nicht nur auf die eventuell gewünschte. Wird eine Wie- oder Was-Komponente verändert, muß für sämtliche davon betroffenen Kombinationen eine neue Bewertung erfolgen.

Wird beispielsweise aufgrund einer negativen Beurteilung der Anforderung eines Deckungsbeitrags in einer bestimmten Höhe aufgrund der Variantenanzahl eine Änderung der Variantenausprägung im Produktkonzept in Erwägung gezogen, so wird eine Vielzahl von weiteren Kombinationen davon betroffen.

Ebenso wie auf das House of Quality mit der Kombination Markenstrategie /Produktkonzept wirkt sich die Änderung selbstverständlich auch auf das House of Quality mit der Kombination Produktkonzept /Produktspezifikation aus. So wird deutlich, daß eine Änderung in der Ausprägung einzelner Elemente unbedingt auch an das nächste House of Quality weitergegeben werden muß. Im vorliegenden Beispiel hat die Änderung der Ausprägung Varianten, aufgrund einer negativen Konsistenz zum Deckungsbeitrag, eine Auswirkung auf weitere 18 Kombinationen!

8.4.7 Gesamtprozeß der QFD

Zusammenfassend kann der Prozeß der QFD folgendermaßen dargestellt werden:

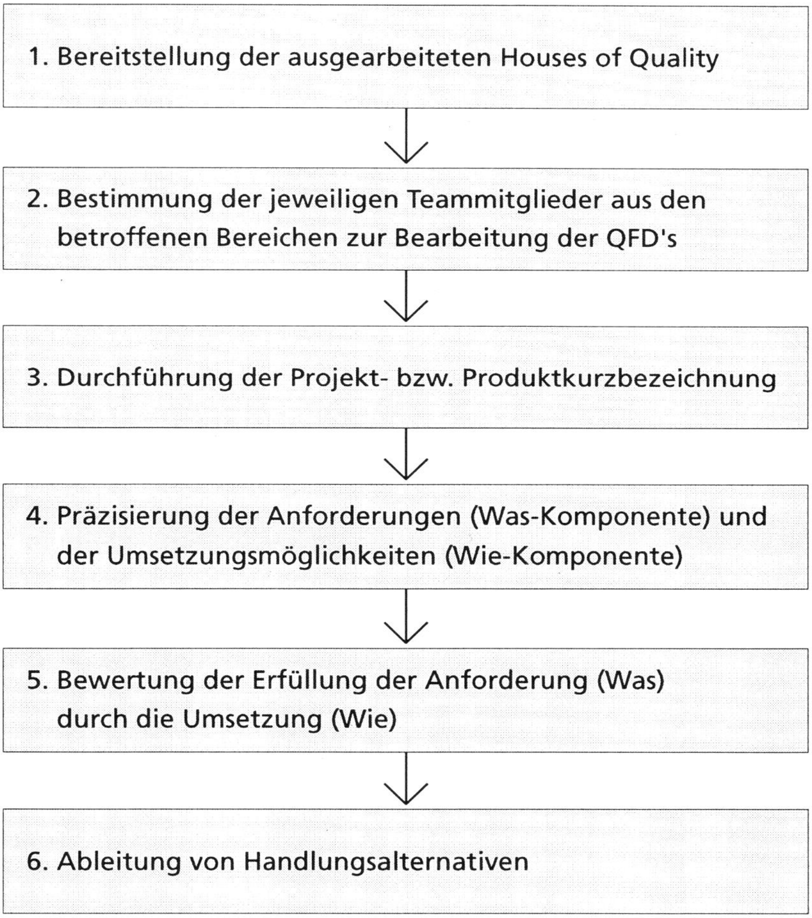

Bild 8.20: Übersicht des QFD-Prozesses

9 Produktplanung mit Target Costing

Gerade deutsche Unternehmen bevorzugen bei der Produktentwicklung technisch perfekte und für nahezu jeden Anwendungsfall gerüstete Lösungen, obwohl dieses funktionelle Überangebot vom Kunden oftmals gar nicht verlangt wird. Ein solches »Over–Engineering« belastet die Kostenseite, der Kunde aber zeigt immer weniger Bereitschaft, den Preis für die Überfunktionalität von Produkten zu bezahlen.

Zur Hinführung auf eine marktgerechte Produktentwicklung wurde in Japan die Strategie des Target Costing entwickelt, die das Preis-Leistungsverhältnis zur zentralen Steuerungsgröße der Produktentwicklung eines Unternehmens wandelt. Dafür muß Target Costing zum integralen Bestandteil einer umfassenden Unternehmensstrategie werden, bei der die Ausrichtung aller Funktionen eines Unternehmens auf die Anforderungen des Marktes mit der entsprechenden Beeinflussung der Kostenstrukturen neuer Produkte in den frühen Phasen des Entwicklungsprozesses zu verbinden ist. Während von der Unternehmensleitung geeignete Marktsegmente und damit auch die Produktpositionierung vorgegeben werden, steuert Target Costing aufgrund seiner marktnahen Konzeption die Feindefinition der Produkte bei. Ziel ist die Steuerung von Funktionalität und Qualität auf jedem Preisniveau, wobei es sich ausnahmslos daran zu orientieren gilt, daß mit der Produktdefinition den Kundenanforderungen entsprochen wird.

9.1 Zielsetzung des Target Costing

Der Grundgedanke des Target Costing ist einfach, bedeutet jedoch gegenüber traditionellen Vorgehensweisen der Produktentwicklung eine Richtungsumkehr bei der Kostendefinition des Entwicklungsprozesses. So sollen die Kosten eines Produkts nicht länger zwangsläufig aus den technischen Erfordernissen des Produktentwurfs resultieren, sondern umgekehrt, an einem aus dem Markt heraus festgelegten Zielwert soll sich die Lösungssuche orientieren. Die entscheidende Frage lautet daher nicht mehr, wie kostengünstig ein gegebenes Produkt produziert werden kann (»Was wird uns das Produkt kosten?«), sondern wie sich eine bestimmte Funktionalität zu einem bestimmten Preis herstellen läßt (»Was darf uns ein tatsächlich vom Kunden gefordertes Produkt kosten?«).

Primäres Ziel des Target Costing ist demnach die marktorientierte und kostengerechte Produktdefinition über die Bestimmung der Kosten eines Produktes und unter Berücksichtigung der potentiell am Markt erzielbaren Preise, Absatzmengen und der unternehmensinternen Gewinnplanung. Bei Target Costing handelt es sich daher nicht um ein alternatives Kostenrechnungssystem, sondern um ein strategisches

Kostenmanagement für die Produktentwicklung, das bei rechtzeitigem Markteintritt und erfolgreicher Etablierung der Zusammenarbeit aller am Produktentstehungsprozeß Beteiligter zu erfolgreichen Produkten führt.

Da Kosten aufgrund ihres relativen Charakters nur in Verbindung mit ihrem vom Markt definierten Nutzen aussagekräftig sind, setzt Target Costing letztlich an der Optimierung des Preis-Leistungsverhältnisses in den frühen Phasen der Produktentwicklung an. Dabei geht es vor allem auch darum, marktorientierte Zielkosten nicht nur für ein ganzes Produkt verbindlich festzulegen, sondern dasselbe auch für einzelne Produktfunktionen bzw. Produktkomponenten zu tun. Schon deshalb eignet sich Target Costing vornehmlich für Neuprodukte, da im Falle der Weiterentwicklung bereits existierender Produkte die nachträgliche und aufwendige Veränderung von Kostenstrukturen erforderlich wird. Grenzen der Anwendung existieren dann lediglich bei nahezu preisunabhängigen Luxusgütern und besonders innovativen Produkten, für die noch keinerlei Marktinformationen zu ermitteln sind.

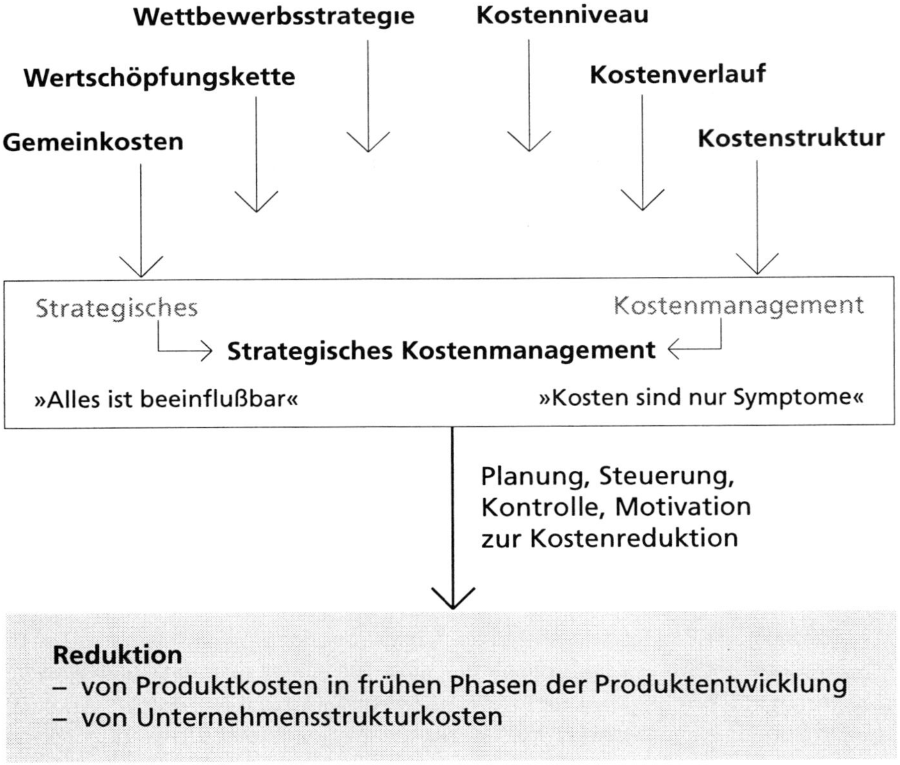

Bild 9.1: Target Costing als Strategisches Kostenmanagement

Als Voraussetzung für die Anwendung des Zielkostenmanagements gelten:

- Entweder wettbewerbsintensive Märkte mit kurzen Produktlebenszyklen und hohem Preisdruck, sofern die Produktion durch hohen Automatisierungsgrad und Just-In-Time-Beziehungen geprägt wird, so daß den frühen Phasen des Kostenmanagements entscheidende Bedeutung zukommt, oder
- Märkte mit extrem langen Produktlebenszyklen, wo gerade aufgrund der Langfristigkeit der Kostenfestlegungen die Bedeutung der frühen Phasen der Produktentwicklung exponiert ist.

Sind diese Voraussetzungen erfüllt, können – wie Praxiserfahrungen bereits gezeigt haben – durch ein derart kundenorientiertes Vorgehen bis zu 45% an Kosten eingespart werden. Neben den eher kurzfristigen Zielen steuert Target Costing auch mittel- bzw. langfristige Ziele an, wie der nachfolgenden Tabelle zu entnehmen ist.

9.2 Target Costing Verfahren

Wesentliches Charakteristikum des durch Target Costing geprägten Produktentwicklungsprozesses ist der Zeitpunkt von Produktkostenkalkulation und Gewinnzuschlag. Konventionell ergeben sich die Kosten als Folge der Produktentwicklung und der Gewinn wird gegen Ende des Prozesses festgelegt. Mit der Anwendung von Target Costing werden Produktkostenkalkulation und Gewinnzuschlag an den Anfang verlegt, um dadurch verbindliche Vorgabewerte für den Produktentwicklungsprozeß zu fixieren.

Für den Erhalt verbindlicher Vorgabewerte wird das Zielprodukt als ganzes hinsichtlich Funktionsumfang, Maximalkosten und Zielpreis konkretisiert. Dafür werden zunächst die vom Kunden gewünschten Funktionen und die vom Markt erlaubten Kosten (»allowable costs«) ermittelt, die sich durch Subtraktion der angestrebten Gewinnspanne vom Zielverkaufspreis ergeben und dann den technologieorientierten Standardkosten des Unternehmens gegenübergestellt werden. Standardkosten (»drifting costs«) sind die geschätzten Kosten, mit denen bei Anwendung aktuell im Unternehmen eingesetzter Technologien und Praktiken zu rechnen ist und die in der Regel über den vom Markt erlaubten Kosten liegen. Die Zielkosten werden dann nach strategischen Gesichtspunkten innerhalb der Bandbreite von erlaubten Kosten und Standardkosten festgelegt, wobei ein Kompromiß zwischen Wettbewerbsfähigkeit des Produkts und Entwicklungspotentialen zu schließen ist. So muß z.B. entschieden werden, ob die Zielkosten durch Optimierung der vorliegenden Produktkonzeption auf das erlaubte Niveau reduziert werden können, oder ob eine grundlegende Neukonzeption erforderlich wird.

Durch Zielkostenspaltung, also die Differenzierung der Zielkosten des gesamten Produkts nach einzelnen Produktfunktionen und -komponenten, kann dann Handlungsbedarf auf dem Weg zur Erreichung des Kostenziels im Detail identifiziert werden. Dies bedeutet, daß die aus dem Markt ermittelten Teilgewichtungen einzelner Produktkomponenten auf entsprechende Kostenanteile der Zielkosten übertragen und so der Produktentwicklung verbindlich vorgegeben werden.

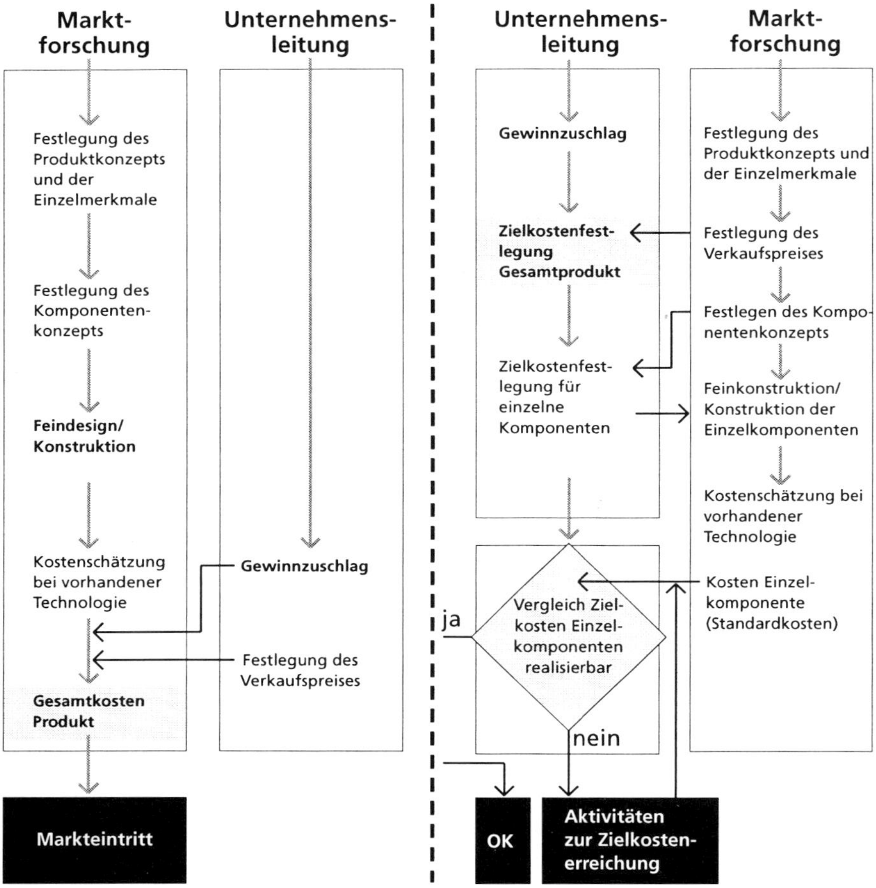

Bild 9.2: Produktentwicklung mit und ohne Target Costing

Die Vorgehensweise des Target Costing umfaßt also mehrere Teilschritte, die auf die Konkretisierung marktgerechter Kostenziele für einzelne Produktkomponenten und deren Überwachung im Produktionsprozeß abzielen.

- Schritt 1: Auswahl eines Pilotprodukts
- Schritt 2: Ermittlung von Zielmarktsegmenten

- ❑ Schritt 3: Ermittlung marktgerechter Preise und Funktionen
- ❑ Schritt 4: Spaltung der Zielkosten nach Produktfunktionen
- ❑ Schritt 5: Spaltung der Zielkosten nach Produktkomponenten
- ❑ Schritt 6: Zielkostenrealisierung

9.2.1 Schritt 1: Festlegung eines Pilotprodukts

Das Pilotprodukt, also das marktgerecht zu gestaltende Produkt, bildet den Ansatzpunkt für die Anwendung des Target Costing. Obwohl sich diese Vorgehensweise prinzipiell sowohl bei Neuentwicklungen als auch bei der Weiterentwicklung bereits existierender Produkte eignet, ist die Anwendung auf Neuprodukte prinzipiell vorteilhafter, da dort frühzeitig eine ganzheitliche Kostenbeeinflußung möglich ist.

Zur Festlegung eines Pilotprodukts bietet sich die Sammlung von Mitarbeitervorschlägen aus relevanten Bereichen an, wobei vor allem dort vorliegende Hinweise auf bisher nur wenig beachtete Kundenbedürfnisse miteinzubeziehen sind.

So lassen sich innerhalb des Unternehmens zahlreiche Informationen für die Konkretisierung der Produktidee gewinnen, wie beispielsweise:

- ❑ über Analysen von Konkurrenzprodukten mit Reverse Engineering,
- ❑ durch intensive Nutzung des Know hows des Vertriebspersonals,
- ❑ durch Evaluierung von Kundenreklamationen oder
- ❑ über Analysen von Verkaufsstatistiken verschiedener Varianten eines Produktes.

Gesammelte Vorschläge sind dann im Hinblick auf

- ❑ ihre Umsetzbarkeit,
- ❑ erwartbare Marktpotentiale in der gegenwärtigen Wettbewerbssituation und
- ❑ eine erste Vorabprüfung der Produktfunktionalität auf ihre Marktgerechtheit zu überprüfen.

Als Ergebnis dieses Schrittes kann die Festlegung auf ein Pilotprodukt abgeschlossen werden, woraufhin dann die Marktsituation für den zugehörigen Produktbereich ermittelt werden kann.

9.2.2 Schritt 2: Ermittlung von Zielmarktsegmenten

Per Portfolio-Analyse über Funktionalität und Preis lassen sich Zielmarktsegmente als schwach besetzte Marktfelder des für den Bereich des Pilotproduktes relevanten Marktes identifizieren. Ein solches Zielmarktsegment gibt Aufschluß über mögliche Marktlücken, die daraufhin auf Kundenbedürfnisse und Marktentwicklung zu untersuchen sind.
Eine Portfolio-Analyse könnte dabei etwa folgendes Bild liefern:

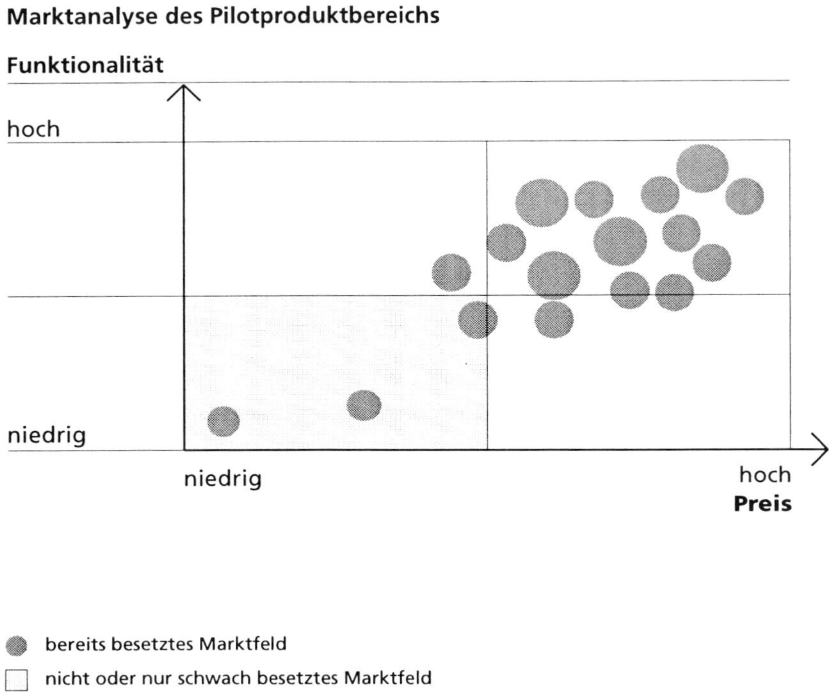

Bild 9.3: Marktanalyse im Pilotproduktbereich

In dem hier angeführten Beispiel ist der Bereich hohe Funktionalität bei hohem Preis bereits ausnehmend dicht besetzt, während der Markt kaum low-cost-Produkte mit geringerer Funktionalität anbietet. Dies könnte auf zweierlei Art interpretiert werden:

- Zum einen könnten etablierte Anbieter den low-cost-Bereich aus strategischen Gründen (etwa der Befürchtung auf Konkurrenz zu Eigenprodukten) und aus Angst vor ruinösem Preiswettbewerb meiden.
- Zum anderen aber könnte der Markt jedoch auch nur geringe oder gar keine Nachfragepotentiale für preiswerte Produkte mit geringer Funktionalität bergen.
- Neben einer Klärung dieser Fragen sind auch Überlegungen zur zukünftigen Marktentwicklung im Bereich des Pilotprodukts anzustellen, wie etwa
- zu Reaktionen von Wettbewerbern und
- zur Entwicklung von Märkten, die mit dem Pilotprodukt in Zusammenhang stehen (etwa wenn es sich bei Pilotprodukten um Zulieferteile handelt)

Als Ergebnis dieses Arbeitsschrittes erhält man also zunächst nur Hinweise auf mögliche Marktlücken, zur Bestätigung eines besetzungsfähigen Zielmarktsegments müssen jedoch in einem nächsten Schritt Nachfragepotentiale aus dem Markt heraus ermittelt werden.

9.2.3 Schritt 3: Ermittlung des Nachfragepotentials hinsichtlich Funktion und Preis

Mit diesem Schritt gilt es zur Ermittlung der Zielkosten festzustellen, was Kunden bereit sind, für das Produkt und dessen Funktionen zu bezahlen. Dafür gibt es mehrere Möglichkeiten, dies sich vor allem hinsichtlich des zu investierenden Aufwandes unterscheiden.

- ❑ Market into company
- ❑ Out of company
- ❑ Into and out of company
- ❑ Out of standard costs

Vor allem das Market-Into-Company-Konzept erscheint in diesem Zusammenhang als geeignetes Vorgehen zur Zielpreisermittlung, zu klären bleibt jedoch hier die Wahl geeigneter Marktforschungsmethoden. In Anbetracht des erforderlichen Aufwands zur Durchführung von Conjoint-Analysen sind allerdings in mittelständischen Unternehmen einfachere, wenngleich wissenschaftlich weniger fundierte Methoden vorzuziehen. Mögliche Alternative zu intensiven Kundenbefragungen über Conjoint Analysen sind einfache Zielgruppenbefragungen, die potentielle Kunden miteinbeziehen und produktorientierte Nutzenprofile liefern.

Gleichwohl sollte mit der Prognose von Zielsegmenten und Kundenerwartungen sehr vorsichtig angegangen werden, da sich aus unrealistischen Annahmen eine völlig marktferne Einschätzung der Produktattraktivität ergibt. Fehler bei der Einschätzung von Kundenerwartungen können z.B. durch nicht eindeutige oder unverständliche Beschreibungen einzelner Produktfunktionen entstehen. Insofern ist bei Zielpreisfestlegungen zwischen dem Erhalt marktferner Daten durch zu geringen Erhebungsaufwand und zu hohen Kosten durch intensive Untersuchungen in geeigneter Weise abzuwägen. Für Kundenbefragungen in kleinerem Rahmen bietet sich beispielsweise die Auswertung von Fragebögen an, über die sich

- ❑ die Akzeptanz von mehreren Produktvarianten verschiedener Funktionalität und Preis im Zielmarktsegment erfragen läßt,
- ❑ die Bewertung einzelner Funktionen durch den Kunden (etwa aus einer Liste verfügbarer Komponenten anhand einer entsprechenden Werteskala) und
- ❑ die dann auch den jeweils zulässigen Zielpreisbereich spezifizieren läßt.

Ist einmal festgelegt, welche Kundenanforderungen das zu entwickelnde Produkt erfüllen soll, läßt sich ein wettbewerbsoptimaler Verkaufspreis ermitteln.

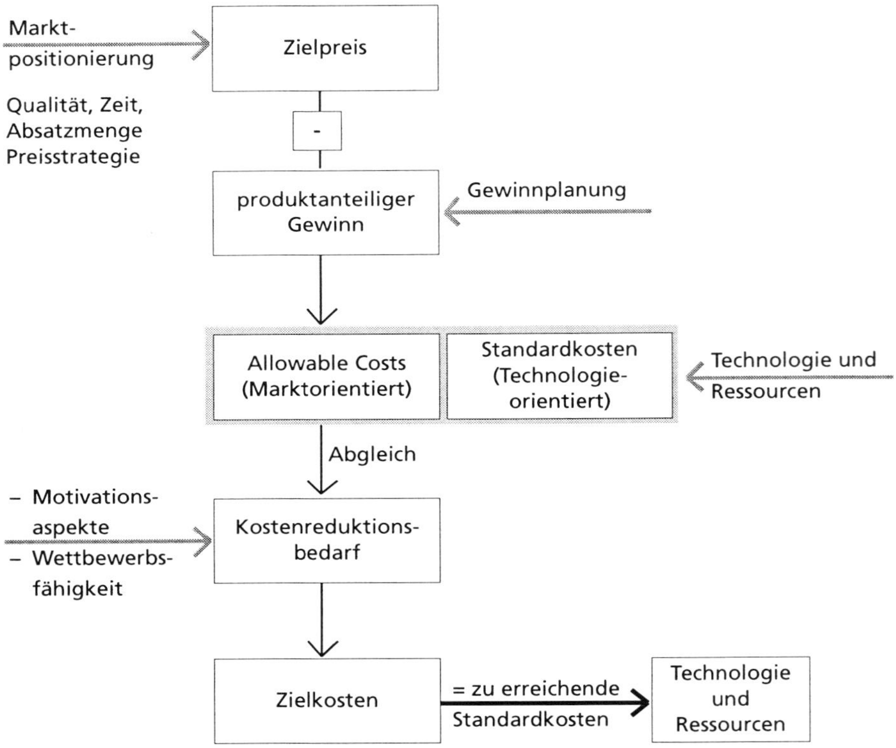

Bild 9.6: »Market-into-Company«-Methode

Dies erfolgt über die folgenden Teilschritte, die auf eine Unterteilung der Ausgangsdaten in Zielfunktionalität, -preis und -kosten abzielen:

- Entwicklung eines Pflichtenhefts gemäß der aus dem Markt ermittelten Zielfunktionalität,
- Ebenfalls auf Basis der Erhebungsdaten kann der Zielpreis gewonnen werden.
- Daran schließt sich die Ermittlung der zulässigen Herstellkosten (»allowable costs«) an. Dafür werden vom Zielpreis der gewünschte Gewinn und herstellunabhängige Gemeinkosten (Verwaltungs- und Vertriebskosten sowie Entwicklungs- und Investitionskosten) abgezogen:

$$\text{zulässige Herstellkosten} = \text{Zielpreis} - \text{gewünschter Gewinn} - \text{herstellunabhängige Gemeinkosten}$$

- Die Ermittlung der geschätzten Kosten (Standardkosten) erfolgt mit den bislang im Betrieb zur Anwendung kommenden Konstruktions-, Fertigungs- und Montageverfahren und liefert denjenigen Kostenumfang, der konventionell für die Herstellung des Produktes veranschlagt werden würde.

- Die Zielkosten müssen nun im Bereich zwischen zulässigen und geschätzten Kosten angesiedelt werden, wobei die vorab angestellten Überlegungen zur zukünftigen Marktentwicklung oder sonstige strategische Erwägungen berücksichtigt werden sollten. Prinzipiell sollte sich dabei jedoch primär an den zulässigen Kosten orientiert werden. Die letztendliche Festlegung auf einen konkreten Zielkostenbetrag wird dann die folgenden Faktoren zu berücksichtigen haben:
  - Wettbewerbssituation,
  - strategische Ziele des Unternehmens wie Markt- oder Preisführerschaft,
  - der voraussichtliche Zeitrahmen für das Erreichen der Zielkosten und
  - mit der endgültigen Festlegung der Zielkosten wird dann auch der Kostensenkungsbedarf bestimmt.

Bis zu diesem Zeitpunkt des Vorgehens bewegt sich die Analyse lediglich auf der Ebene des gesamten Produktes. Um nun differenzierte Entscheidungen darüber treffen zu können, wo vorrangig Maßnahmen zum Erreichen des Kostensenkungsziels notwendig sind, werden in den folgenden Schritten die Zielkosten bis auf Funktions- bzw. Komponentenebene heruntergebrochen.

9.2.4 Schritt 4: Zielkostenspaltung für einzelne Produktfunktionen

Zur Zielkostenspaltung wird das Produkt analytisch in einzelne Funktionskomponenten zerlegt, so daß der Nutzenbeitrag jeder einzelnen Komponente offengelegt und ein entsprechender Zielkostenanteil dafür berechnet werden kann. Die theoretischen Grundlagen der Methodik des Target Costing gehen hier von Auflösungsmöglichkeiten der Zielkosten für jedes Einzelteil bis hin zu einzelnen Features aus. Da Fehler bei einer solchen Zuordnung letzten Endes auch zu unkorrekten Zielkosten führen, stellt sich die Frage, inwieweit eine Zerlegung der Produktkomponenten zur Zuordnung des Nutzenbeitrages noch angebracht, bzw. überhaupt machbar ist. Deswegen ist darauf zu achten, daß die Dekomposition der Produkte im sinnvollen und notwendigen Rahmen bleibt, so kann etwa die Konstruktion durchaus ausreichend mit Vorgaben auf Baugruppenebene arbeiten.

Als erster Schritt der Zielkostenspaltung ist es notwendig, den einzelnen Produktkomponenten einen bestimmten Anteil an der Realisierung einer bestimmten Funktion zuzuordnen, was in der Anwendungspraxis nur zu oft auf Basis der subjektiven Entscheidung des Konstrukteurs und nicht etwa des Kunden geschieht. Einzelne Produktfunktionen lassen sich etwa aus wertanalytischen Fragestellungen oder aus Vorstudien über Kundenwünsche gewinnen. Anhaltspunkte für eine marktgerechte

Gewichtung der Produktfunktionen geben hier wieder die Erhebungsdaten, so läßt sich beispielsweise in einem Fragebogen eine entsprechende Wertungsskala plazieren um die Bedeutung einzelner Funktionen für den Kunden zu eruieren.

Die so ermittelte Gewichtung stellt gleichzeitig die Grundlage für die vorläufigen Zielkostenanteile der Einzelfunktionen, indem der entsprechende prozentuale Anteil an den Zielkosten errechnet wird. Wird einer Einzelfunktion also kundenseits beispielsweise eine Gewichtung von 30% zugesprochen, so darf gemäß dem Grundgedanken des Target Costing für die Realisierung dieser Funktion auch nur maximal 30% der Gesamtzielkosten ausgegeben werden.

9.2.5 Schritt 5: Zielkostenspaltung für Komponenten

In diesem Schritt wird nun die gewichtete Zuordnung der einzelnen Produktfunktionen zu Produktkomponenten vorgenommen, so daß jede Funktion anteilig auf physikalische Produktteile zurückgeführt wird. Man erhält dadurch eine weitere Zuordnungsmatrix, aus der beispielsweise hervorgeht, daß eine Funktion A zu 20% durch Produktteil B und zu 5% durch Produktteil C realisiert wird.

Die sogenannten Komponentengewichtsanteile an den einzelnen Funktionen erhält man dann als Produkt aus Gewichtung der Einzelfunktion (gemäß dem obigen Beispiel also 30%) und Beitrag der Produktkomponenten zur Funktionserfüllung (je nach zu betrachtendem Produktteil also hier: 20% oder 5%).

$$\text{Komponentengewichtsanteil (\%)} = \text{Gewichtung der Einzelfunktion (\%)} * \text{Beitrag der Komponente zur Funktionserfüllung (\%)}$$

Die vollständige Matrix enthält demnach einen Wert für jede einzelne Produktfunktion und komponente, so daß sich das gesamte Teilgewicht jeder Produktkomponente als Summe der entsprechenden Werte errechnen läßt.

$$\text{Teilgewicht Komponente A (\%)} = \sum \left(\begin{array}{l} \text{Komponentengewichtsanteile} \\ \text{für Produktkomponente A} \end{array} \right)$$

Damit erhält man den gewichteten Anteil einer jeden Komponente am Gesamtprodukt, so daß sich dann auch der Zielkostenanteil als Produkt des Teilgewichts der Komponente und den bereits festgelegten Gesamtzielkosten errechnen läßt.

$$\text{Zielkostenanteil von Komponente A (DM)} = \text{Teilgewicht Komponente A (\%)} * \text{Zielkosten (DM)}$$

Daraufhin können mittels im Betrieb gebräuchlicher Verfahren die geschätzten Herstellkosten für die einzelnen Produktkomponenten ermittelt werden. Differenzen zu entsprechenden Zielkostenanteilen für die Komponenten verdeutlichen dann Handlungsbedarf auf der Ebene einzelner Produktkomponenten. Zusammenfassend enthält die Zielkostenspaltung folgende Teilschritte:

- Festlegung der einzelnen Produktfunktionen
- Feststellung ihrer Gewichtung auf dem Markt
- gewichtete Zuordnung der einzelnen Produktfunktionen zu Produktkomponenten
- Ermittlung der Komponentengewichtsanteile als Produkt aus Gewichtung der Einzelfunktion und Beitrag der Produktkomponenten zur Funktionserfüllung
- Errechnung des gesamten Zielkostenanteils der einzelnen Produktkomponenten als Summe der zugehörigen Komponentengewichtsanteile
- Bildung der Differenz zu den geschätzten Herstellkosten der Produktkomponenten verdeutlicht Handlungsbedarf auf der Ebene einzelner Produktkomponenten.

9.2.6 Schritt 6: Zielkostenrealisierung

Nach Zielkostenplanung und –spaltung sind für alle Komponenten Zielkosten festgelegt, die nun auch realisiert werden müssen. Damit in dieser Hinsicht unwirtschaftliche Konstruktionsvarianten von vornherein entfallen können, müssen die Anstrengungen zur Zielkostenrealisierung schon in den ersten Phasen des Produktentwicklungsprozesses ansetzen und erfordern eine auf die gesamte Produktlebenszeit (Life Cycle) orientierte Betrachtungsweise.

Dies erfordert im wesentlichen

- die Verfügbarkeit von möglichst zuverlässigen Kosteninformationen in frühen Konzeptionsphasen,
- der dauerhaften Verankerung entsprechenden Kostenbewußtseins in Konstruktion und gesamtem Unternehmen und auch
- eine möglichst verursachungsgerechte Kostenbetrachtung.

Voraussetzung für eine frühzeitige Kostenkontrolle sind zunächst Verfahren der Produktvorkalkulation, die eine Festlegung der Vergleichsgröße Standardkosten ermöglichen, gerade in frühen Phasen der Produktentwicklung jedoch nur auf wenig präzise Kosteninformationen zurückgreifen können. Bei inkrementellen Innovationen kann zwar mit Hilfe der Differenzkalkulation, welche nur die Unterschiede zum Vorgängermodell betrachtet, die Anzahl der Kalkulationsfehler vermindert werden. Bei Neukonzeptionen stehen jedoch zunächst nur

- Konstruktionsregeln,
- Kostenstrukturen,

- ❑ Grenzstückzahlen der Fertigungsverfahren,
- ❑ Ähnlichkeitsgesetze und
- ❑ Kurzkalkulationen

für eine Kostenschätzung von Produktentwürfen zur Verfügung. Die zu diesem Zweck in vielen Betrieben betriebene bereichsübergreifende Zusammenarbeit kann zwar zur Erstellung einer fundierten Vorkalkulation führen, ist jedoch in der Praxis mit hohem Aufwand verbunden. Softwaregestützte Methoden und Hilfsmittel zur effektiven Vorkalkulation sind dagegen zwar in der Literatur schon weit verbreitet, die Intensität der praktischen Anwendung zu kostengerechtem Konstruieren läßt jedoch immer noch zu wünschen übrig.

Ein wesentlicher Aspekt der Zielkostenrealisierung ist aber auch die Überlegung, daß das durch Target Costing konkretisierte Kostenziel nicht ausschließlich durch konstruktive Maßnahmen in der Planungsphase und durch Optimierungen in der Produktionsphase erreicht werden kann. Vielmehr wird zusätzlich die strategische Verbesserung der Unternehmenskostenstruktur erforderlich, die sich über alle Funktionsbereiche erstrecken und in sämtliche Entscheidungen und Maßnahmen eingehen muß.

Die kostenorientierte Produktgestaltung ist daher nur ein Aspekt der Produktkostenoptimierung, die auf die die permanente Verbesserung von Produkt und Herstellprozessen hinzuführen ist (Kaizen). Auf dieser Basis können während des gesamten Produktlebens Wertanalysen zur Kostenoptimierung von Produkt und Produktionsprozeß durchgeführt werden. Charakteristischerweise führt die konsequente Verankerung von Kostenbewußtsein im Betrieb zur Eliminierung von Verschwendung in allen Bereichen des Unternehmens. Unter Begriff Kostenbewußtsein ist im allgemeinen die unmittelbare Integration kostenseitiger Aspekte bei sämtlichen Entscheidungen und Aktionen aller Beschäftigten zu verstehen. Gemäß der Devise »Lieber mit 70-80%iger Sicherheit möglichst früh die richtigen Dinge beeinflussen, als später mit 100%iger Sicherheit die falschen Dinge zu kontrollieren« soll Target Costing Kostenbewußtsein vor allem in den frühen Phasen der Produktentwicklung verankern, in denen bislang technische Betrachtungsweisen dominieren.

Target Costing baut dabei auf das Führungsprinzip des »Management-by-Objectives» mit besonderer Betonung der Mitarbeitermotivation. Dabei wird eine Strategie auf Basis der Überlegung verfolgt, daß die Festlegung der nur unter Anstrengungen zu erreichenden Zielen, die Beteiligten zu außergewöhnlichen Leistungen motivieren wird. Dies entspricht der Ansicht Sakurais (»erreichbar, aber schwer zu erreichen ohne Anstrengung«), was unter dem Aspekt der Motivation praxistauglicher erscheint als etwa die Meinung Hiromotos, der Zielkosten als »weit unter dem, was realistisch erzielt werden kann« beschreibt.

Ziel muß daher die Schaffung von Systemen sein, die marktorientiertes und kostenbewußtes Denken ermöglichen und fördern. Dazu gehören insbesondere durchschaubare Methoden zur vorausschauenden Steuerung und Überwachung von (Ziel-) Kosten und Kostensenkungsmaßnahmen über alle Ebenen hinweg, die für die Praxis ausreichende Kostentransparenz gewähren.

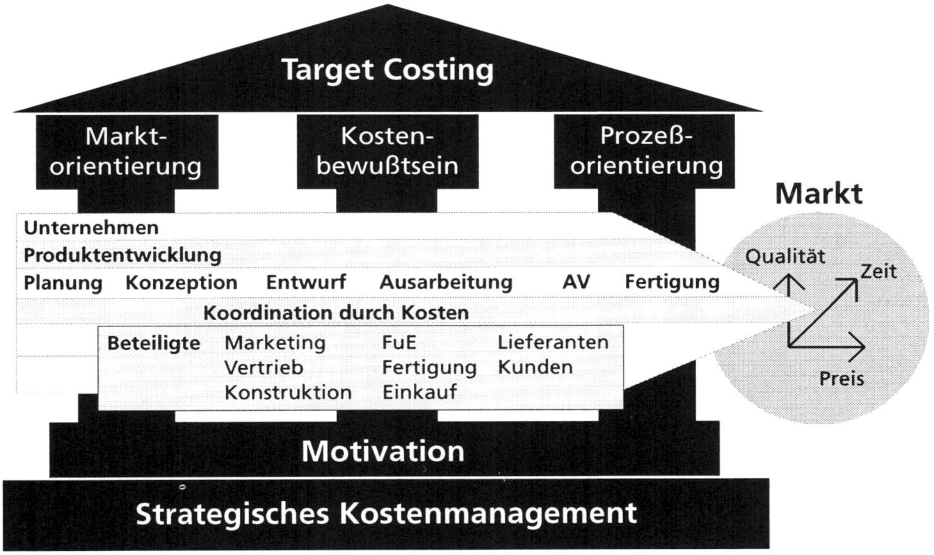

Bild 9.7: Target Costing und Produktentwicklung

In die konstruktiven Vorkalkulationen einzubeziehen sind dafür die Kosten für Material, Fertigungslöhne und Kaufteile, die einen Großteil der Produktkosten ausmachen und maßgeblich durch die Konstruktion festgelegt werden. Aufgrund der strategischen Vollkostensicht können die berücksichtigten Kosten jedoch nicht nur auf die direkten Herstellkosten begrenzt werden, vielmehr sind alle durch das zu entwickelnde Produkt verursachten Kosten relevant. Demzufolge sind Investitionen und Abschreibungen ebenso zu berücksichtigen wie Fertigungs-, Vertriebs- und Verwaltungsgemeinkosten. Insbesondere sind zur Verbesserung der Unternehmenskostenstruktur auch die Möglichkeiten einer verursachungsgerechteren Gemeinkostenzuweisung im Rahmen von Target Costing zu untersuchen.

Höhere Fertigungsflexibilität und ständig steigender Vertriebsaufwand sind nur zwei Faktoren, die tendenziell zur Verminderung der einem Produkt direkt zurechenbaren Kosten führen. Folge davon ist die zunehmend schwierige Bestimmung von Gemeinkosten, die ohnehin einen nur schwer beeinflußbaren Teil der Zielkosten darstellen, da deren Ursachen bei pauschaler Zuschlagsrechnung nicht genau zu ermitteln sind. Auch wird das Aufschlüsseln von Kosten als Verhältnis zum Produktionsvolumen zunehmend ungenauer, weil immer größere Kostenanteile nicht mengenabhängig sind.

Hierbei kann über die zumindest ansatzweise Implementierung der Prozeßkostenrechnung ein nicht unwesentlicher Beitrag zur Erhöhung der Kostentransparenz geleistet werden. Schon die grobe Analyse von Prozeßmengen und Prozeßkosten gibt einen Überblick über wesentliche Kostentreiber, um neben den direkten Herstellkosten auch die Inanspruchnahme indirekter Bereiche abschätzen und kostenmäßig beurteilen zu können.

Voraussetzung für bestmögliche Verbesserungen der Produktentwicklung als zentralem Anwendungsbereich des Target Costing ist daher ein Geschäftsprozeßverständnis, das sämtliche Abteilungen eines Unternehmens umfaßt, die im Laufe des Produktlebenszyklus mit dem Produkt betraut sind. Neben Konstruktion, Marketing, Vertrieb, Fertigung und Beschaffung sind daher auch Lieferanten und Kunden in geeignetem Umfang mit einzubeziehen.

Eine so verstandene Produktentwicklung ermöglicht ein handhabbares Kostenmanagement durch:

- größere Markt- und Strategieorientierung,
- höheres Kostenbewußtsein,
- ganzheitliche Prozeßorientierung und
- zielorientierte Motivation.

Die Methodik des Target Costing koordiniert alle an der Produktentwicklung beteiligten Unternehmensbereiche durch klare, aus dem Markt abgeleitete Zielkosten. Da einzelne Abteilungen erfahrungsgemäß damit verbundene Kostensenkungen aufgrund der vielfältigen zeitlichen und inhaltlichen Abhängigkeiten nicht selbständig realisieren können, wird auf Basis einer durchgängigen Prozeßorientierung die Überwindung von Abteilungsschranken notwendig. So fördert Target Costing die Prozeßorientierung der Produktentwicklung auf vielfältige Weise. Mit seiner konsequenten Produkt und Marktorientierung, die den traditionellen Funktionsegoismen »Markt versus Technik« entgegen wirkt, läßt sich daher ein ganzheitlicher marktorientierter Entwicklungsprozeß im Unternehmen etablieren.

9.3 Beispiel für eine marktorientierte Produktgestaltung durch Target Costing

Als Beispiel für marktorientierte Produktgestaltung durch Anwendung von Target Costing dient die Fallstudie eines mittelständischen Unternehmens mit ca. 150 Mitarbeitern. Als Anbieter auf dem Geschäftsfeld Elektromechanische Steuer- und Kontrollgeräte ist das Unternehmen einem stark erhöhten Kostendruck durch eine zunehmende Anzahl von Mitwettbewerbern ausgesetzt, so daß Preiserhöhungen nicht durchsetzbar sind.

Aufgrund des erhöhten Preisdrucks wurde der Kurs einer konsequenten Kosten- und Marktorientierung festgelegt. Die durch das Management verabschiedeten Ziele konzentrierten sich im wesentlichen auf:

- die Kostensenkung laufender Produkte,
- die frühzeitige Kostenbeeinflussung im Produktentwicklungsprozeß bei Neuprodukten und
- die Entwicklung einfacher, leicht zu vertreibender Produkte.

Zur Einführung von Target Costing wurde die Durchführung eines Pilotprojektes beschlossen. Das Projektziel lautete: Durchführung einer Produktentwicklung mit marktorientierter Ermittlung von relevanten Produkt, Preis und Absatzinformationen und der dem Kundenwunsch entsprechenden Festlegung und Realisierung von Zielkosten bis auf Produktkomponentenebene.Durch Schaffung eines leistungsfähigen Teams mit Mitgliedern aus den Abteilungen Vertrieb, Elektronik Entwicklung, Mechanik Entwicklung, Technischer Vertrieb, Kostenrechnung und Fertigung wurde ein Projektplan mit entsprechendem Zeitrahmen erstellt.

Im Folgenden soll die Durchführung des Projekts kurz erläutert werden.

Schritt 1:
Auswahl eines Pilotproduktes
Nach Festlegung verschiedener Einflußfaktoren auf ein neues Produkt (z.B. Exportmöglichkeiten, erzielbare Deckungsbeiträge, erforderliche Vetriebsressourcen oder Wettbewerbssituation) und ihrer Ordnung nach Prioritäten wurde der Produktvorschlag »Low-Cost-Text-Anzeigen« (Anzeigegeräte, meist Peripheriegeräte speicherprogrammierbarer Steuerungen SPS) ausgewählt.

Schritt 2:
Wettbewerbssituationsanalyse zur Ermittlung von Zielmarktsegmenten
In Teamsitzungen werden zunächst die geplante Produktfunktionalität und das anzusteuernde Preisgefüge als Segmentierungskriterien festgelegt. Das neue Produkt soll sich dabei auf wirklich notwendige Funktionalität beschränken und gleichzeitig durch einen Preisvorteil den Einstieg in einen neuen Markt ermöglichen.

Die Erstellung einer Markt und Anbieterübersicht von Textanzeigen als Portfolio Wettbewerberanalyse ermöglicht eine Bewertung der Wettbewerbsprodukte, um schwach oder gar nicht besetzte Marktsegmente aufzufinden. Diese Analyse des Textanzeigenmarktes konnte schließlich verdeutlichen, daß sich im Bereich niedriger Funktionalität und Preisen eine Marktlücke befindet. Zur Klärung der Frage, ob vom Markt tatsächlich Geräte mit dieser Funktionalität und zu diesem Preis gefordert werden, soll eine Marktumfrage durchgeführt werden.

Schritt 3:
Durchführung und Auswertung einer Kundenbefragung
Um möglichst viele potentielle Anwender zu erreichen, wird ein Fragebogen konzipiert und verschickt, da andere Methoden wie die persönliche Befragung aufgrund des weit gestreuten Anwenderbereichs bei Textanzeigen ungeeignet erschienen. Neben dem Informationsgewinn zur Produktdefinition verspricht eine Kundenumfrage zudem den Vorteil, daß bei Markteinführung schon auf ein Potential an interessierten Kunden zurückgegriffen werden kann.

Mit Hilfe des Fragebogens konnten so wertvolle Informationen

- zu aktuellen Einsatzgebieten von Textanzeigen,
- zu den verschiedenen Kundenanforderungen,
- zu tendenziell favorisierten Funktionalitäten, zulässigem Preis und dem Nutzenbeitrag einzelner Funktionen am Gesamtnutzen sowie
- zur Einsatzwahrscheinlichkeit der ausgewählten Textanzeigen und damit auch potentielle Stückzahlen ermittelt werden.

Durch direktes Erfragen der Bedeutung von Kundenanforderungen anhand von ordinalen Bewertungsskalen kann der später zur Zielkostenspaltung notwendige Schritt der Bewertung einzelner Produktfunktionen bereits vorab getätigt werden. Zusätzlich wurden im Fragebogen auch Bewertungsmöglichkeiten von drei Produktvarianten integriert, die bestimmte Funktionspakete zu festgelegten Preisen anboten. Durch die spezielle Konzeption des Fragebogens, indem z.B. der zulässige Preis durch vergleichende Fragestellungen ermittelt wird, konnte auf aufwendige Conjoint-Methodik weitestgehend verzichtet werden. Große Bedeutung für den Erfolg von Umfragen hat die Auswahl geeigneter Zielgruppen. Die Zielgruppenauswahl erfolgt in diesem Beispiel anhand von Gesprächen mit Handelsvertretern, Applikationsuntersuchungen auf Messen und der Befragung von Kunden durch Außendienstmitarbeiter. Entsprechende Adressen werden aus der firmeninternen Kundendatei und durch Zukauf gewonnen.
Zur Datenauswertung und zur Unterstützung der Ermittlung von Zielpreisen und Kundenanforderungen wurde nach Erreichen einer ausreichenden Rücklaufquote (8%) eine geeignete Software eingesetzt.

Anhand der wichtigsten Ergebnisse konnte ein Profil der Kundenbedürfnisse erstellt werden, das in Bezug auf den durch das Unternehmen belieferten Markt im wesentlichen folgende Aussagen erbrachte:

- Die Mehrheit der Befragten hielten bisher angebotene Produkte für zu teuer, würden aber bei entsprechenden preislichen Anpassungen den Einsatz erwägen.
- Über 70% der Kunden benötigen nur einen relativ geringen Teil der bislang angebotenen Funktionalität, deutliche Hinweise auf die Ansprüche an Texterstellung, Textaufruf und Gehäusegröße konnten ermittelt werden.

Als wichtigste Erkenntnis ergab sich eine Nachfragetendenz zu Produktvarianten, deren Funktionalität zugunsten eines geringeren Verkaufspreises eingeschränkt ist. Von drei, im Fragebogen zur Auswahl angebotenen Produktpaketen wurde demgemäß die einfache, bzw. mittlere Variante von den Befragten bevorzugt. Die Ergebnisse der Befragung dienten zur Aufstellung eines Plichtenhefts für ein Basismodell und zu einer groben Absatzbestimmung für die kommenden Jahre. Als Orientierung für den zulässigen Preis des Zielprodukts wurde der Median über den jeweils vom Kunden subjektiv als akzeptabel empfundenen Preis gebildet, da von den drei angebotenen Produktvarianten A, B, und C Variante A (Preis 345 GE) und B (Preis 544 GE) gleichermaßen bevorzugt wurden: ((544 GE - 345 GE) / 2) + 345 GE = 444 GE.

Auf Basis dieser Berechnung wurden 468 GE als Zielpreis festgesetzt. Die zulässigen Selbstkosten erhält man nun durch Abzug des gewünschten Gewinns (als Return on Sales wurde 50% angesetzt). Indem von den Selbstkosten die Entwicklungs-, Investitionskosten (Berücksichtigung des geschätzten Verkaufsvolumens), Verwaltungs- und Vertriebskosten abgezogen werden, erhält man schließlich die zulässigen Herstellkosten von 142 GE. Die geschätzten Kosten von 220 GE für das Produkt wurden auf Basis derzeit eingesetzter Verfahren ermittelt. Die letztendlichen Zielkosten wurden aufgrund der verschärften Wettbewerbsbedingungen und der positiven Erwartungen im Bezug auf die Strukturänderungen auf 150 GE festgelegt. Demzufolge waren die derzeit geschätzten Kosten um 70 GE zu senken, was angesichts bisher vorliegender Erfahrungen mit Target Costing (20–50%) durchaus im Bereich des Möglichen lag.

Schritt 4:
Zielkostenspaltung: Gewichtung der Produktfunktionen

Anhand von Vorstudien und wertanalytischen Fragestellungen wurden 8 Hauptfunktionen ermittelt, deren Bedeutung für den Kunden aus den Ergebnissen der Befragung hervorgeht. Dabei ergab sich unter anderem eine Gesamtgewichtung für harte Funktionen (die Gebrauchsfunktionen eines Objekts, die zu seiner technischen und wirtschaftlichen Nutzung erforderlich sind und objektiv überprüfbar sind, wie etwa hier: Information anzeigen, Texte erstellen etc.) zu 43% gegenüber 57% für weiche Funktionen (auch Geltungsfunktionen, bezeichnen und beschreiben Funktionen eines Objekts, die über technische und wirtschaftliche Nutzbarkeit hinausgehen und einer subjektiven Beurteilung unterliegen, wie bsw. Prestige, Ästhetik). Die ermittelten Gewichtungen stellen die Basis für die Berechnung der Zielkostenanteile der einzelnen Funktionen dar, so daß für jede Funktion ein definitives Kostenmaximum konkretisiert wird.

Schritt 5:
Zielkostenspaltung: Zielkostenermittlung für Produktkomponenten

Um eine Komponentengewichtung durchführen zu können, wird ein Grobentwurf des Basisprodukts erstellt, aus dem die unterschiedlichen Komponenten hervorgehen.

Zur Ermittlung des Umfangs jeder Komponente zur Realisierung der einzelnen Funktionen erfolgt die Beurteilung aller Einflüsse auf eine Funktion in %. Diese Beurteilung wird aufgrund von Befragungen in der Produktentwicklung durchgeführt. Nach Verknüpfung der Teilgewichte von harten und weichen Funktionen kann der Kostenanteil der jeweiligen Komponente klar bestimmt werden. Danach erfolgt eine Schätzung der Herstellkosten für die einzelnen Komponenten.

Die Gegenüberstellung von zulässigem Teilgewicht und geschätztem Kostenanteil ergibt einen Zielkostenindex (ZI). Der ZI stellt ein Maß für die Abweichung von Kostenverursachung zu Marktbedeutung dar. Damit wird die Ermittlung des Schwerpunktes der Kostensenkungsmaßnahmen möglich.

Das Teilgewicht einer harten bzw. weichen Komponente wird ermittelt, indem die Summe des Beitrags der Komponente zur Realisierung der harten bzw. weichen Funktionen mit der Funktionsgewichtung multipliziert wird. Dies kann am Beispiel der Funktion »Information anzeigen» und der Komponente »Gehäuse« verdeutlicht werden:

- ❑ Aus den Daten der Befragung ergab sich für die Funktion »Information anzeigen «ein Teilgewicht von 29,9%.
  - ❑ Die Komponente Gehäuse erfüllt diese Funktion zu 4%, woraus sich ein Komponentengewichtsanteil von 29,9% * 0,04 ≈ 1,2% ergibt.
  - ❑ Die Summe aller Komponentengewichtsanteile des Gehäuses ergibt 7,4% als Teilgewicht der Komponente für harte bzw. 6,5% für weiche Funktionen.
  - ❑ Dies wird nun anhand der Gewichtung für harte (43%) bzw. weiche Funktionen (57%) gewichtet und so erhält man für jede Komponente den Gesamtgewichtsanteil.
  - ❑ Für das Beispiel Gehäuse: 7,4% * 0,43 + 6,5% * 0,57 = 6,9%
- ❑ Demgemäß darf das Gehäuse nur 6,9% vom Zielkostenbetrag (150 GE), also 10,35 GE kosten.

Diesem Betrag läßt sich der geschätzte Betrag von Herstellkosten (Bauteile inkl. Materialgemeinkosten + Montage + Prüfung) gegenüberstellen, so daß sich für jede einzelne Komponente entweder ein Kostensenkungsbedarf oder aber ein Kostenerhöhungsspielraum ermitteln läßt.

9.4 Zusammenfassung

Ausgangspunkt des Target Costing ist die Verbindung von strategischen und operativen Komponenten auf Basis einer ganzheitlichen Betrachtungsweise. Auf strategischer Seite fordert und fördert Target Costing eine Führungsphilosophie, die sich

- am Menschen,
- am Markt,
- an der Leistung und
- am Teamgedanken

orientiert und prozeßorientiertes Denken und Handeln der Mitarbeiter zugunsten der Realisierung von aus dem Markt abgeleiteten Zielkosten ermöglicht. Auf operativer Seite steht die Ausrichtung der Produktentwicklung unter funktions- und preisoptimalen Gesichtspunkten. Ausgangspunkt aller Überlegungen sind hier die Vorstellungen des Kunden bezüglich Preis und Funktion, die bereits im Vorfeld der Produktentwicklung durch entsprechende Marktanalysen zu ermitteln sind. Methoden wie Conjoint- oder Korrespondenzanalyse bieten sich hier zwar zur Ermittlung und Auswertung von

- Kundenanforderungen,
- zulässigen Preisen,
- Bedeutung von Produktfunktionen,
- Marktvolumen etc.

an, angesichts des damit verbundenen erheblichen Aufwands empfiehlt sich jedoch die Anwendung vereinfachter Vorgehensweisen. Auf Basis der gewonnenen Daten gilt es nach Abzug des geplanten Gewinns vom zulässigen Preis, die ermittelten Zielkosten zu spalten und entsprechend der Bedeutung, die der Kunde einzelnen Komponenten und Produktfunktionen zumißt, analoge Kostenanteile festzulegen. Die anschließende Zielkostenrealisierung kann auf Hilfsmittel wie die Wertanalyse oder Kosteninformationssysteme zurückgreifen. Voraussetzung dafür bleibt die Ausrichtung der Mitarbeiter auf das kontinuierliche Streben nach Verbesserung der Betriebsprozesse und damit die Verankerung des Kaizen-Gedankens.

Aufgrund seiner einfachen, aber überzeugenden Grundidee fällt Target Costing in deutschen Unternehmen zu Recht auf fruchtbaren Boden. Gewisse Grenzen der Anwendbarkeit findet diese Methode lediglich bei Innovationen, für die noch kein Marktpreis zu ermitteln ist, da sich hierfür ein Markt erst bilden muß und eine Abschätzung der Preisbereitschaft mittels explorativer Marktforschung nur bedingt möglich ist. Des weiteren ist der Einsatz des Target Costing in Branchen fraglich, in denen der Preis lediglich eine untergeordnete Rolle spielt und das Preis-Leistungs-Verhältnis über Werbestrategien deutlich korrigiert werden kann. Ansonsten besteht gerade in den meisten deutschen Unternehmen des Mittelstands eine gesunde Implementationsbasis für das Target Costing:

- Die Verbundenheit der Geschäftsleitung mit dem Unternehmen durch langfristige Betriebszugehörigkeit oder Unternehmensbeteiligungen stellt das Interesse des Managements am strategischen Erfolg des Unternehmens und damit den strategischen Potentialen des Target Costing sicher.

- ❑ Die meist schlanken, wenig bürokratische Organisationsformen garantieren aufgrund nur weniger Hierarchieebenen kurze Entscheidungswege.
- ❑ Oftmals wird bereits eine kooperative Unternehmenskultur gepflegt, so daß ausgeprägtes Spartendenken nur selten zu finden ist.
- ❑ Hervorragend qualifiziertes Personal mit meist umfassenden Kenntnissen des gesamten Unternehmens läßt sich sehr gut in Target Costing einsetzen, wenn sich Perfektionsstreben statt auf technische Aspekte auf die Optimierung des Preis-Leistungs-Verhältnisses konzentriert.
- ❑ Wird die Produktentwicklung als zentraler Geschäftsprozeß begriffen, ist Target Costing in Unternehmen des Mittelstandes mittelfristig mit besten Aussichten auf Erfolg einzuführen, nicht nach japanischem Muster, aber im selben Geist der Kundenorientierung.

10 Design for X-Methoden

10.1 Anforderungen an die Konstruktion

Die Produktentwicklung legt wesentliche Eigenschaften eines Produktes, wie z.B. Leistung oder Design, aber auch Produktionsprozesse fest. Die Entscheidungen, die in der Konstruktion getroffen werden, wirken sich gravierend auf alle nachfolgenden Phasen des Produktlebenszyklus aus. Besonderes Augenmerk ist hierbei auf die entstehenden Kosten für das Produkt über den gesamten Produktlebenszyklus hinweg und die Entwicklungs- und Durchlaufzeiten zu richten. Mit wachsender Bedeutung stellt die Minimierung von eventuell auftretenden negativen Umweltauswirkungen eines Produktes einen weiteren wichtigen Aspekt dar. In der Konstruktion sind daher eine Vielzahl an Restriktionen zu berücksichtigen, die sich in erster Linie aus den Anforderungen ergeben, die vom Kunden an das Produkt gestellt werden.

Die Abbildung gibt eine Übersicht über die vom Konstrukteur zu berücksichtigenden Restriktionen in Abhängigkeit vom Produktlebenszyklus. Diese Aufzählung ist dabei je nach Fall fast beliebig erweiter- und detaillierbar. Ein Produkt, das bezüglich einer Restriktion optimiert wurde, erfüllt nicht zwangsläufig auch andere Restriktionen, da einzelne Optimierungsziele häufig zueinander im Widerspruch stehen. Um zu einem gesamtoptimierten Produkt zu gelangen, ist eine gleichzeitige Berücksichtigung aller Restriktionen und ein ganzheitliches Vorgehen bei der Produktentwicklung im Sinne eines Simultaneous bzw. Concurrent Engineering erforderlich. In den Fällen, in denen sich Forderungen widersprechen, ist gesondert zu überprüfen, welche der Restriktionen vorrangig zu beachten sind. Der Begriff »Design for Excellence« (DFX) repräsentiert alle genannten Restriktionen im Simultaneous Engineering, wobei der Buchstabe X auch als Platzhalter für die Abkürzung der einzelnen Unterbereiche, wie etwa »Design to Cost (DTC)«, »Design for Manufacture (DFM)«, »Design for Assembly (DFA)«, »Design for Service (DFS)«, »Design for Disassembly (DFD)«, »Design for Recycling (DFR)«, »Design for Quality (DFQ)«, steht. Vom Konstrukteur nun zu erwarten, er könne unter Beachtung von DFX ein optimales Produkt entwickeln, ist selbst bei Einsatz von geeigneten Softwaretools in der Praxis unmöglich. Sinnvoll eingesetzt werden DFX-Methoden und entsprechende Tools vor allem als »Katalysatoren« in Simultaneous Engineering-Teams, in denen Mitarbeiter aus verschiedenen Unternehmensbereichen vertreten sind. Dort helfen sie bei der Berücksichtigung aller Einflußfaktoren bei der Variantenbewertung, geben dem Simultaneous Engineering-Team eine Diskussionsgrundlage und ermöglichen eine schnelle Beurteilung durch kostenmäßige Anhaltswerte.

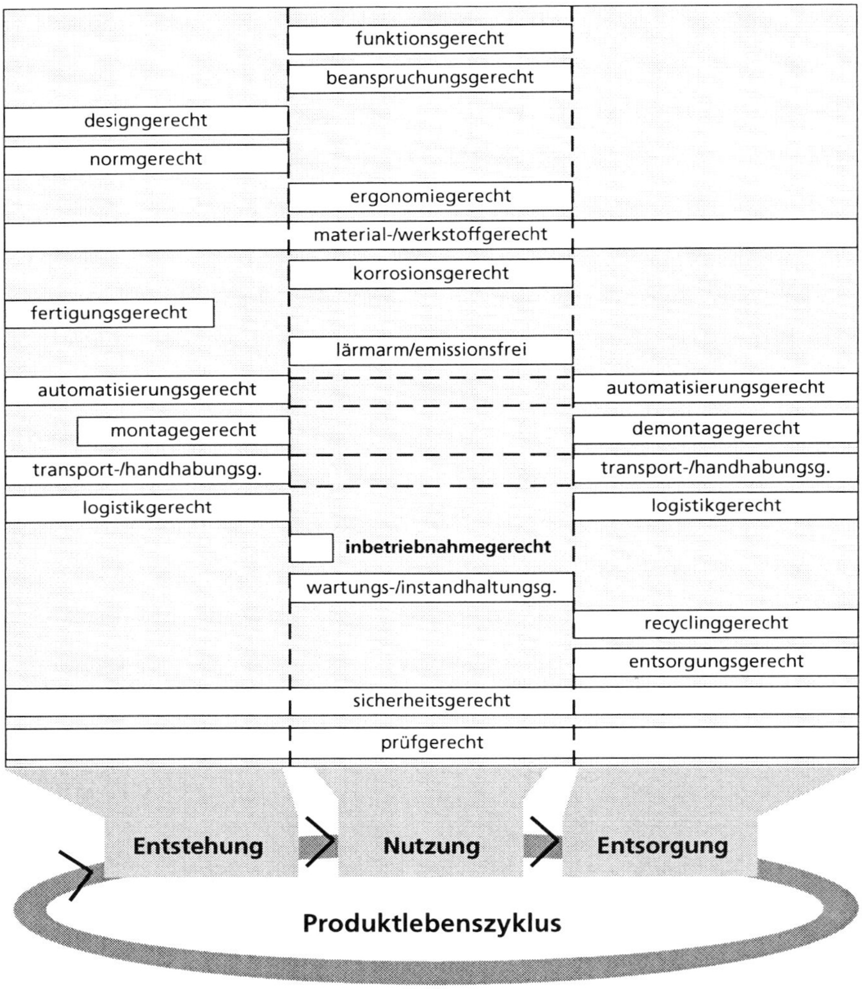

Bild 10.1: Anforderungen an die Produktentwicklung

10.2 Globale Zielgrößen

Eine klare Abgrenzung der oben genannten Anforderungen untereinander ist nur schwer möglich, da Interdependenzen und Überschneidungen auftreten. So erfüllt ein umweltgerecht gestaltetes Produkt gleichzeitig auch Anforderungen, die sich aus der Servicegerechtheit, Demontagegerechtheit und Recyclinggerechtheit ergeben, da dies Teilbereiche der umweltgerechten Konstruktion (DFE-Design for Environment) sind. Selbst die vier Querschnittsanforderungen oder globalen Zielgrößen Kosten, Zeit, Qualität und Umwelt sind nicht frei von Überschneidungen und gegenseitiger Beeinflussung. So kann eine angestrebte Qualitätssteigerung des Produkts eine Steigerung der Produktionskosten nach sich ziehen, was wiederum durch eine kostengerechte Entwicklung (DTC - Design to Cost), z.B. durch die Auswahl eines geeigneteren Fertigungsverfahrens, vermieden wird. Die Zielgröße Zeit in verschiedenen Ausprägungen ist heute von entscheidender Bedeutung. Im immer größer werdenden Konkurrenzkampf sind z.B. Termintreue, kurze Entwicklungs- und Lieferzeiten sowie eine lange Produktlebensdauer gewichtige Wettbewerbsfaktoren. Anhand der Produktlebensdauer läßt sich eine Überschneidung mit der Zielgröße Qualität leicht nachvollziehen. Die Qualität eines Produktes ist auf der einen Seite quantifizierbar durch die Produktlebensdauer, auf der anderen Seite ist Qualität aber auch eine subjektive Produkteigenschaft, die den Anforderun-gen der Kunden und des Marktes gerecht werden muß.

10.3 Fertigungs-, Montage-, Service-, und Recyclinggerechte Konstruktion

Aus der Vielzahl der Anforderungen an eine Konstruktion werden an dieser Stelle zwei traditionell elementare und zwei zukünftig bedeutende Bereiche erläutert, denen eine Schlüsselrolle innerhalb einer wettbewerbsfähigen Produktentwicklung zukommt. Daher wird hier eine verstärkt geeignete methodische und softwaretechnische Unterstützung entwickelt. Diese Bereiche sind:

- Fertigungsgerechtheit (Design for Manufacture).
- Montagegerechtheit (Design for Assembly).
- Servicegerechtheit (Design for Service).
- Recyclinggerechtheit (Design for Recycling).

10.3.1 Design for Manufacture

Die fertigungsgerechte Konstruktion (DFM - Design for Manufacture) zielt auf eine Minimierung des Fertigungsaufwands ab. Dieses Ziel soll durch entsprechende gestalterische Maßnahmen am Produkt erreicht werden (Beitz, Küttner 1987). Sie sollen den jeweiligen Fertigungsprozeß vereinfachen bzw. ein einfacheres Fertigungsverfahren ermöglichen. Dadurch wird die Prozeßsicherheit gesteigert, gleichzeitig die Fehleranfälligkeit vermindert und der Automatisierungsgrad erhöht. Bedingt durch die Vielzahl der Fertigungsverfahren läßt sich Design for Manufacture weiter unterteilen bspw. eine gieß-, schmiede- oder automatisierungsgerechte Konstruktion, die detailliertere, verfahrensspezifische Anforderungen beschreiben.

10.3.2 Design for Assembly

Die montagegerechte Konstruktion (DFA – Design for Assembly) unterstützt eine in bezug auf die manuelle oder automatisierte Montage optimierte Gestaltung des Produkts und des Produktaufbaus. Anzustreben sind hauptsächlich eine geringe Teileanzahl, einheitliche Montagearten, wenige, einfache und zwangsläufige Montageoperationen sowie eine möglichst parallele Montage von Baugruppen. Da sich die Montage nach VDI-Richtlinie 3237 in die Teiloperationen Speichern, Handhaben, Positionieren, Fügen, Einstellen, Sichern und Kontrollieren unterteilen läßt, die während der Produktion in unterschiedlicher Vollständigkeit, Reihenfolge und Häufigkeit durchlaufen werden, können die globalen Anforderungen an eine montagegerechte Konstruktion weiter detailliert und den Montageteiloperationen zugeordnet werden (Beitz, Küttner 1987).

	Beispiel **ungünstig**	**günstig**
fertigungsgerecht Fräsen: Flächen in gleicher Höhe und parallel zur Aufspannung	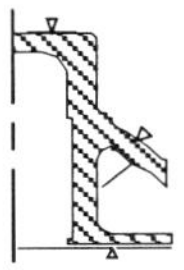	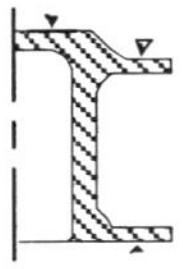
montagegerecht Fügestellen gut zugänglich und Vorgang beobachtbar gestalten	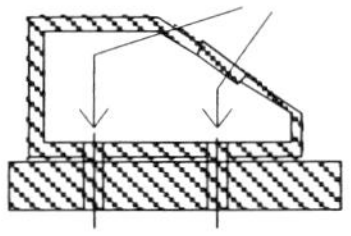	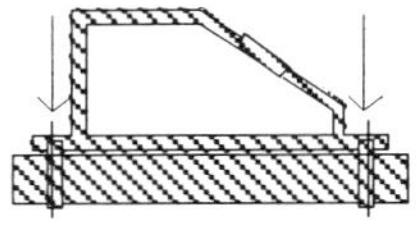
servicegerecht Kontroll- und Diagnosemöglichkeiten vorsehen	Papierstau in Bereich 4 1 2 3 i 4 5 6 * 7 8 9 0	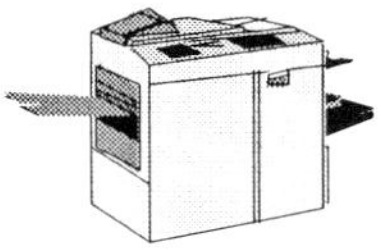
recyclinggerecht Werkstoffgruppenzerlegung ohne Zerlegeaufwand ermöglichen (Kraftschluß statt Formschluß)	Kupferrohr angestauchter Bund 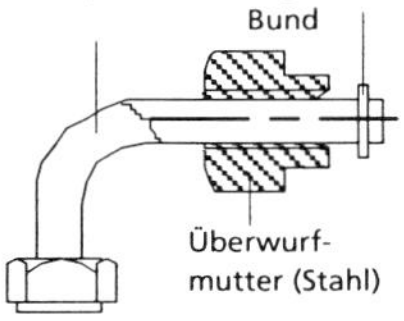 Überwurfmutter (Stahl)	Kupferrohr Stützring 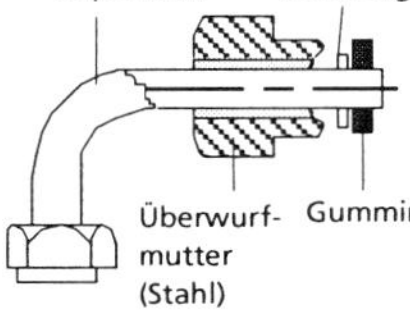 Überwurfmutter (Stahl) Gummiring

Bild 10.2: Beispiele für x-gerechte Konstruktion

10.3.3 Design for Service

Eine wartungs- und instandhaltungsgerechte Konstruktion wirkt sich in der Nutzungsphase des Produktlebenszyklus positiv aus, da die Nutzungsphase verlängert wird und eventuell notwendige Reparaturen erleichtert werden. Dadurch wird gleichzeitig ein Aspekt der umwelt-gerechten Konstruktion berücksichtigt. Hauptanforderungen durch Design for Service sind die Trennung von Funktions- und Verschleißteilen, Schaffung einer modularen Bauweise zum einfachen Austausch von defekten bzw. verschlissenen Baugruppen oder -teilen sowie das Vorsehen von Möglichkeiten zur schnellen Lokalisierung defekter Komponenten bei Funktionsausfällen. Die demontagegerechte Konstruktion erleichtert in diesem Zusammenhang den Austausch dieser defekten Elemente, wobei hier den zerstörungsfreien Trennverfahren besondere Bedeutung zukommt.

10.3.4 Design for Recycling

Recycling umfaßt die Wieder- und Weiterverwendung sowie die Wieder- und Weiterverwertung von Produkten. Nach VDI-Richtlinie 2243 wird zwischen Produkt- und Materialrecycling unterschieden. Während beim Produktrecycling die Gestalt und der Wert des Produktes weitgehend erhalten bleiben, wird beim Materialrecycling die Produktgestalt aufgelöst, so daß nur ein deutlich geringeres Wertniveau erhalten werden kann. Eine recyclinggerechte Konstruktion strebt eine demontagegerechte Gestaltung, eine geringe Anzahl von unterschiedlichen Werkstoffen und die Verwendung von leicht rezyklierbaren und gekennzeichneten Werkstoffen an.

10.4 Softwaresysteme zur Unterstützung des Konstrukteurs

Zur Unterstützung der umweltgerechten Konstruktion eignen sich heute sogenannte LCA-Tools (LCA, Life-Cycle Assessment). Sie ermitteln Umweltbelastungen, die von einem Material, einem Produkt oder durch dessen Nutzung, Recycling bzw. Entsorgung oder von Prozessen verursacht werden. Das LCA Inventory Tool erstellt Life-Cycle-Analysen (Produkt-Ökobilanzen). Hierbei werden Kriterien wie Belastungen von Luft, Wasser und Boden, Ressourcenverbrauch, Kosten, usw. während aller Phasen des Produktlebens erfaßt und bilanziert (vgl. PRé Consultants 1992). Das LCA-Tool PIA (Product Improvement Analysis) geht mit einer schwerpunktmäßig prozeduralen Betrachtungsweise an die Ökobilanz eines Produktes heran (TME 1993).

RECYCLEAN ist ein datenbankorientiertes, multifunktionales Windows-Umweltinformationssystem, das neben der Unterstützung von Umweltaudits und der Abfallogistik u.a. auch als Schulungstool für umweltgerechtes Produktmanagement eingesetzt werden kann. Für den Konstrukteur sind vor allem die Teilmodule »Produkte« und »Verpackung« interessant, mit denen prototypische Analysen von Produkten hinsichtlich Ressourcen- und Recyclingschwachstellen durchgeführt werden können (NEC Deutschland 1994).

LASeR dient der Unterstützung des Konstrukteurs bei der Gestaltung eines montage- service- und demontagefreundlichen Produktes. Ausgehend von einer grafischen Produktbeschreibung verzweigt das Programm in die Module Montage, Service und Recycling und ermöglicht die Optimierung der Kosten unter gleichzeitiger Berücksichtigung der genannten Bereiche. LASeR ist eine akademische Entwicklung und wird derzeit nicht kommerziell vertrieben (Ishii 1994).

Design for Manufacture and Assembly (DFMA), entwickelt von der Boothroyd Dewhurst Inc., ist das wohl bekannteste, kommerziell erhältliche Unterstützungstool für die Produktentwicklung auf PC-Basis. In einem interaktiven Dialog zwischen Anwender und Programm werden die relevanten Produktdaten eingegeben. Aus diesen Daten ermittelt ein Analysemodul mit Hilfe von Tabellen, die vorgegebene Zeitwerte für Montageoperationen enthalten, die Gesamtmontagezeit des Produktes. Außerdem erfolgt eine Bewertung der Baugruppen und der einzelnen Bauteile hinsichtlich Handhabung, Zuführung und Einfügung.

Das DFA-Modul berücksichtigt jedoch keine Auswirkungen auf die Teilekosten und möglichen Herstellverfahren der Einzelteile. In einer DFM-Analyse werden diese Kosten ermittelt, indem die Gesamtbearbeitung in einzelne Teilschritte aufgeteilt und diese dann im Detail analysiert und bewertet werden (Pfammatter 1991). Mittlerweile wurde das Tool um ein Modul zum Design for Service (DFS) erweitert. Module zur recycling- und umweltgerechten Produktgestaltung werden zur Zeit entwickelt.

HKB (Herstell-Kosten-Berechnung) ermittelt die Gesamtherstellungskosten und Fertigungszeiten, die Kostenstruktur von Werkstücken und Formelementen, um damit eine Unterstützung zur Auswahl der optimalen Gestaltsvariante eines Einzelteils zu geben (Frech 1995).

»The Cognition Advantage« der Cognition Corp. (USA) ist ein integriertes Paket von Softwaremodulen zur Unterstützung des Produktentwicklungsprozesses von der Konzeption bis hin zur Herstellung und Montage. Es umfaßt Software-Tools zur Skizzierung, funktionalen Analyse und Optimierung von Konstruktionsentwürfen, ein CAD/CAM-Paket für die 2D- und 3D-Objektmodellierung und eine DFM-Expertensystemshell zur Abschätzung von Montage- und Fertigungskosten, die allerdings unter deutlichem Aufwand vom Benutzer mit dem entsprechenden Wissen gefüllt werden muß (Frech 1995).

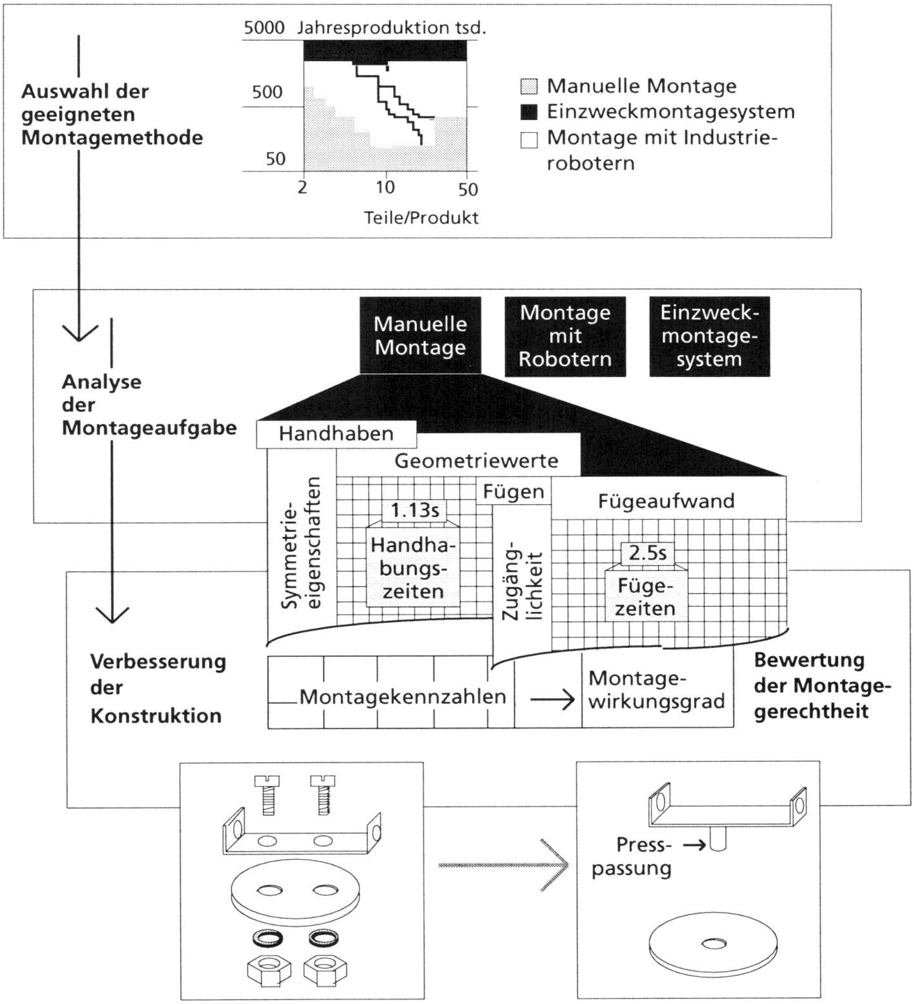

Quelle: nach Boothroyd & Dewhurst

Bild 10.3: Vorgehensweise bei der Boothroyd DFA-Analyse

MoKoKo (Montage-, Fertigungs-, und Kostengerechte Konstruktion) ist ein komplexer Forschungsprototyp zur Unterstützung des Konstrukteurs bei einer kostengerechten Produktgestaltung. Ein erweitertes, featurebasiertes CAD-System wurde dazu mit einer technologischen Wissensbasis in einer objektorientierten Datenbank gekoppelt. Der Konstrukteur wird aktiv in seiner Entwicklungsarbeit unterstützt, alle von ihm benötigten Informationen über den Produktentstehungsprozeß werden bereitgestellt und Auswertungen in bezug auf die Kosten-, Fertigungs- und Montagegerechtheit des Produktes sind möglich (Bopp, Roskamp 1995).

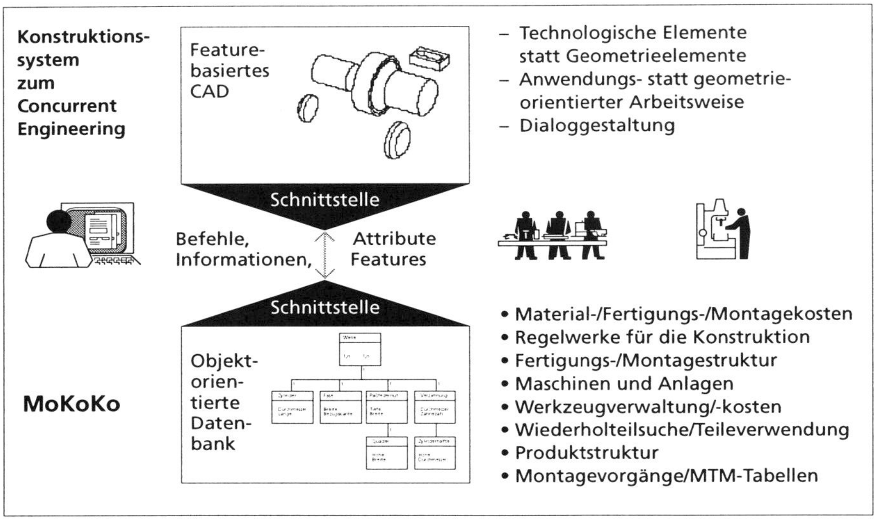

Bild 10.4: MoKoKo – Konstruktionssystem zum Concurrent Engineering (Quelle: Bopp, Roskamp (1995), S. 69)

10.5 Zukünftige Tendenzen

Die Vielzahl der Anforderungen, die heute aus allen Produktlebensphasen an die Konstruktion gestellt werden, zeigen, daß der moderne Konstruktionsprozeß zunehmend komplexer und umfangreicher wird. Die realen Produktkosten werden in der Konstruktion aufgrund mangelhafter Kalkulationsgrundlagen häufig unterschätzt, u.a. da die Kosten für Entsorgung bzw. Recycling, die in der Zukunft anfallen, unbeachtet bleiben. Anzustreben ist hier eine Aufschlüsselung der Kosten nach dem Verursacherprinzip in Form eines strategischen Product Life-Cycle Costing. Hohe Logistikkosten bei der Entsorgung bzw. beim Recycling könnten dann z.B. durch eine Reduzierung der Bauteile oder durch Vereinheitlichung der verwendeten Werkstoffe gezielt gesenkt werden. Eine zunehmend an ökologischen Gesichtspunkten orientierte Gesetzgebung macht die Entstehung von enormen Kosten am Ende des Produktlebenszyklus durch Rücknahme und Recycling immer wahrscheinlicher. Daher werden derzeit Vorgehensweisen entwickelt, die dem Konstrukteur eine integrierte Kostenabschätzung von Produktherstellung und -recycling ermöglichen (EU-Projekt TOPROCO 1994).

Da die einzelnen Optimierungsziele der verschiedenen DFX-Methoden häufig zueinander im Widerspruch stehen, ist es praktisch unmöglich, alle Anforderungen, die sich aus DFX ergeben, gleichzeitig zu erfüllen. Dies um so mehr, wenn man bedenkt, daß auch die Anforderungen an ein Produkt von Seiten der Verbraucher und des Gesetzgebers ständig Veränderungen unterliegen. Der Konstrukteur wird auch bei verstärktem Einsatz von rechnerunterstützten Hilfsmitteln mehr denn je gefordert. Die Hilfsmittel werden in absehbarer Zukunft Handwerkszeug bleiben, deren Ergebnisse immer auf Plausibilität geprüft, kombiniert und abstrahiert werden müssen.

11 Rapid Prototyping

11.1 Situation in der Produktentwicklung

Die ständig wachsende Innovationsdynamik, verbunden mit einer stetig kürzer werdenden Vermarktungsdauer der Produkte, ist der bestimmende Faktor auf den heutigen Märkten. Aus diesem Grunde sind nicht länger nur Produktionskosten und Produktqualität für den Erfolg eines Produktes entscheidend, sondern in immer stärkeren Maße auch der Zeitpunkt der Markteinführung (time-to-market).

Dieser Umstand zwingt die Unternehmen der poduzierenden Industrie zunehmend, ihre technischen Innovationen möglichst schnell in »marktreife« Produkte umzusetzen. Wesentlichen Einfluß auf die Produktentwicklungszeit nimmt die Fertigung von Modellen und Musterteilen als ein wichtiges Hilfsmittel zur Unterstützung der Produktgestaltung und der Prozeßplanung. In der Produktentwicklung müssen immer wieder Prototypen für Designüberprüfungen und Funktionstest eingesetzt werden, die die Richtigkeit der Entwicklung jeweils sehr früh beurteilen lassen.

Der herkömmliche Prototypenbau ist jedoch häufig durch einen sehr hohen Fertigungsaufwand gekennzeichnet. Analysen zeigen, daß bisher mehr als 25% der gesamten Produktentwicklungszeit auf die Herstellung von Prototypen entfällt. Darüber hinaus verursacht die lange Durchlaufzeit von Prototypen einen enormen Personal- und Kostenaufwand, der bis zu 50% der Entwicklungskosten betragen kann. Geringe Losgrößen, häufige Änderungen des Produktmusters sowie der hohe Anteil an manuellen Tätigkeiten bei der Fertigung komplexer Komponenten zeichnen sich verantwortlich für diesen erheblichen Kosten- und Zeitaufwand.

Um den Entwicklungsprozeß zu beschleunigen sind also Methoden und Technologien notwendig, die in der jeweiligen Entwicklungsphase die Herstellung eines Prototypen ermöglichen, der die zur Entscheidungsfindung notwendigen Bewertungsmerkmale (Toleranzen, Aussehen, Belastbarkeit, kinematische Eigenschaften, usw.) unter den gegebenen Rahmenbedingungen (Zeit, Kosten, Qualität) besitzt.

Durch eine optimale Abfolge dieser entwicklungsphasenspezifischen Prototypen werden innovative und marktgerechte Produkte schneller verfügbar. Neuartige Fertigungsverfahren ermöglichen die schnelle Herstellung kompliziertester Prototypen und werden unter dem Begriff Rapid Prototyping (RP) zusammengefaßt. Hierzu zählen auch Methoden zur Generierung virtueller Prototypen. Durch eine rechnerinterne 360 Grad-Visualisierung und die Möglichkeit zur gleichzeitigen Interaktion mehrerer

Entwickler, können bereits in frühen Entwicklungsphasen visuelle, akustische und taktile Eigenschaften getestet werden.

Um für den jeweiligen Prototypenentwurf das am besten geeignete Verfahren bzw. die geeignete Prozeßkette zu selektieren, müssen Vergleichs- bzw. Bewertungsmethoden anhand von Prozeßwissen über die unterschiedlichen Technologien sowohl des physischen als auch des virtuellen Prototypings eingesetzt werden. Dies und die Integration der Einzeltechnologien zu einem Gesamtsystem stellen einen Schwerpunkt des Rapid Prototyping dar.

11.2 Prototypenbedarf in der Produktentwicklung

Prototypen werden in sämtlichen Entwicklungsphasen - von der Produktidee bis zur Markteinführung – benötigt. Die in den einzelnen Entwicklungsphasen verwendeten Prototypen besitzen unterschiedliche Merkmale hinsichtlich der Stückzahl, der Werkstoffeigenschaften sowie der geometrischen, optischen, haptischen und funktionalen Anforderungen. Da die Bezeichnung der unterschiedlichen Prototypenarten sich in den einzelnen Industriebranchen und Unternehmen deutlich unterschieden, soll hier der Versuch einer allgemeingültigen Differenzierung über die verschiedenen Produktentwicklungsphasen erfolgen.

Designmodelle werden vielfach in der Vorentwicklungsphase eingesetzt. Im allgemeinen wird nur ein einzelnes Modell hergestellt, das nur bedingt maßhaltig sein muß. Sie unterliegen vielmehr hohen optischen und haptischen Anforderungen und sind daher vielfach aus Modellbauwerkstoffen hergestellt. Designmodelle dienen für Design- und Ergonomiestudien sowie für erste Marktanalysen.

Ebenfalls vorrangig in der Vorentwicklungsphase eingesetzt werden geometrische Prototypen. Bei dieser Art Prototyp stehen hauptsächlich Anforderungen bezüglich der Formgenauigkeit sowie der Form- und Lagetoleranzen im Vordergrund. In der Regel werden auch hier Modellbauwerkstoffe verwendet. Angwendet werden geometrische Prototypen im Bereich der Prozeßplanung, wo sie in der Produktionskonzepterstellung, bei der Überprüfung der Herstell- und Montierbarkeit sowie in der Grobplanung von Fertigung und Montage eingesetzt werden können.

In der Funktionsmusterphase werden meist zwei bis fünf Funktionsprototypen mit dem Ziel eingesetzt, die Produktidee sowie das Arbeits- und Funktionsprinzip zu überprüfen bzw. zu optimieren. Zu diesem Zweck werden diese Prototypen schon aus einem seriennahen Werkstoff gefertigt, wobei äußere Erscheinung und Maßtoleranzen von untergeordneter Bedeutung sind.

In der folgenden Produktionsphase, der Prototypenphase, werden technische Prototypen in höheren Stückzahlen (zwischen 3 bis 20) gefertigt, die dem Endprodukt möglichst nahekommen sollen. Das eingesetzte Fertigungsverfahren und der verwendete Werkstoff sind dementsprechend seriennah. Sie dienen für erste Einsatztests, die für die Konstruktionsoptimierung genutzt werden können.

Vor der Markteinführung des Produkts werden bis zu 500 Vor-Serien-Produkte mit dem späteren Serienfertigungsverfahren aus dem Serienwerkstoff gefertigt. Mit Hilfe dieser Vor-Serien können intensive Produkt- und Markttests durchgeführt werden. In dieser Phase erfolgt die Prozeßparameterbestimmung und -optimierung.

11.3 Datengewinnung und Datenübertragung

Grundlage für den Einsatz neuer Fertigungsverfahren, wie das Rapid Prototyping, bildet ein vollständig dreidimensionales Volumenmodell. Die Daten zur Erzeugung eines Volumenmodells können über verschiedene Wege gewonnen werden. Eine Möglichkeit besteht in der Neukonstruktion bzw. in der Änderung vorhandener Konstruktionen mittels CAD-Systemen. Eine andere Möglichkeit ist das Digitalisieren, bei dem auf der Basis von digitalisierten Daten eine Fläche oder ein Flächenverbund an einem CAD-System generiert und exakt rekonstruiert wird. Zur Datengewinnung zählt auch die Auswertung von Fotografien, die mit Hilfe verschiedener Aufnahmeverfahren (z.B. Infrarotphotografie, Röntgen) entwickelt werden. Aus diesen Daten werden dann durch spezielle Softwaremodule Elemente von 3D-CAD-Modellen erzeugt. Das im CAD-System erzeugte Volumenmodell wird anschließend trianguliert, d.h. der gesamte äußere und innere Flächenverbund des Modells wird in Dreiecke aufgeteilt. Das so entstandene STL-Format der 3D-Geometrie wird im nachfolgenden Prozeß in einzelne Querschnitte zerlegt. Diesen Vorgang bezeichnet man als Slicen. Die geslicten Daten können jetzt an die jeweiligen RP-Systeme übertragen werden.

11.4 Verfahrensprinzipien

Mit Einführung der CAD-Technologie bietet sich prinzipiell die Möglichkeit, Modelle und Musterteile direkt auf der Basis der Konstruktionsdaten zu fertigen. Neue unter den Bezeichnungen »Rapid Prototyping«, »Desktop Manufacturing«, »Solid Freeform Manufacturing«, »Layer Manufacturing«, usw. bekannte generative Fertigungsverfahren nutzen diesen Weg konsequent. Gemeinsames Merkmal dieser Technologien ist, daß sich die Gestalt der Prototypen im Gegensatz zu herkömmlichen Fertigungsverfahren nicht durch Materialabtrag wie bei spanenden Verfahren oder mit Hilfe von Formen wie bei Gießtechniken, sondern durch Hinzufügen von Material bzw. durch Phasenübergang eines Materials vom flüssigen oder pulverförmigen in den festen Zustand erzielt wird. Ein weiteres gemeinsames Merkmal besteht darin, daß das Werkstück im Fertigungsprozeß schichtweise aufgebaut wird (»Layertechnik«), ohne den Einsatz von Werkzeugen oder Formen, was die Bauteilerzeugung drastisch verkürzt.

Generative Fertigungsverfahren arbeiten bei der Erstellung des Prototyps in zwei Teilschritten. Zuerst erfolgt das Generieren der Querschnitte durch Slicen. Dann wird der Prototyp schichtweise, durch das Verbinden eines Querschnittes (Schicht) mit dem vorhergehenden, aufgebaut.

Das für RP charakteristische additive Fertigungsprinzip wird durch verschiedene physikalische Verfahren realisiert, die im folgenden näher erläutert werden sollen:

- Verfahren, die nach dem Prinzip der Polymerisation (Verfestigung flüssiger Materialien) arbeiten, verwenden als Ausgangsstoff zähflüssige, mit geeigneten Photoinitiatoren durchsetzte Monomere. Unter Einwirkung von Energie (ultraviolette Bestrahlung) verbinden sich diese Monomere zu Polymerketten und es entsteht ein ausgehärteter Kunststoff. Durch die in den monomeren enthaltenen Initiatoren, kann ein räumlich begrenztes, gezieltes Aushärten einzelner Regionen erfolgen. Dies kann durch zwei Verfahren realisiert werden, entweder durch das Belichten mit einem ultravioletten Laserstrahl, der die erforderlichen Konturen in die Harzoberfläche schreibt (Vektor, bzw. Rasterverfahren) oder anhand des Abbildens der gesamten Schicht durch eine verkleinerte Maske mit Hilfe einer ultravioletten Lichtquelle (Maskenverfahren). Die zwei bekanntesten RP-Verfahren, die nach diesem Prinzip arbeiten sind Stereolithographie und Solid Ground Curing.
- Eine andere Verfahrensgruppe arbeitet nach dem grundsätzlichen Prinzips des Generierens aus der festen Phase. Beispielsweise wird beim Aufschmelzen und Verfestigen von Pulvern mittels eines Laserstrahl ein pulverförmiger Ausgangswerkstoff erhitzt, aufgeschmolzen und dadurch der Zusammenhalt der Körner untereinander erzeugt. RP-Verfahren, die so arbeiten, bezeichnet man als Selective Laser Sintering.
  Das Schmelzen und Verfestigen aus der festen Phase kann nach zwei verschiedenen Verfahren erfolgen. Beim extrudierenden Verfahren werden drahtförmige Materialien in einer beheizten Düse geschmolzen und mit dieser gezielt auf eine Plattform gebracht. Dieses Verfahren bezeichnet man als Fused Deposition Modeling und eignet sich vor allem für niedrig schmelzende Werkstoffe mit geringer Wärmeleitfähigkeit wie Wachse und Kunststoffe.
  Beim ballistischen Verfahren, bekannt als Ballistic Particle Manufacturing, wird das aufgeschmolzene Material mit einer Spezialdüse in Form von Tröpfchen auf die Plattform (bzw. das Modell) aufgetragen, so daß, im Gegensatz zum extrudierenden Verfahren, keine Ansätze sichtbar bleiben.
- Ein anderes Verfahrensprinzip ist das Ausschneiden aus Folien, eine sehr einfache Methode, dreidimensionale Modelle zu erstellen. Dabei werden zweidimen-

sionale Schichten aneinandergeklebt und anschließend, meistens mit Hilfe eines Lasers, ausgeschnitten (konturiert). Verfahren dieser Art bezeichnet man als Laminated Object Manufacturing.

- Beim Verkleben von Granulaten und Bindern ist der Ausgangspunkt ein Granulat- oder Pulverbett. Ein definiert eingespritzter externer Binder verklebt dann die Pulverteilchen miteinander. Anschließend wird der Binder ausgetrieben und das Modell wird nachversintert. Ein Verfahren, das nach diesem Prinzip arbeitet, ist das 3D-Printing.

11.5 Industriell verfügbare Rapid-Prototyping-Verfahren

11.5.1 Stereolithographie (SL)

Die Stereolithographie war das erste Verfahren, welches nach dem Prinzip des Materialauftrags arbeitete. Bis 1995 wurden weltweit schon über 600 Anlagen installiert. Diese Anlagen bestehen aus einem Vorratsbehälter, der mit einem flüssigen Monomer gefüllt ist, einer in Z-Richtung verschiebbaren Bauplattform, einer Laser-Scannereinheit und einem Wischer, der das flüssige Harz über die Bauteiloberfläche gleichmäßig verteilt. Man verwendet bei diesem Verfahren meistens einen ultravioletten Laserstrahl geringer Leistung, der durch automatisch gesteuerte Spiegel positioniert wird.

Der Laserstrahl bestreicht auf der Oberfläche des flüssigen Kunstharzes ein Gebiet, das dem Querschnitt des aufzubauenden Modells entspricht. Dabei wird das Harz ausgehärtet. Mit Hilfe der Plattform wird dann der Boden des Vorratsbehälters, in dem sich das Harz befindet, um einen zehntel Millimeter abgesenkt. Nachdem die Oberfläche geglättet worden ist, kann die nächste Schicht belichtet werden.

Voraussetzung für die Anwendung dieses Verfahrens ist, daß die im CAD-System durch Freiformflächen beschriebene 3D-Geometrie durch Dreiecke approximiert und in ein für Rapid Prototyping-Verfahren standardisiertes Format (STL-Format) umgewandelt wird. Anschließend erfolgt noch als vorbereitende Maßnahme die Anbringung einer Stützkonstruktion, die das spätere Ablösen des Bauteils von der Plattform sowie die Abstützung und Fixierung des Bauteils während des Bauvorgangs gewährleistet. Die STL-Daten des Bauteils und die der Stützkonstruktion werden in einem gesonderten Rechenvorgang weiterverarbeitet, der die 3D-Geometrie in einzelne Querschnitte zerlegt. Mit Hilfe der Daten für die einzelnen Schnittebenen wird dann die Laser-Scannereinheit gesteuert, die den Laserstrahl entsprechend der berechneten Schnittflächen, wie oben beschrieben, über die Oberfläche des flüssigen Polymerbades führt. Auf diese Weise baut sich das Bauteil sukzessiv auf der Plattform auf. Durch das schichtweise Aushärten des flüssigen Harzes und dem anschließenden Absenken der Plattform entsteht die dreidimensionale Baugeometrie.

Dem eigentlichen Bauprozeß schließt sich das Post-Processing an. Nach Entfernung aus der Stützkonstrunktion wird das Bauteil in einem Nachvernetzungsschrank unter UV-Licht vollständig ausgehärtet. Eventuell ist danach noch ein Oberflächenfinish erforderlich, beispielsweise bei Funktionsflächen und/oder Flächen mit erhöhten optischen Anforderungen.

Die Maß- und Formgenauigkeit der Bauteile, die mit diesem Verfahren erzielt werden kann, ist stark von der Prozeßführung (Optimieren der Prozeßparameter) und der Prozeßtechnik (z.B. UV-Laser) abhängig. Ungenauigkeiten resultieren in erster Linie aus der verfahrensbedingten Materialschwindung und dem dadurch hervorgerufenen Bauteilverzug. Die derzeit maximal erreichbaren Maß- und Formgenauigkeiten liegen in der Größenordnung von 0,1mm (0,1% der Bauteilabmessung).

Ein Vorteil der Stereolithographie ist, daß dieses Verfahren das Aufbauen komplexer und filigraner Strukturen, z.B. Bauteile mit Hohlräumen, ermöglicht. Außerdem ist es das zur Zeit genaueste verfügbare Rapid Prototyping-Verfahren. Ein Nachteil ist, daß die Stützkonstruktion für freitragende Strukturen und bestimmte Grenzwinkel von überragenden Modellteilen einen erhöhten Datenvorbereitungs- und Nachbearbeitungsaufwand bedingen und damit auch einen erhöhten Zeitaufwand. Ein weiterer Nachteil der Stereolithographie ist das Nachbelichten des Geometrieteiles zur vollständigen Aushärtung, das mit einer Dauer von 3–5 Stunden recht zeitaufwendig ist. Außerdem muß das Stereolithographieteil nach seiner Erstellung mit Lösungsmitteln gereinigt werden, das eine Lagerung, Handhabung und Entsorgung dieser Lösungsmittel notwendig macht und einen weiteren zeitaufwendigen Teilprozeß verursacht.

Ein konkretes Anwendungsbeispiel für die Technologie der Stereolithographie ist die Herstellung eines geometrischen Prototypen eines Wasserführung-Winkelstücks für einen Pkw-Motor. Derartige Prototypen finden Anwendung bei der Entwicklung von Motorkühlsystemen zur Durchführung von Strömungs- und Einbauuntersuchungen. In diesem Anwendungsfall wurden primär geometrische und begrenzt funktionale Anforderungen bezüglich Temperaturbeständigkeit und Festigkeit gestellt. Da nur relativ niedrige Festigkeitsanforderungen bestanden, konnte das Stereolithographieverfahren eingesetzt werden. Die konventionelle Fertigung der benötigten Modelle hätte mehrere Wochen in Anspruch genommen und die Anzahl der durchführbaren Iterationen zur Optimierung sowohl aus Kosten- als auch aus Zeitgründen stark eingeschränkt. Die Anwendung der Stereolithographie ermöglichte hingegen aufgrund einer Fertigungszeit von nur 7 Stunden pro Bauteil alle erforderlichen Variantenuntersuchungen.

11.5.2 Solid Ground Curing (SGC)

Das Solid Ground Curing-Verfahren beruht ebenfalls auf dem Prinzip der Photopolymerisation. Dabei wird eine dünne Schicht auf die Teileplattform bzw. die vorherige Bauteilschicht aufgebracht. Im Gegensatz zur Stereolithographie, bei der die Oberfläche eines Layers 'point-by-point' mit Hilfe eines Lasers belichtet wird, erfolgt die Belichtung beim SGC-Verfahren über eine Maske (Glasplatte, auf der elektrostatischer Toner aufgebracht wird) mit UV-Licht.

Ausgehend von der Bauteilgeometriebeschreibung im STL-Format erfolgt der Geometrieaufbau durch das Zusammenwirken von zwei getrennt voneinander ablaufenden Zyklen. In einem ionographischen Prozeß erfolgt zunächst die Erstellung einer Negativmaske, die als lithographische Struktur für den Belichtiungsprozeß dient. Zum eigentlichen Aufbauen der Bauteilgeometrie wird zunächst eine dünne Schicht flüssigen Photopolymers auf eine Trägerplatte aufgetragen. Mit Hilfe der zuvor erstellten Maske werden die zum Bauteil gehörenden Konturen und Flächen ausgehärtet. Das restliche, noch flüssige Polymer wird abgesaugt und ein heißes Wachs aufgebracht.

Das Wachs wird gekühlt und anschließend auf eine definierte Schichtdicke von 0,15 mm plangefräßt. Das Stützwachs bleibt bis zum Ende des Prozesses im Bauteil und wird danach mit heißem Wasser ausgewaschen.

Die mit dem SGC-Verfahren gefertigtenTeile erreichen eine Maß- und Formgenauigkeit von ca. 0,1 mm.

Mit dieser Technik können mehrere Bauteile in einem Kubus von 500 x 350 x 500 mm3 gleichzeitig gefertigt werden. Außerdem können Bauteile mit hoher Komplexität mit Hilfe dieses Verfahrens hergestellt werden. Ein weiterer Vorteil ist, daß durch das Füllen der Hohlräume mit Wachs eine aufwendige Stützkonstruktion entfällt, wie sie für die Stereolithographie charakteristisch ist, da hierdurch Verzug und Schrumpfung minimiert werden. Auf eine separate Nachhärtung kann beim SGC-Verfahren ebenfalls verzichtet werden, da durch die Maskenbelichtung ein vollständiges Aushärten des Photopolymers gewährleistet wird.

Allerdings ist bei diesem Verfahren der Modellwerkstoff auf ein flüssiges Polymer beschränkt. Außerdem ist auch hier eine Nacharbeit der Bauteile erforderlich.

Anwendung finden Solid Ground Curing-Modelle hauptsächlich bei Produkten, bei denen das Design für den späteren Verkaufserfolg maßgebend ist, wie beispielsweise ein Fahrradhelm. Eine mögliche Alternative zur üblichen Fräsbearbeitung des Modells bietet unter anderem das SGC-Verfahren. Wesentliche Vorteile liegen hier in der einfacheren NC-Datenerstellung und der Herstellung des Bauteils ohne Umspannvorgänge. In unserem Beispiel dauerte die Herstellzeit für den Fahrradhelm insgesamt nur 32 Stunden: 24 Stunden Bauzeit, 5 Stunden Reinigung und 3 Stunden manuelle Nacharbeit (Oberflächenfinish).

11.5.3 Selective Laser Sintering (SLS)

Bei der Laser-Sinter-Technik, die ähnlich wie die Stereolithographie funktioniert, wird statt der Verfestigung einer Flüssigkeit feines Thermoplastpulver durch einen 50 bis 100 Watt starken Kohlendioxyd-Laser geschmolzen. Die Teilchen backen dann zu der gewünschten Struktur zusammen.

Die Steuerdaten für den CO2 -Laser werden ausgehend von der 3D-CAD-Geometrie generiert. Mit Hilfe eines Wischers (Nivelierwalze) wird das Ausgangsmaterial schichtweise unter inerter Atmosphäre auf die Teileplattform aufgebracht. Durch Infrarotlicht wird das Pulver dann auf eine knapp unter dem Schmelzpunkt liegende Temperatur vorgewärmt. Der über eine Scannereinheit gesteuerte Laserstrahl sintert (lokales Aufschmelzen) das Pulver mit entsprechender Energie an den zur Bauteilstruktur gehörenden Bereichen. Das umliegende Pulver dient bei diesem Vorgang als Bauteilabstützung. Nach vollständiger Bearbeitung einer Schicht wird die Teileplattform um eine Schichtdicke abgesenkt.

Das Pulver zur Bearbeitung der nächsten Schicht wird durch entsprechendes Anheben des Pulverbehälters zur Verfügung gestellt und mit dem Wischer gleichmäßig über das Pulverbett verteilt. Durch das schichtweise bearbeiten entsteht ein laserstrahlgesintertes Bauteil, das von nicht gesintertem Pulver umgeben ist.

Nach Fertigstellung der letzten Schicht wird das Bauteil dem Arbeitsraum entnommen und anwendungsfallspezifisch nachbearbeitet. Das nicht verschmolzene Pulver kann dann für weitere Bauprozesse verwendet werden. Die erreichbare Maß- und Formgenauigkeit beim Selective Laser Sintering liegt bei ca. 0,15 mm (0,15% der Bauteilabmessungen).

Ein entscheidender Vorteil der Lasersinter-Technik gegenüber der Stereolithographie liegt darin, daß die Materialpalette beim Lasersintern weitaus größer ist, da hier nicht nur Kunststoffpulver, sondern auch Metallpulver und Formensande verarbeitet werden können. Die mit diesem Verfahren generierten Bauteile sind sowohl thermisch als auch mechanisch belastbar und dienen in vielen Anwendungen als Funktionsmodelle.

Vorteilhaft ist ebenfalls, daß das Pulver, welches nicht während des Bauprozesses versintert wird, erneut verwendet werden kann. Es ist auch kein zeitaufwendiges Nachbelichten wie bei der Stereolithographie nötig. Des weiteren kann der Nachbearbeitungsaufwand niedrig gehalten werden, soweit keine besondere Oberflächengüte erforderlich ist.

SLS-Teile weisen allerdings aufgrund des recht hohen Porengehaltes (20%) eine rauhe Oberfläche auf. Daher ist eine Nachbearbeitung (z.B. Beschichten des SLS-Teiles) bei hohen Anforderungen an die Oberfläche unerläßlich. Ein Nachteil des Lasersinterns ist auch, daß aufgrund der Verschmelzung von Pulverwerkstoffen infolge laserinduzierter Wärmeeinwirkung ein hoher Temperaturgradient entsteht, der zu einem starken Verzug der Teile, vorwiegend bei Hohlkörpern, führen kann.

Außerdem sind bei Verwendung von Kunststoffpulvern interne Hohlräume wesentlich schwieriger zu reinigen als bei der Stereolithographie. Auch reichen die mechanischen Eigenschaften gesinterter Metallteile nicht aus, um diese direkt als Werkzeuge oder als Formeinsätze zu verwenden.

Ein Beispiel aus dem Turbinenbau verdeutlicht neben den Potentialen der Selective Laser Sintering-Technologie auch die Möglichkeiten der kombinierten Anwendung von Rapid Prototyping-Techniken und gießtechnischen Folgeverfahren zur Herstellung von Funktionsprototypen. Bei der Entwicklung von thermisch und mechanisch belasteten Komponenten, wie z.B. einem Gasturbinengehäuse, werden bereits früh Funktionsprototypen aus seriennahen Werkstoffen benötigt, um das Betriebsverhalten zu testen. Die erhöhten Anforderungen an die Belastbarkeit schließen dabei die Verwendung von Modell- und Ersatzwerkstoffen zum Bau des Prototypen aus. In so einem Fall ermöglicht die Anwendung des Selective Laser Sinterings die Herstellung eines Wachsmodells des erforderlichen Turbinengehäuses innerhalb von 20 Stunden.

11.5.4 Laminated Object Manufacturing (LOM)

Die Bauteilgeometrieerzeugung erfolgt beim Laminated Object Manufacturing durch das Aufeinanderkleben von einzelnen Folien und dem anschließenden Ausschneiden (Konturieren) mit Hilfe eines Lasers. Ausgehend von den vorliegenden 3D-CAD-Konstruktionsdaten werden für jede Schicht (Layer) die Steuerdaten für den Laser berechnet. Über einer absenkbaren Trägerplattform werden die einseitig mit Heißschmelzkleber beschichteten Folien automatisch positioniert. Ein beheiztes Rollersystem drückt die neue Folienlage an und verklebt sie so mit der darunterliegenden Schicht. Der Laser verfährt entsprechend der zuvor erzeugten Steuerdaten entlang des Bauteilkonturzuges und schneidet somit die Bauteilgeometrie aus. Eine exakte Fokussierung des Laserstrahls und die Steuerung der Laserleistung gewährleisten, daß nur die oberste Schicht ausgeschnitten wird. Durch das Übereinanderkleben der einzelnen Folienschnitte entsteht ein holzähnliches, dreidimensionales Modell.

Nach Fertigstellung der Bauteilgeometrie werden die nicht zum Werkstück gehörenden Bereiche entfernt und die Oberfläche entsprechend den Anforderungen manuell nachbearbeitet. Die mit diesem Verfahren erzielbaren Maß- und Formgenauigkeiten liegen im Bereich von 0,25 mm.

Das LOM-Verfahren ist besonders für die Generierung massiver und großer Modelle geeignet. Die holzähnliche Beschaffenheit ermöglicht eine konventionelle Nachbearbeitung, falls diese erforderlich ist. Ein Vorteil dieses Verfahrens ist, daß keine Stützkonstruktion benötigt wird, was sich zeitlich sehr günstig auf den gesamten Erstellungsprozeß auswirkt. Die für das LOM-Verfahren sehr oft verwendeten Papierfolien lassen sich zudem umweltfreundlich entsorgen.

Die Modelle des LOM-Verfahrens weisen allerdings unterschiedliche mechanische Eigenschaften in und quer zur Schichtrichtung auf, was ein Nachteil sein kann. Ebenfalls nachteilig wirkt sich auch das Entfernen nicht benötigter, innenliegender Teile Modellteile aus, welche entweder Schicht für Schicht entfernt werden müssen oder eben im Modell verbleiben. Des weiteren sind Bauteile mit flachen Schrägen nur schwer entformbar, da die Fläche der Verklebung mit dem nicht zum Modell gehörigen Material sehr groß ist. Ein weiterer Nachteil von aus Papierfolien gefertigten LOM-Modellen ist, daß sie in Verbindung mit Wasser aufquellen können.

Ein Anwendungsbeispiel für das Verfahren des Laminated Object Manufacturing ist die Herstellung des Prototyps eines Gehäusedeckels für ein Code-Kartenlesegerät. Das Modell dient zur Überprüfung der Montierbarkeit und des Einzugsmechanismus bei der Entwicklung des Lesegerätes. Aufgrund einer Fertigungszeit von nur 10 Stunden pro Bauteil konnten durch die Anwendung des LOM-Verfahrens alle notwendigen Variantenuntersuchungen durchgeführt werden. Die Fertigung nach konventionellen Verfahren hätte dagegen mehrere Tage in Anspruch genommen und die Anzahl der durchführbaren Iterationen eingeschränkt.

11.5.5 Fused Deposition Modeling (FDM)

Die Bauteilgeometrieerzeugung erfolgt beim Fused Deposition Modeling durch das Extrudieren eines mit Hilfe einer verfahrbaren Heizdüse geschmolzenen drahtförmigen Ausgangwerkstoffes. Das aufgeschmolzene Material erstarrt dann direkt unterhalb der jeweiligen Position der Düse auf dem höhenregulierbaren Boden der Prozeßkammer. Dabei wird das auf einer Spule aufgewickelte Ausgangsmaterial einer Heizdüse zugeführt, die von einem Plottermechanismus geführt wird.

Hier wird das Material auf eine knapp über dem Schmelzpunkt liegende Temperatur aufgeheizt und auf die Trägerplattform extrudiert. Durch Absenken der Teileplattform um eine Schichtdicke und anschließendes Auftragen der nächsten Lage entsteht die fertige Form des Bauteils. Die Schichtdicke ist dabei zwischen 0.025 mm und 1,25 mm, die Wandstärke zwischen 0,22 mm und 6 mm wählbar.

Bei Überhängen wird zusätzlich eine Stützkonstruktion Pappe, Polystyrol, o.ä. generiert, die sich nach Fertigstellung des kompletten Teiles problemlos entfernen läßt. Die mit diesem Verfahren erzielbare Maß- und Formgenauigkeit beträgt ca. 0,15 mm.

Ein bedeutender Vorteil des FDM-Verfahrens ist, daß nur mit toxikologisch unbedenklichen Materialien gearbeitet wird. Außerdem können hier innerhalb eines Bauprozesses unterschiedliche Materialien verwendet werden. Auch erfordert das Finishen der FDM-Teile keinen hohen Aufwand.

Ein Nachteil dieses Fertigungsverfahrens ist, daß Strukturen, die feiner als die Extrusionsbreite sind, nicht dargestellt werden können. Außerdem ist immer der mit dem Beginn der Extrusion verbundene Ansatz am Teil sichtbar. Nachteilig ist auch, daß bei Nutzung gewisser Materialien eine Fädenbildung auftreten kann. Außerdem ist der Bauprozeß, aufgrund der geringen Düsengeschwindigkeit, langsamer als bei anderen RP-Verfahren. FDM-Teile weisen auch gegenüber von Stereolithographie- und Lasersinterteilen nur eine geringe Festigkeit auf.

Ein Anwendungsbeispiel aus der Medizintechnik verdeutlicht einerseits die Möglichkeiten der Verfahrenskombination von RP-Technologien und hebt andererseits die besondere Art der 3D-Datenerstellung hervor. Ausgehend von einem Hüftgelenkknochen wird die Geometrie zunächst digitalisiert und an ein CAD-System übergeben. Der aufbereitete Datensatz der Bauteilgeometrie bildet dann die Eingangsinformation für den Fused Deposition Modeling-Prozeß, mit dem innerhalb von 48 Minuten ein dreidimensionales Wachsmodell des Hüftgelenkknochens hergestellt wurde.

11.6 Folgetechnologien

Bei der Anwendung von Folgeverfahren werden die mit generativen Fertigungsverfahren erzeugten Prototypen als Urmodelle (Positivmodelle) genutzt, um Modelle in benötigter Anzahl und im gewünschten Material zu erhalten. Zielwerkstoff kann Kunststoff oder Metall sein.

Zu Kunststoffverfahren zählen Silikonabguß, Vakuumgießen, Photocasting, Metallspritzen und Spincasting. Bei Abformung metallischer Werkstoffe werden Gußverfahren nach Dauerformen und verlorenen Formen unterschieden. Zu Gießverfahren mit Dauerformen zählen Kokillenguß, Druckguß und Schleuderguß. Zu Gießverfahren mit verlorenen Formen gehören Sandguß und Feinguß.

11.6.1 Kunststoff-Vakuumgießverfahren

Zur Herstellung von technischen Kunststoffprototypen oder Kleinserien (20 bis 50 Stück) werden in der industriellen Praxis derzeit Stahlhohlformen gefertigt, deren Herstellungszeit ca. 4 bis 8 Wochen beträgt. Der Einsatz von Rapid Prototyping-Verfahren in Kombination mit gießtechnischen Folgetechnologien bietet hier ein großes Potential zur Verkürzung der Produktentwicklungszeit. Das zunächst mit einem Rapid Prototyping-Verfahren oder auch mit einem konventionellen Fertigungsverfahren gefertigte Bauteil dient nachfolgend als Urmodell für das Kunststoff-Vakuumgießverfahren, mit dem das Original entsprechend der geforderten Stückzahl mehrfach dupliziert wird.

Zunächst sind dazu Angüsse und Steiger am Urmodell anzubringen. Danach wird das RP-Modell dann in einem rechteckigen Formkasten fixiert und unter Beachtung gußtechnischer Regeln (Ausformschrägen) in einer Vakuumgießkammer mit Silikonkautschuk umgossen. Nach dem Aushärten in einer Wärmekammer wird die Silikonform entlang der Trennebene aufgeschnitten und das Urmodell entnommen. Anschließend wird die Silikonform als Werkzeug für das Abgießen von Kunststoffteilen in kleinen Stückzahlen verwendet. Dazu wird die Form zusammengefügt und unter Vakuum ausgegossen. Nach Abschluß des Gießvorgangs wird die Form aus der Gießkammer genommen und in einer Wärmekammer ausgehärtet. Abschließend muß das Bauteil entformt und von den Angüssen und Entlüftungsstegen befreit werden.

Ein besonderer Vorteil des Vakuumgießens besteht darin, daß es schnell, präzis und kostengünstig ist. Es zeichnet sich speziell durch seine hohe Abbildungstreue aus. Wegen der leichten Entformbarkeit eignet sich das Vakuumgießens für filigrane und intern hinterschnittene Modelle. Typischerweise werden Stereolithographie-Teile als Modelle für dieses Verfahren genutzt, da diese bei entsprechender Nachbearbeitung die Voraussetzung einer guten Oberflächenqualität erfüllen. Die Palette der hierzu verwendbaren 2-Komponentenharze ist hinsichtlich der mechanischen Werkstoffeigenschaften und der Farbe sehr vielfältig und reicht von transparenten, plexiglasähnlichen Kunststoffen bis hin zu eingefärbten oder gummiähnlichen Kunststoffen. Die Anwendung dieses Folgeverfahrens läßt sich am Beispiel einer Duscharmatur zeigen. Die Fertigung des Urmodells erfolgte in diesem Beispiel mit Hilfe des Stereolithographie-Verfahrens und dauerte 3 Stunden. Das so gefertigte Bauteil diente dann als Urmodell für das Kunststoff-Vakuumgießverfahren, mit dem das Original entsprechend dupliziert wurde. Die Herstellungszeit für das Silikonwerkzeug betrug 2 Stunden, und für die Herstellung eines Bauteils sind jeweils weitere 40 Minuten zu rechnen. Ausgehend von den CAD-Konstruktionsdaten konnten somit in nur 3 Tagen 20 Duscharmaturen gefertigt werden. Durch eine geeignete Werkstoffwahl konnten die Materialeigenschaften des späteren Serienbauteils so eingestellt werden, daß die wie oben beschrieben hergestellten Prototypen zur Überprüfung der Belastbarkeit und Langzeitstabilität genutzt werden konnten.

Das *Photocasting* ist eine Weiterentwicklung der Vakuumgießtechnik, bei dem zur Herstellung von Spritzgußsilikonwerkzeugen hochtransparenter Silikon verwendet wird. In diesen Werkzeugen wird Komponentengießharz verwendet, das unter Einwirkung von UV-Licht in wenigen Minuten aushärtet. Damit sind Kunststoffteile innerhalb kürzester Zeit herstellbar. Die hierfür eingesetzten Gießharze sind allerdings transparent bis bräunlich und können aufgrund der Aushärtung mit UV-Licht nicht eingefärbt werden.

Ein einfacheres Verfahren zur Herstellung von Kunststoffmodellen, ähnlich dem Kunststoff-Vakuumgießverfahren, ist der *Silikonabguß*. Dabei wird das generativ gefertigte Urmodell in eine Silikonmasse eingebettet und diese nach der Verfestigung entlang einer festgelegten Trennlinie in zwei Formhälften zerschnitten, so daß das Urmodell entnommen werden kann. Nach Anbringung von Einfüllrohren und Entlüftungen wird die Form geschlossen und flüsssiger Kunststoff eingefüllt, der selbst aushärtet. Nach dem Aushärteprozeß kann das fertige Kunststoffmodell dann entnommen werden. Die auf diese Weise hergestellten Modelle können allerdings, aufgrund ihrer geringen Belastbarkeit, im wesentlichen nur als Anschauungsmodelle verwendet werden.

11.6.2 Metallspritzverfahren (Softtooling)

Sind technische Prototypen, Vor-Serien oder auch Kleinserien aus Kunststoff in größeren Mengen (50 bis 1.000 Stück) erforderlich, kann das Metallspritzverfahren für die Herstellung von Versuchs- oder Produktionswerkzeugen angewendet werden. Wie beim Vakuumgießen ist auch hier ein Urmodell erforderlich, auf dem mittels einer Metallspritzpistole dünne Schichten (2–3 mm) aus einer niedrigen Metallegierung aufgetragen wird. Die Herstellung des Werkzeugs beginnt mit der Einbettung des Urmodells in eine Plastilinmasse entlang der festgelegten Trennebene. Hinterschneidungen werden hierbei durch eine entsprechende Teilung der Form oder durch Verwendung von Einsätzen und Ziehkernen berücksichtigt.

Nach dem Besprühen des Modells mit Trennmittel, wird die erste Fomhälfte metallgespritzt. Anschließend wird die Formhälfte in einem Formkasten mit einer niedrigschmelzenden Legierung oder einer mit Aluminiumspänen angereicherten Kunststoffmasse hinterfüttert. Danach wird der Formkasten gewendet, die Einbettmasse entfernt und die zweite Formhälfte in gleicher Art und Weise fertiggestellt. Als Materialien für das Metallspritzen finden vor allem Legierungen aus Zinn, Zink und Wismut Anwendung. Materialien wie Stahl, Aluminium, Bronze und Kupfer werden aufgrund der höheren Schmelztemperaturen und des daraus resultierenden Verzugs bei der Herstellung des Werkzeugs selten verarbeitet. Die erreichbaren Maß- und Formgenauigkeiten entsprechen im allgemeinen denen des Urmodells. Mit dem Metallspritzverfahren werden Prototyp-Spritzwerkzeuge für die Kunststoffindustrie hergestellt. Ein Problem dabei ist, daß sich die thermischen Eigenschaften der metallgespritzten Werkzeuge gegenüber den konventionellen Spritzgießwerkzeugstoffen unterscheiden, wodurch unterschiedliche geometrische Eigenschaften am Bauteil auftreten.

11.6.3 Metallgießverfahren

Ausgehend von einem mit dem Selective Laser Sintering- oder Fused Deposition Modeling-Verfahren hergestellten Wachsmodell lassen sich mit dem *Feinguß (Investment Casting)* metallische Prototypen herstellen. Das Wachsmodell wird hierzu durch mehrmaliges Tauchen in eine feinkeramische Masse und anschließendes Besanden und Trocknen, mit einem keramischen Überzug versehen, der nach dem Ausschmelzen des Urmodells gebrannt wird. Die so entstandene, einteilige Schale dient als Form für den Gießvorgang. Dazu können bei diesem Verfahren die verschiedensten Metallegierungen verwendet werden. Allerdings eignet sich der Feinguß nur für Kleinteile.

Prinzipiell ist auch eine direkte Herstellung von Wachsmodellen mittels der Stereolithographie und dem Fused Deposition Modeling-Verfahren möglich, die dann mit dem Feingußverfahren abgegossen werden können. Nachteilig ist hier die hohe Bruchgefahr der Wachsmodelle. Ein anderer negativer Aspekt dabei ist, daß das Modell verloren geht und somit für den Abguß immer ein neues Modell benötigt wird.

Das klassische Verfahren zur Herstellung von Gußmodellen in Metall für kleine Serien ist allerdings der *Sandguß*. Bei diesem Gießverfahren wird die Modellform durch Kompression einer Sandschüttung abgebildet. Das Modell selbst besteht bei diesem Verfahren entweder aus Holz, Kunststoff oder Metall. Hinterschneidungen werden hierbei durch den Einsatz kunstharzgebundener Sandkerne im geteilten Kern realisiert.

Als Formstoff dient entweder tongebundener oder kunstharzgebundener Quarzsand. Aufgrund ihres holzähnlichen Charakters eignen sich auch LOM-Modelle direkt als Ersatz von Holzformen für das Sandgußverfahren.

11.7 Zusammenfassung und Ausblick

Der Einsatz von Rapid Prototyping ermöglicht eine Reduzierung des Zeitbedarfs zur Herstellung von Prototypen und hat auch darüber hinaus weitreichende strategische Auswirkungen. Die beschleunigte Prototypenfertigung wird durch den Einsatz der neuen Technologien möglich, die mit den generativen Fertigungsverfahren zur Verfügung stehen. Durch die schnelle Verfügbarkeit von Modellen und Musterteilen wird bereits in frühen Entwicklungsphasen ein hoher Produktreifegrad und damit eine höhere Verfügbarkeit von Planungsdaten für die Produktion erzielt. Aufgrund der Intensivierung früher Entwicklungsphasen wird der Produktreifegrad bereits sehr früh hoch gehalten. Dies hilft Fehlerquellen zu vermeiden, so daß die Änderungskosten verringert werden und die Produktentwicklung schneller und qualitativ besser wird. Auf diese Weise kann gesichert werden, daß die Produkte zum Zeitpunkt des Markteintritts weitgehend ausgereift sind, was die Erfolgsaussichten für das Produkt automatisch erhöht. Schon heute werden die Rapid Prototyping-Verfahren weltweit kommerziell genutzt, vor allem in den USA, Europa und Japan. In Deutschland sind bereits 60 solcher Anlagen in Betrieb. Sogar kleinere Unternehmen greifen zunehmend auf die Verfahren zur schnellen Fertigung von Prototypen zurück. Für die Zukunft ist zu erwarten, daß die Möglichkeiten der Rapid Prototyping-Verfahren durch neue Materialien und weiterentwickelte Anlagen sowie eine leistungsfähigere Informationstechnik erheblich erweitert werden. Die Verfahren werden zukünftig neben der Prototypenfertigung auch für Einzel- und Kleinserienfertigung komplexer Funktionsteile eingesetzt werden können. Die Verfahren werden dem Konstrukteur neue Gestaltungsmöglichkeiten hinsichtlich der Realisierung bisher rein fertigungstechnisch nicht herstellbarer Bauteile bieten. Die nahezu uneingeschränkte Komplexität der herstellbaren Geometrien eröffnet auf diesem Gebiet neue Horizonte. Dies gilt aber nicht nur für den Bereich der Produktentwicklung. Die neuen Verfahren finden bereits auch in anderen Bereichen Anwendung, wie beispielsweise in der Architektur, der Archäologie und im Kunstgewerbe. Besonders vielversprechend sind dabei die Möglichkeiten für die Medizin, z.B. bei der Herstellung von Gießformen für künstliche Gelenke, Implantate oder Prothesen, die dann jeweils genau angepaßt werden können. Auch in der Wissenschaft mehren sich die Anwendungen. Komplizierte Moleküle lassen sich beispielsweise mit Hilfe der Stereolithographie wesentlich wirklichkeitsgetreuer abbilden, als die mit den klassischen Steckbaukästen möglich ist. Ähnliches gilt auch für die Visualisierung dreidimensionaler mathematischer Strukturen.

Rapid Prototyping wird also nicht nur in der Produktentwicklung zu einem festen Bestandteil der Produktionstechnik von morgen werden.

Literaturverzeichnis

Kapitel 1

Brockhoff, Klaus: Forschung und Entwicklung: Planung und Kontrolle; 2., erg. Auf., München; Wien: Oldenbourg, 1989

Kapitel 3

Boothroyd, G.; Dewhurst, P. (1991): Product Design for Assembly. Department for Industrial and Manufacturing Engineering. Manuskript. University of Rhode Island, 1991.

Boothroyd, G.; Dewhurst, P. (1983): Design for Assembly. A Designers Handbook, Department of Mechanical Engineering. Manuskript. University of Massachusetts-Amherst, 1983.

Bullinger, H.-J.; Frech, J.; Warschat, J. (1993): Development of Innovative Products. The Rapid Prototyping Approach, In: ICPR/Orpana, V. (Hrsg.): Production Research 1993, Proceedings of the 12th International Conference on Production Research, Lappeenranta, Finland, 16–20 August 1993, Amsterdam u.a.: Elsevier, 1993, S. 95–105.

Bullinger, H.-J.; Warschat, J.; Berndes, S.; Stanke, A. (1995): Simultaneous Engineering, in: Zahn, E.(Hg.): Handbuch Technologiemanagement. Stuttgart: Schäffer Poeschl i. E.

Clark, K.B.; Fujimoto, T. (1991): Automobilentwicklung mit System. Strategie, Organisation und Management in Europa, Japan und USA. Übers. und hrsg. von E.C. Stotko. Frankfurt/New York, 1992.

Carter, D.E.; Baker, S.B. (1991): CE Concurrent Engineering. The Product Development Environment for the 1990s. Reading, Massachusetts. u.a. 1991.

Chappell, C.; Stevenson, I. (1992): Concurrent Engineering: The Market Opportunity. London, 1992.

CONSENS Consortium (1993): CSE-Methodology and Implementation Guideline. ESPRIT III Project CONSENS EP 6896 Task 1.2 Deliverable H 0.2. Manuskript 1993.

CONSENS Consortium (1994): Functional Specification. ESPRIT III Project CONSENS EP 6896 Task 1.3/Task 1.4 Deliverable B x.2. Manuskript, 1994.

Frech, J. (1993): Kostengerechte Produktgestaltung in einer objektorientierten Umgebung, in: Bullinger, H.-J. (Hrsg.): Objektorientierte Informationssysteme, Tagungsband 3. IAO-Forum Stuttgart 8. Juni 1993, Berlin u.a.: Springer 1993, S. 178–193.

Gimpel, B. (1991): Qualitätsgerechte Optimierung von Produkten und Prozessen. Dissertation RWTH Aachen, 1991.

Hill, W.; Fehlbaum, R.; Ulrich, P. (1974): Organisationslehre 1: Ziele, Instrumente und Bedingungen der Organisation sozialer Systeme. Bern/Stuttgart, 1974.

MS (1994): Intelligent Manufacturing Systems. International Conference on Rapid Produkt Development, 31.1–2.2.1994. Stuttgart, 1994.

Jeschke, K.; Westkämper, G. (1993): Optimierte Prüfstrategien zum Test von Elektronik-Produkten. In: Qualität und Zuverlässigkeit 38. Jg. (1993), Nr. 11, S. 641ff.

Krackhardt, D.; Hanson, J.R. (1994): Was das Organigramm verschweigt. Informelle Netze – die heimlichen Kraftquellen. In: Harvard Business Manager, 16. Jg. (1994), Nr. 1, S. 16ff.

Lu, St. (1992): Research, Deveolpment, and Implementation of Knowledge Processing Tools to Support Concurrent Engineering Tasks. Annual Report. The 1992 Research Plan for Knowledge-Based Engineering Systems Research Laboratory University of Illinois at Urban-Champaign, 1992.

Marr, R.; Stitzel, M. (1979): Personalwirtschaft. Ein konfliktorientierter Ansatz. München 1979.

McAffee, N. (1993): Concurrent Engineering. Toward Enterprise Integration. Tutorial No.3, ILCE´93, March 22–26, Montpellier 1993.

McGrath, M.; Anthony, M.; Shapiro, A. (1992): Success through Product and Cycle Time Excellence. Boston u.a., 1992.

Platz, J.; Schmelzer, H. (1986): Projektmanagement in der industriellen Forschung und Entwicklung. Berlin u.a., 1986.

Rommel, G.; Brück, F.; Diederichs, R.; Kempis, R.-D.; Kluge, J. (1993): Einfach überlegen: Das Unternehmenskonzept, das die Schlanken schlank und die Schnellen schneller macht. Stuttgart, 1993.

Sprenger, R. (1994): Ideen bringen Geld, bringt Geld auch Ideen. Es ist Zeit, das betriebliche Vorschlagswesen abzuschaffen. In: Harvard Business Manager, 16 Jg. (1994), Nr. 1, S. 9 ff.

Stoll, H.W. (1990): Design for Manufacture. In: SME: Simultaneous Engineering - Integrating Manufacturing and Design. 1 edition, Dearborn Michigan, 1990.

Thom, N. (1987): Personalentwicklung als Instrument der Unternehmensführung. Stuttgart, 1987.

Warschat, J.; Frech, J. (1993): Design-to cost-support with ASCET, in: Salvendy, G./ Smith, M.J. (Hrsg.): Human-Computer Interaction. Software and Hardware Interfaces, Proceedings of the 5th International Conference on Human-Computer Interaction, HCI International ´93, Orlando/Fla., August 8–13, 1993, Amsterdam u.a.: Elsevier (1993), Vol. 2, S. 261–266.

Warschat, J.; Koch, D. (1992): Implementing Concurrent Engineering through an Integrated Vehicle Documentation System. Proceedings der 25. ISATA, Florenz, 1992.

Warschat, A.; Wasserloos, G. (1991): Simultaneous Engineering. In: Fortschrittliche Betriebsführung und Industrial Engineering, 40 Jg. (1991), Nr. 1, S. 22ff.

Kapitel 4

Backhaus, K.; Plinke, W. (1990): Strategische Allianzen als Antwort auf veränderte Wettbewerbsstrukturen, in: Zeitschrift für betriebswirtschaftliche Forschung, Sonderheft 27, 1990, S. 21–33.

Backhaus, K.; Meyer, M. (1993): Strategische Allianzen, in: Wirtschaftswissenschaftliches Studium (WiSt), (1993), Nr. 7, S. 330–334.

Bea, F. X.; Dicht, E.; Schweitzer, M. (1992): Allgemeine Betriebswirtschaftslehre, 6. Aufl., Stuttgart 1992.

Bleicher, K. (1992): Der Strategie-, Struktur- und Kulturfit Strategischer Allianzen als Erfolgsfaktor, in: Bronder, C.; Pritzl, R. (Hrsg.): Wegweiser für Strategische Allianzen. Meilen- und Stolpersteine bei Kooperationen, Wiesbaden (1992), S. 267–292.

Bleicher, K.; Hermann, R. (1991): Joint-Venture-Management. Erweiterung des eigenen strategischen Aktionsradius, Stuttgart/Zürich, 1991.

Blough, R. (1966): International Business. Environment and Adaptation, New York 1966.

Boettcher, E. (1974): Kooperation und Demokratie in der Wirtschaft, Tübingen, 1974.

Bowersox, D. J. (1990): The Strategic Benefits of Logistic Alliances, in: Harvard Business Review, (1990), Nr. 4, S. 36–42.

Bronder, C.; Pritzl, R. (1991): Leitfaden für strategische Allianzen, in: Harvard Manager, (1991), Nr. 1, S. 44–53.

Bronder, C.; Pritzl, R. (Hrsg.) (1992): Ein konzeptioneller Ansatz zur Gestaltung und Entwicklung Strategischer Allianzen, in: Wegweiser für Strategische Allianzen. Meilen- und Stolpersteine bei Kooperationen, Wiesbaden (1992), S. 17–44.

Buckley, P. J.; Casson, M. (1988): A Theory of Co-operation in Industrial Business, in: Management International Review, Special Issue: Cooperative Strategies in International Business, (1988), S. 19–38.

Bullinger, H.-J. (1990): Die Produktionszeiten werden immer kürzer, die Amortisationszeiten teilweise länger, in: Handelsblatt vom (31.07.90) Nr. 145, S. 12.

Bullinger, H.-J.; Ohlhausen, P.; Stanke, A. (1995), Vom Rivalen zum Partner, Stuttgart (1995).

Desatnick, R. L.; Bennett, M. L. (1977): Human Resource Management in the Multinational Company. Westmead, 1977.

Franko, G. L. (1971): The Threat of Japanese Multinationals – How the West Can Respond. New York, 1971.

Friedmann, W. G. (1961): Introduction: General Objectives and Scope, In: Friedmann, W. G.; Kalmanoff, G. (Hrsg.): Joint International Business Ventures, New York/London (1961), S. 3–12.

Gabler (1988): Gabler Wirtschaftslexikon, 12. Aufl. Wiesbaden, 1988.

Gahl, A. (1991): Die Konzeption strategischer Allianzen. Diss., Univ. Münster 1991, zugleich erschienen bei Duncker&Humbolt: Vertriebswirtschaftliche Abhandlungen, Heft 33, Berlin, 1991.

Glaister, K. W.; Buckley, P. J. (1994): UK International Joint Ventures: An Analysis of Patterns of Activity and Distribution, in: British Journal of Management, (1994), Nr. 5, S. 33–51.

Goldenberg, S. (1990): Management von Joint Ventures: Fallbeispiele aus Europa, USA, China und Japan. Wiesbaden, 1990.

Gomes-Casseres, B. (1994): Group Versus Group: How Alliance Net-works Compete, In: Harvard Business Review, (1994), Nr. 4, S. 62–74.

Goslich, L. (1990): Die Engländer mit den Japanern im Hintergrund – Der Vorstand des Jessi-Projektes muß eine heikle Entscheidung fällen, In: FAZ (09.11.1990), S. 21.

Grüter, H. (1991): Unternehmensakquisitionen – Bausteine eines Integrationsmanagements. Bern/Stuttgart, 1991.

Haase, R. (1990): Strategische Partnerschaften bringen neuartige Chancen, in: io Management Zeitschrift. Jg. 59, (1990), Nr. 7/8, S. 30–32.

Haemisegger, K. (1986): Neue Formen des Auslandsengagements – Erhöhte Interdependenz in einer fragmentierten Weltwirtschaft, Diss., Universität Bern. Bern, (1986).

Hamel, G.; Doz, Y. L.; Prahalad, C. K. (1989): Collaborate with Your Competitors – and Win, In: Harvard Business Review, (1989), Nr. 1, S. 133–139.

Harrigan, K. R. (1985): Strategies for Joint Ventures and Strategic Flexibility: A Management Guide for Changing Times. Lexington (Ma) 1985

Ihrig, F. (1991): Strategische Allianzen, In: Wirtschaftswissenschaftliches Studium (WiSt), (1991), Nr. 1, S. 29–31.

Jarillo, J. C. (1988): On Strategic Networks, In: Strategic Management Journal, Vol. 9, (1988), Nr. 1, S. 31–41.

Juhl, M. (1970): Das internationale Joint Venture im Rahmen internationaler Unternehmensaktivität. Diss., Uni München, München, 1970.

Köhler, Gabriele (1992): Methodik und Probleme einer mehrstufigen Expertenbefragung In: J.H.P. Hoffmeyer-Zlotnik (Hg.) Analyse verbaler Daten. Opladen: Westdeutscher, S. 318–332.

Lewis, J. D. (1991): Strategische Allianzen. Frankfurt/Main, 1991.

Lutz, V. (1993): Horizontale strategische Allianzen: Ansatzpunkte zu ihrer Institutionalisierung. Hamburg, 1993.

Müller-Stewens, G. (1990): Strategische Allianzen – Workshop, Brau und Brunnen AG (Duisburg). Duisburg, 1990, S. 1–37.

Oesterle, M.-J. (1993): Joint Ventures in Russland: Bedingungen, Probleme, Erfolgsfaktoren, Diss., Univ. Hohenheim 1992, auch erschienen bei Gabler: mir-edition (management international review), Wiesbaden, 1993.

Ohmae, K. (1985): Macht der Triade – Die neue Form weltweiten Wettbewerbs, Wiesbaden, 1985.

Ohmae, K. (1987): The Triad World View, In: The Journal of Business Strategy, Vol. 7, (1987), Nr. 4, S. 8–19.

Ohmae, K. (1989): The Global Logic of Strategic Alliances, In: Harvard Business Review, (1989), Nr. 2, S. 143–154.

Pausenberger, E. (1989): Zur Systematik von Unternehmenszusammenschlüssen, In: Das Wirtschaftsstudium, (1989), Nr. 11, S. 621–626.

Prahalad, C. K.; Hamel, G. (1991): Nur Kernkompetenzen sichern das Überleben, In: Harvard Manager, (1991), Nr. 2, S. 66–78.

Raffée, H.; Eisele, J. (1993): Erfolgsfaktoren des Joint Venture-Management, Mannheim, 1993.

Raffée, H.; Eisele, J. (1994): Joint Venture – nur die Hälfte floriert, In: Harvard Business Manager, (1994), Nr. 3, S. 17–22.

Reineke, R.-D. (1989): Akkulturation von Auslandsakquisitionen: eine Untersuchung zur unternehmenskulturellen Anpassung, Diss., Univ. Münster 1989, zugleich erschienen bei Gabler: Schriftenreihe: Unternehmensführung und Marketing Bd. 23, Wiesbaden, 1989.

Seifert, H. (1992): Zeit ist Geld. In: Manager Magazin, , Sonderdruck in Nr. 11, (1992).

Simon, H. (1989): Die Zeit als strategischer Erfolgsfaktor. In: Zeitschrift für Betriebswirtschaft, Jg. 59, (1989), Nr. 1, S. 70–93.

Stalk, G. (1989): Zeit – die entscheidende Waffe im Wettbewerb. In: Harvard Manager, (1989), S. Nr. 1, S. 37–46.

Stellwag (1995): Analyse kultureller Divergenzen bei transnationalen Kooperationen und Instrumente zur Minimierung der interkulturellen Konfliktpotentiale, unveröffentlicht.

Sydow, J. (1991): Strategische Netzwerke in Japan, In: Zeitschrift für betriebswirtschaftliche Forschung, Jg. 43, (1991), Nr. 3, S. 238–254.

Taucher, G. (1988): Der dornige Weg strategischer Allianzen. In: Harvard Manager, (1988), Nr. 3, S. 86–91.

Tröndle, D. (1987): Kooperationsmanagement: Steuerung interaktioneller Prozesse bei Unternehmenskooperationen. Bergisch Gladbach, 1987.

Tung, R. L. (1981): Selection and Training of Personnel for Overseas Assignments,

Weder, R. (1989): Joint Venture: Theoretische und empirische Analyse unter besonderer Berücksichtigung der Chemischen Industrie der Schweiz, Diss., Univ. Basel

1989, zugleich erschienen bei Rüegger: Basler Sozialökonomische Studien, Bd. 35. Grüsch, 1989.

Young, G. R.; Bradford, S. (1977): Joint Ventures: Planning and Action. New York, 1977.

Zahn, E. (1990): Strategische Antworten auf die Herausforderungen der 90er Jahre, In: Zahn, E. (Hrsg.): Europa nach 1992. Wettbewerbsstrategien auf dem Prüfstand, Stuttgart, 1990, S. 1–23.

Zahn, E. (1992 a): Erfolg durch Kompetenz. In: Gablers Magazin, (1992), Nr. 8, S. 46–51.

Zahn, E. (1992 b): Ganzheitliche Produktentwicklung als Schlüssel zur Reduzierung von Entwicklungszeiten. Stuttgart, 1992.

Kapitel 5

Bleicher, K. (o. J.): Organisation im Wandel, Thesenpapier hrsg. vom Lehrstuhl für Betriebswirtschaftslehre, Hochschule St. Gallen, S. 4

Kieser, A.; Kubicek, K. (1992): Organisation, Berlin 3. neubearb. Aufl. 1992, S. 75 ff

Kieser, A.; Kubicek, K. (1992): Organisation, Berlin 3. neubearb. Aufl. 1992, S. 51

Kläger, W.; Rathgeb, M.; Stiefel, K.-P. (1991): Quer zur Hierarchie, Methodenkonzept zur vorgangsorientierten Gestaltung der Bürokommunikation, in: FB/IE, 1991, Nr. 3, S. 118–126

Sommerlatte, T.; Wedekind, E. (1991): Leistungsprozesse und Organisation, In: Arthur D. Little (Hrsg.) Management der Hochleistungsorganisation, Wiesbaden, 2. unveränderte Aufl. 1991, s. 34 f

Bleicher, K. (1991): Organisation, Wiesbaden 2. vollständig neubearb. und erweiterte Aufl. 1991, S. 70 ff

Gomez; Zimmermann (1993): Unternehmensorganisation. Profile, Dynamik, Methodik, in: St. Gallener Management Konzept, Bd. 3, Frankfurt 1993, S. 39

Bulliger, H.-J.; Ulbricht, B.; Vollmer, S. (1995): Wie führe ich Teamarbeit erfolgreich ein? Ergebnisse einer Studie, Stuttgart, FhG-IAO, 1995

Kapitel 6

Balck, Henning (1989): Projektmanagement im Wandel Wandel im Projektmanagement In: Zeitschrift für Organisation zfo 6/ (1989), S. 396–404.

Bullinger, H. J.; Stetten, von J.: Projektplanung mit Netzplantechnik, Vorlesungsmanuskript Universität Stuttgart.

Bullinger, H. J. (1990): IAO Studie F&E-heute Industrielle Forschung und Entwicklung in der Bundesrepublik Deutschland, gfmt- Verlag KG, München, 1990.

Dreger, Wolfgang (1975): Projektmanagement, Berlin/Wiesbaden: Bauverlag, 1975.

GPM/RKW (1990): Lehrgang Projektmanagement-Fachmann, unveröffentlich, Gesellschaft für Projektmanagement 1990.

Hichert, R. (1991): Stufenweise Ableitung eines praktischen Planungssystems für den Entwicklungsbereich, Dissertation, Fakultät Fertigungstechnik Universität Stuttgart, 1991.

Lauterburg, Christoph (1973): Motivation und Aufgabenstrukturierung, In: Industrielle Organisation 42 (1973) Nr. 12, S. 544/60.

Lay, Rupert (1989): Dialektik für Manager ungekürzte Ausgabe, 13. Auflage, Frankfurt/ Berlin; Ullstein 1989.

Lay, Rupert (1989): Führen durch das Wort, ungekürzte Ausgabe, Frankfurt/ Berlin; Ullstein, 1989.

Madauss, B. J. (1984): Projektmanagement, Ein Handbuch für Industriebetriebe, Unternehmensberater und Behörden. Stuttgart, 1984.

Motzel, E. (1990): Informationsverarbeitung in der Projektwirtschaft Teil1 in Projektmanagement 182, 1990.

Platz, J. (1985): Der Transfer- Gap im heutigen Projektmanagement-Erfahrungen. In: Congena texte 2/3´85.

Projektmanagement Handbuch MB AG, unveröffentlicht.

Platz, J.; Schmelzer, H. J. (1986): Projektmanagement in der industriellen Forschung und Entwicklung. Springer 1986.

Rinza, Peter (1985): Projektmanagement: Planung, Überwachung und Steuerung von technischen und nichttechnischen Vorhaben. 2., neubearbeitete und erweiterte Auflage, Düsseldorf; VDI- Verlag, 1985.

Schelle, H.(1984): Die Produktentwicklung muß organisiert werden. Betrachtungen zur Weiterentwicklung des Projektmanagements. In: Blick in die Wirtschaft 10.01.84, S. 4.

Ulrich, P.; Fluri, E. (1986): Management 4. verb. Auflage Bern: Stuttgart: UTB, 1986.

Wettengel, Rainer (1990): Projekt W202, In: MB intern 6/1990, S. 8–10.

Zahn, E. (1986): Strategische Planung, Vorlesungsmanuskript Universität Stuttgart 1986.

Kapitel 7

Al-Ani, A. (1994): GPO-Software Tools – Projektarbeit bleibt nicht erspart. In: Diebold Management Report Nr. 5, 1994.

Balzert, H. (1982): Die Entwicklung von Software Systemen: Prinzipien, Methoden, Sprachen, Werkzeuge, Reihe Informatik. Bd. 34. Mannheim/Wien/Zürich: Bibliographisches Institut, 1982.

Hammer, M., Champy, J. (1994): Business Reengineering: Die Radikalkur für das Unternehmen. 2. Aufl. Frankfurt/Main, Campus Verlag, 1994.

Hoyer, R. (1988): Organisatorische Voraussetzung der Büroautomation. In: Rechnergestützte, prozeßorientierte Planung von Büroinformations- und Kommunikationssystemen, Hg. Krallmann H. Band 11, E. Schmidt, Berlin, 1988.

Institut für Wirtschaftinformatik IWI Universität Saarland (1994): Integrierte Produkt- und Prozeßmodelle, Monatsbericht September, 1994.

Johansson, H.J., McHugh, P., Pendlebury, A.J., Wheeler, W.A. (1993): Business Process Reengineering, J. Wiley. Chichester, 1993.

Petri, C. A. (1962): Kommunikation mit Automaten. Dissertation, Bonn, 1962.

Reisig, W. (1986): Petri-Netze, Eine Einführung. 2. Auflage, Berlin, 1986.

Rosenstengel, B., Winand, U. (1982): Petri-Netze: Eine anwendungsorientierte Einführung. Wiesbaden, Vieweg, 1982.

Scheer, A.W. (1994): Wirtschaftsinformatik – Referenzmodelle für industrielle Geschäftsprozesse. 4. Auflage, Berlin, 1994.

Scheer, A.W. (1992): Architektur integrierter Informationssysteme Berlin – Grundlagen der Unternehmensmodellierung. 2. Auflage, 1992.

Schildknecht, R. (1992): Total Quality Management: Konzeption und State of the Art. Frankfurt/Main, New York; Campus Verlag, 1992.

Schmid, U. (1993): Die Rollen von Informationstechnologie und Anwender bei der effizienten Umsetzung in die Praxis. In: Bullinger, H.J.: Wege aus der Krise, Springer Berlin, 1993.

Wagner, F., Fischer, D. (1992): Methoden und Werkzeuge zur Analyse und Auslegung objektorientierter Systeme. In: Bullinger, H.J.: Objektorientierte Informationssysteme II, Springer Berlin, 1992.

Kapitel 8

Backhaus, Klaus (1990): Investitionsgütermarketing. 2. Auflage. München: Vahlen, 1990.

Brockhoff, Klaus (1993): Produktpolitik. 3., erw. Aufl. Stuttgart: Jena: G. Fischer 1993.

Geschka, Horst (1989): Voraussetzungen für erfolgreiche Innovationen, In: Die Gestaltung von Innovationsprozessen. Corsten, Hans (Hrsg.) Berlin: Erich Schmidt, 1989, S. 57–70.

Grigo, H. J. (1973): Produktplanung – Theorie und Praxis. Grafenau-Döffingen Stuttgart: Lexika-Verlag, Taylorix, 1973.

Jaspersen, Thomas (1992): Produkt-Controlling: betriebswirtschaftliche und technische Verfahren zur Produktentwicklung. München/Wien/Oldenbourg, 1992.

Kotler, Philip; Bliemel, Friedhelm, W.(1992): Marketing-Management: Analyse, Planung, Umsetzung und Steuerung. 7., vollst. neu bearb. Aufl. Stuttgart: Poeschel, 1992.

Laudel, Gerd; Geschka, Horst (1992): Die Konzeptionsphase von Innovationsprojekten zwischen Intuition und Systematik. In: Innovationsmanagement und Wettbewerbsfähigkeit / Gemünden; Pleschak (Hrsg.) Wiesbaden: Gabler, 1992, S. 55–72.

Meffert, Heribert (1991): Marketing: Grundlagen der Absatzpolitik. 7., überarb. u. erw. Aufl. Wiesbaden: Gabler, 1991.

Nagel, Rolf (1992): Lead-User-Innovation: Entwicklungskooperation am Beispiel der Industrie elektronischer Leiterplatten. Wiesbaden: Univ.-Verl., 1993 Zugl.: Köln, Univ., Diss., 1992.

Nieschlag, Robert; Dichtl, Erwin; Hörschgen, Hans (1988): Marketing. 15., überarb. u. erw. Aufl. Berlin: Duncker u. Humblot, 1988.

Rupp, Martin (1988): Produkt- / Markt- Strategien. 3. erw. Aufl. Zürich: Verlag Industrielle Organisaton, 1988.

Sabisch, Helmut (1991): Produktinnovation. Stuttgart: Poeschel 1991.

Schlicksupp, Helmut (1988): Produktinnovation: Wege zu innovativen Produkten und Dienstleistungen. 1. Aufl. Würzburg: Vogel, 1988 a.

Schlicksupp, Helmut (1988): Anstöße zum innovativen Denken. In: Handbuch strategische Führung/Henzler, Herbert A. (Hrsg.)Wiesbaden: Gabler, 1988, S. 691–717.

Schmitt-Grohe, Jochen (1972): Produktinnovation: Verfahren und Organisation der Neuproduktplanung. Wiesbaden: Gabler, 1972.

Schrader, Jürgen (1991): Innovationsförderung als Führungsaufgabe. In: Aspekte des Innovationsmanagements/Schüler, Wolfgang (Hrsg.) Wiesbaden: Gabler, 1991, S.15–42.

Schubert, Bernd (1991): Entwicklung von Konzepten für Produktinnovationen mittels Conjointanalyse. Stuttgart: Poeschel, 1991.

Schulte, Wilfried; Winck Peter (1985): Innovationsmanagement. Band 1: Produktfindung. Essen: Fraser, 1985.

Siegwart, Hans (1974): Produktentwicklung in der industriellen Unternehmung. Bern/Stuttgart: Verlag Paul Haupt, 1974.

Strebel, Heinz (1979): Innovation und ihre Organisation in der mittelständigen Industrie. Berlin: Marchal und Matzenbacher, 1979.

Wicher, Hans (1991): Prozeß, Struktur, Umwelt, Erfolg. In: Betriebliches Innovationsmanagement/Wicher, Hans (Hrsg.) Ammersbeck bei Hamburg: Verl. an der Lotterbeck Jensen, 1991, S. 27–124.

Kapitel 9

Ehrlenspiel, K. (1985): Kostengünstig Konstruieren, -Kostenwissen, Kosteneinflüsse, Kostensenkung. Berlin, Heidelberg u.a. 1985.

Hiromoto, T. (1988): Another Hidden Edge- Japanese Management Accounting. In: Harvard Business Review 66 (1988) 4, S.22–26.

Horváth,P., Seidenschwarz,W. (1992): Zielkostenmanagement. In: Controlling 4 (1992) 3, S.142–150.

Laker, M. (1993): Target Costing nicht ohne Target Pricing: Was darf ein Produkt kosten?. In: Gablers Magazin 3 (1993), S.61–63.

Monden Y.(1985): Total Cost Management Systems in Japanese Automobile Corporations. In: MondenY./Sakurai M. (Hrsg.1989): Japanese Management Accounting, Cambridge, Massachusetts, 1989.

Müller R.E. (1993): Die Kostenorientierte Produktentwicklung, unveröffentlichte Diplomarbeit, Institut für Technologiemanagement und Arbeitswissenschaft. Universität Stuttgart, 1993.

Sakurai, M. (1989): Target Costing and how to use it. In: Journal of Cost Management 3 (1989) 2, S.39–50.

Seidenschwarz,W. (1992): Target Costing (Hrsg. Horváth,P.,Reichmann,T.). München 1992.

Takeuchi, H., Nonaka, I. (1986): The new product development game. In: Harvard Business Review 64 (1986) 1, S.137–146.

Kapitel 10

Beitz, W.; Küttner, K.-H. (1987): Dubbel – Taschenbuch für den Maschinenbau.16., korrigierte und ergänzte Auflage. Berlin, Springer Verlag, 1987.

Bopp, R.; Roskamp, V. (1995): Kosten im Griff – CAD: Datenbank unterstützt Konstruktionsprozeß. Industrieanzeiger, 117 (1995) Nr. 9, S. 68.

Brite-EuRam-Projekt (BE-7314) (1994): Total Product-Life-Cycle Cost-Estimation (TOPROCO), Projektpartner: AEG, SNI, Mann, ELCO, IAT (Universität Stuttgart), WTCM (Belgien), 1994.

Frech, J. (1995), Kostengerechte Konstruktion. In: CAD-CAM Report, 14 (1995) Nr. 3, S. 130–148.

Ishii, K. (1994): LASeR, Life-cycle Assembly, Service and Recycling – User´s Manual. Columbus, Ohio: Life-cycle Engineering Group at Ohio State (LEGOS), The Ohio State University, 1994.

NEC Deutschland (1994): RECYCLEAN-Software Manual München: Ingenieurbüro für Umwelttechnik, Dipl.-Ing. Ulf Doerner, 1994.

Niemann, G. (1981): Maschinenelemente Band 12, Neubearbeitete Auflage, Berlin, Springer Verlag, 1981.

Pahl, G,; Beitz, W. (1993): Konstruktionslehre: Methoden und Anwendung. 3., neubearbeitete und erweiterte Auflage. Berlin, Springer Verlag, 1993.

Pfammatter, J. (1991): DFMA-Einführung und Vorbereitungsunterlagen zum AMC-Training Zofingen: AMC, 1991.

Pré Consultants (1992): LCA iT Demo Manual Amersfoort, 1992.

TME (Instituut voor Toegepaste Milieu Economie) (1993): PIA-Produktblatt´s-Gravenhage, 1993.

VDI-Richtlinie 2243 Blatt 1 (1993): Konstruieren recyclinggerechter technischer Produkte; Grundlagen und Gestaltungsregeln Düsseldorf. VDI-Verlag GmbH, 1993.

VDI-Richtlinie 3237 Blatt 1+2 (1969/1972): Fertigungsgerechte Werkstückgestaltung im Hinblick auf automatisches Zubringen, Fertigen und Montieren. Düsseldorf, VDI-Verlag GmbH, 1969/1972.

Stichwortverzeichnis

I

J

K

L

M

N

O

P

Q

R

S

T

U

V

W

Z

Technologiemanagement – Wettbewerbsfähige Technologieentwicklung und Arbeitsgestaltung

Herausgegeben von
Univ.-Prof. Dr.-Ing. habil. Prof. e.h. Dr. h.c.
Hans-Jörg Bullinger, Stuttgart

Einführung in das Technologiemanagement
Modelle, Methoden, Praxisbeispiele
Von Prof. Dr.-Ing. **H.-J. Bullinger,** Stuttgart
unter Mitarbeit von Prof. Dipl.-Ing. **U. A. Seidel,** Rosenheim
1994. XIII, 329 Seiten mit 141 Bildern. ISBN 3-519-06367-0

Technikfolgenabschätzung
Herausgegeben von
Prof. Dr.-Ing. **H.-J. Bullinger,** Stuttgart
1994. XIII, 501 Seiten mit 114 Bildern. ISBN 3-519-06368-9

Ergonomie
Produkt- und Arbeitsplatzgestaltung
Von Prof. Dr.-Ing. **H.-J. Bullinger,** Stuttgart
unter Mitarbeit von Dipl.-Ing. **R. Ilg** und
Dr.-Ing. **M. Schmauder,** Stuttgart
1994. XIV, 417 Seiten mit 342 Bildern. ISBN 3-519-06366-2

Arbeitsgestaltung
Personalorientierte Gestaltung marktgerechter Arbeitssysteme
Von Prof. Dr.-Ing. **H.-J. Bullinger,** Stuttgart
unter Mitarbeit von Dipl.-Ing. **M. Gommel,** Dipl-Ing. **C.-U. Lott**
und Dr.-Ing. **M. Schmauder,** Stuttgart
1995. XIII, 385 Seiten mit 353 Bildern. ISBN 3-519-06369-7

Forschungs- und Entwicklungsmanagement
Simultaneous Engineering – Projektmanagement –
Produktplanung – Rapid Product Development
Herausgegeben von Prof. Dr.-Ing. **H.-J. Bullinger**
und Dr.-Ing. **J. Warschat**, Stuttgart
1997. XII, 237 Seiten mit 56 Bildern. ISBN 3-519-06370-0

Erfolgsfaktor Mitarbeiter
Motivation – Kreativität – Innovation
Von Prof. Dr.-Ing. **H.-J. Bullinger,** Stuttgart
unter Mitarbeit von Dipl.-Ing. **M. Gommel**
und **M. Bucher,** Stuttgart
1996. X, 300 Seiten mit 123 Bildern. ISBN 3-519-06371-9

B. G. Teubner Stuttgart · Leipzig